国家自然科学基金项目(52004276,52274241)资助
江苏省自然科学基金青年基金项目(BK20200636)资助
博士后创新人才支持计划项目(BX20190369)资助

演变多孔介质多场耦合理论及瓦斯灾害防治

刘　厅　林柏泉　邹全乐　范超军◎著

中国矿业大学出版社
·徐州·

内 容 提 要

本书聚焦于瓦斯资源化开发的关键基础理论——演变多孔介质多场耦合理论,开展了系统的研究,厘清了煤层瓦斯运移多场耦合理论框架,提出了应力约束煤体瓦斯扩散、渗流试验新方法,揭示了原岩应力及采动应力对煤体瓦斯运移的控制机制,构建了卸压煤层瓦斯跨尺度运移多场耦合模型。本书主要特点在于:突破了传统理念的限制,关注煤体结构的动态演变,实现了介质由"均质弹性"向"非均质弹塑性"的创新转变,在煤体瓦斯解吸扩散动力学特性、弹塑性煤体渗流规律等方面取得了突破性进展,形成了结构演变型多孔煤体瓦斯渗流新理论,为我国煤矿瓦斯资源化开发以及瓦斯灾害防治提供了新的理论支撑。

本书可供煤炭、油气及岩土相关领域的普通高等学校师生、科研院所研究人员及工程技术人员等参考使用。

图书在版编目(CIP)数据

演变多孔介质多场耦合理论及瓦斯灾害防治/刘厅

等著.—徐州:中国矿业大学出版社,2023.6

ISBN 978 - 7 - 5646 - 5884 - 7

Ⅰ.①演… Ⅱ.①刘… Ⅲ.①煤层瓦斯—灾害防治—

研究 Ⅳ.①TD712

中国国家版本馆 CIP 数据核字(2023)第 129775 号

书　　名	演变多孔介质多场耦合理论及瓦斯灾害防治	
著　　者	刘　厅　林柏泉　邹全乐　范超军	
责任编辑	黄本斌	
出版发行	中国矿业大学出版社有限责任公司	
	（江苏省徐州市解放南路　邮编 221008）	
营销热线	(0516)83885370　83884103	
出版服务	(0516)83995789　83884920	
网　　址	http://www.cumtp.com　E-mail:cumtpvip@cumtp.com	
印　　刷	苏州市古得堡数码印刷有限公司	
开　　本	787 mm×1092 mm　1/16　印张 16　字数 409 千字	
版次印次	2023 年 6 月第 1 版　2023 年 6 月第 1 次印刷	
定　　价	68.00 元	

（图书出现印装质量问题,本社负责调换）

前　言

2020 年 9 月 22 日,国家主席习近平在第七十五届联合国大会一般性辩论上发表讲话,提出我国碳减排的目标为"CO_2 排放力争于 2030 年前达到峰值,努力争取 2060 年前实现碳中和"。我国作为世界上碳排放量较高的国家之一,已将碳减排作为经济社会发展的一项重大战略。2022 年我国煤炭消费量占能源消费总量的 56.2%,做好煤基碳减排这篇大文章对于实现"碳中和"的国家战略目标具有关键作用。在煤炭开采过程中煤矿瓦斯是重要的温室气体排放源。据估计,煤矿瓦斯每年排放量为 $(35\pm10)\times10^6$ t,煤炭开采产生的瓦斯排放量为 6×10^6 t CO_2 当量,占人为相关瓦斯排放量的 8%～10%。2021 年 11 月 10 日,中国和美国在联合国气候变化格拉斯哥大会期间发布《中美关于在 21 世纪 20 年代强化气候行动的格拉斯哥联合宣言》,强调两国将加强甲烷减排的合作。此外,煤矿瓦斯还是煤炭开采过程中的重要灾害源和一种清洁高效能源,保障煤矿瓦斯的高效开发是实现环境保护、灾害防治和资源利用的根本举措。

目前,煤矿瓦斯开发技术根据空间的不同可分为地面井抽采和井下瓦斯抽采两大类;根据采掘时间的差异可分为采前抽采、采中抽采和采后抽采。不论采用何种抽采方法,煤层瓦斯抽采的本质是多孔介质内瓦斯跨尺度运移的过程,涉及应力场、裂隙场、渗流场以及温度场的复杂的相互作用。单个物理场的变化就会触发其他物理场的连锁反应,而其他物理场的变化反过来也会作用于单个物理场,形成多个物理场之间复杂的互馈作用。在煤层瓦斯抽采过程中,随着瓦斯压力的降低,煤体有效应力发生改变,导致煤体变形,而煤体变形通过影响煤体裂隙开度、孔隙率等参量改变瓦斯流场的分布特征;瓦斯的解吸是一个吸热过程,抽采过程中煤体温度逐渐降低,改变了钻孔周围温度场的分布及演化特征,而温度的变化又会进一步引起煤体变形,从而改变瓦斯的流场特征。此外,对于低透气性煤层,为了强化煤层瓦斯抽采效率,常常会采用人工增透措施,如保护层开采、水力压裂、水力割缝/冲孔、松动爆破等。这一过程中,由于煤体发生了大范围的损伤破坏,瓦斯流动与弹性条件下存在很大差异,物理场的分布及演化变得更加复杂。

在物理学中,场是一个以时空为变量的物理量。场的物理性质可以用一些定义在全空间的量描述。这些场量是空间坐标和时间的函数,它们随时间的变化可以用来描述场的运动。场论是关于场的性质、相互作用和运动规律的理论。场的一个重要属性是它占有一个空间,它把物理状态作为空间和时间的函数来描述。若物理状态与时间无关,则为静态场;反之,则为动态场或时变场。可见,场是可以通过一些可测的物理量并结合时空进行定量描述的。煤层瓦斯抽采过程中涉及的应力场、裂隙场、瓦斯流场和温度场等都可以通过对应的可测量的物理场进行定量分析和描述。针对物理场的时空演化特征,相关学者在煤层地质力学特性演化、瓦斯扩散动力学规律、煤体渗流以及瓦斯吸附解吸的热效应等方面开展了一系列的研究，取得了重要的研究进展。但是，目前关于真实地层条件下的瓦斯扩散、渗流规律的认识还不够清楚，导致研究结果与真实煤层赋存环境下的瓦斯运移存在较大差异。此外，受采掘扰动或人工改造煤层内瓦斯的运移不同于原始煤层内瓦斯的运移，其内部物理场的分布及演化规律变得更为复杂，目前该情况下的多场耦合理论架构尚未完全形成，阻碍了卸压煤层瓦斯高效抽采及煤与瓦斯突出灾害防治理论研究的进一步突破。

针对煤矿瓦斯开发过程中多场耦合这一关键科学问题，本书研究了含瓦斯煤体有效应力原理及瓦斯对煤体力学行为的影响规律，构建了吸附性双重孔隙介质有效应力控制方程；阐明了煤体瓦斯扩散动力学过程中的尺度效应及时间依赖性，构建了时间依赖的瓦斯扩散动力学模型，分析了原岩应力及采动应力对瓦斯扩散动力学过程的影响机制；提出了双重卸压的概念，研究了原位煤层地质力学行为及煤体渗透率动态演化规律，建立了考虑基质-裂隙相互作用的弹性变形煤体渗透率动态演化模型，在此基础上进一步考虑采动损伤变形的影响，构建了适用于卸压煤层的煤体渗透率模型；梳理了煤体传热规律及热源特征，建立了含瓦斯煤体传热过程控制方程；揭示了煤矿瓦斯开发过程中各物理场的互馈机制，初步形成了瓦斯开发多场耦合理论架构，建立了瓦斯开发过程中应力场、裂隙场、瓦斯流场及采动损伤场互馈的多场耦合模型，探讨了原位煤层、卸压煤层瓦斯抽采过程中的多物理场演化规律，提出了水力冲孔最优出煤量的判定准则及判定方法，开发了瓦斯非稳定赋存煤层精准增透技术；从多场耦合的角度分析了煤与瓦斯突出机理，建立了煤体失稳的力学判据，提出了突出的分类方法及防控策略。本书研究成果可为煤矿瓦斯高效开发及煤与瓦斯突出灾害的精准防控提供理论支撑。

本书共分为7章，第1章由刘厅、邹全乐撰写，第2章由林柏泉、范超军撰写，第3章由刘厅、林柏泉撰写，第4章由刘厅、林柏泉撰写，第5章由刘厅、邹全乐撰写，第6章由邹全乐、林柏泉、范超军撰写，第7章由刘厅、林柏泉撰写。全书由刘厅、林柏泉、邹全乐和范超军统一审核定稿。

最后，感谢国家自然科学基金项目（52004276，52274241）、江苏省自然科学基金青年基金项目（BK20200636）以及博士后创新人才支持计划项目（BX20190369）对本书研究工作给予的资助。感谢施宇、刘彦池、陈蒙、沈扬、李明洋、沈家壕、何佳壕等研究生在文字编排方面付出的辛勤劳动。此外，本书在撰写过程中查阅了大量的文献，参考引用了国内外相关学者著作中的观点和图表，在出版过程中得到了中国矿业大学出版社的悉心、热情的帮助和支持，借本书出版之际，作者谨向给予本书出版支持和帮助的各位专家、同事和相关参考文献的作者以及相关单位表示衷心的感谢。

由于作者水平有限，书中难免存在不足之处，敬请广大读者批评指正。

著　者
2023 年 3 月

目　　录

1　绪　　论

1.1　研究背景

能源是一个国家经济繁荣和可持续发展的前提与重要支撑,经济的可持续发展与能源的需求呈正相关关系[1-2]。图 1-1 显示了我国近 20 年的能源消费量及占比,从图中可知,煤炭在我国能源体系中一直占据着主导地位,2020 年我国煤炭消费量占总能源消费总量的56.8%[3],虽然煤炭消费占比在下降,但其消费量依然较大。2020 年 9 月,习近平主席在第七十五届联合国大会一般性辩论上郑重宣布,中国"CO_2 排放力争于 2030 年前达到峰值,努力争取 2060 年前实现碳中和"。在"双碳"目标的背景下,习近平总书记对煤炭行业的发展方向作出了明确的指示:"立足国情、控制总量、兜住底线"[4]。但是,脱碳不等于去煤,由于我国的能源资源禀赋特征,煤炭在未来较长的时间内仍是我国的主体能源,是我国能源安全的压舱石[5-7]。2021 年 3 月召开的十三届全国人大四次会议通过了《中华人民共和国国民经济和社会发展第十四个五年规划和 2035 年远景目标纲要》(以下简称《纲要》),该《纲要》提出"实现煤炭供应安全兜底",这表明煤炭仍然肩负着我国能源安全底线不被突破的重担[8]。

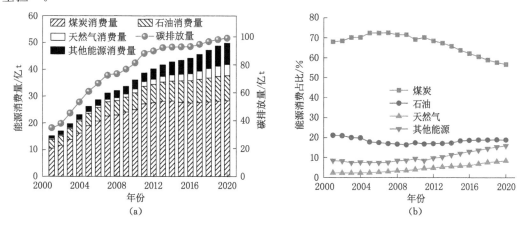

图 1-1　近 20 年我国的能源消费量、碳排放量及能源消费占比[9]

我国的煤炭主要来自井工开采,在井下受限空间内,尤其是进入深部以后煤炭开采过程常伴随着严重的灾害事故,如瓦斯灾害、矿井火灾、煤尘爆炸、矿井水灾、顶板事故等,其中以瓦斯灾害尤为突出,这些灾害的发生严重威胁矿工的人身安全,给企业造成严重的财产损失[10-12]。据不完全统计[13]，2003—2021 年我国共发生煤矿事故 25 931 起，死亡人数 43 157 人。从 2003 年到 2021 年，煤矿事故起数由 4 143 起下降到 91 起，下降 4 052 起，降幅 97.80%，死亡人数由 6 434 人下降到 178 人，下降 6 256 人，降幅 97.23%，煤矿百万吨死亡率由 3.71 下降到 0.044，下降 3.666，降幅 98.81%。其中，2003—2021 年我国共发生煤矿瓦斯事故 3 037 起，死亡人数 12 950 人。总体来看，煤矿瓦斯事故起数占煤矿事故起数的 11.71%，煤矿瓦斯事故死亡人数占煤矿事故死亡人数的 30.01%。煤矿瓦斯事故起数占煤矿事故起数的比例由 2003 年的 14.10% 下降到 2021 年的 5.49%。尽管我国在煤矿安全方面取得了长足的进步，但与美国、澳大利亚等世界其他发达产煤国相比仍存在较大差距。

针对我国煤炭开采面临的机遇和挑战，袁亮院士提出了煤炭精准开采的科学构想：煤炭精准开采是基于透明空间地球物理和多场耦合，以智能感知、智能控制、物联网、大数据云计算等做支撑，将不同地质条件下的煤炭开采扰动影响、致灾因素、开采引发生态环境破坏等统筹考虑，时空上准确高效的煤炭少人、无人智能开采与灾害防控一体化的未来采矿新模式[14]。作为煤炭精准开采的理论基础，多场耦合涉及精准开采的多个方面，这是因为煤矿井下动力灾害的发生通常是多个物理场相互耦合、共同作用的结果。

目前，防治煤矿瓦斯动力灾害最有效的办法是地面井煤层气排采和煤矿井下钻孔瓦斯抽采。不论是地面井煤层气排采还是煤矿井下钻孔瓦斯抽采，气体的运移过程大致可分为瓦斯解吸、扩散和渗流三个阶段，这些过程不仅受储层原始孔-裂隙结构的影响，同时还会受到应力场、温度场以及储层的地质力学特性等多种因素的影响，对于采用排水降压法的煤层气开发，还涉及储层内水的流动。生产过程中，这些因素相互作用、相互制约，对非常规气的产量有着重要影响。例如，煤层气排采过程中，气井排水速度应控制在合理的范围内，速度太慢会导致长时间无法产气，影响经济效益；而排水速度太快，则会导致储层压力降低太快，有效应力快速升高，储层原生裂隙被压实，渗透率大幅降低，影响气体产量，同时，排水速度太快还会导致储层中的煤粉在短时间内大量涌向气井周围，堵塞井筒周围裂隙，导致产气量快速衰减。尤其是进入深部以后，储层受采掘扰动影响更大，采动区内煤岩体中会产生大量的采动裂隙，这些新生裂隙对储层流体的运移影响很大，因而该区域瓦斯抽采过程更为复杂。因此，为了合理控制生产过程中施工参数，实现产量最大化，需对非常规气生产过程中涉及的应力场、裂隙场、温度场以及渗流场之间的交叉耦合关系开展系统研究。

1.2 煤层瓦斯抽采多场耦合研究现状

与常规储层不同，煤体作为一种非常规地质体其既是瓦斯或煤层气的母质，同时也是瓦斯或煤层气的储存介质。一般认为，煤体为双重孔隙介质，由煤基质和基质间裂隙组成，其中煤基质内又包含孔隙和煤体骨架（图 1-2）[15]。通常瓦斯以游离态存在于煤体裂隙内，以吸附态形式存储在基质孔隙内，并且吸附态瓦斯占比可超过 90%。在煤层气地面井开发或煤矿井下钻孔瓦斯抽采过程中，煤层内的瓦斯通常会经历解吸、扩散和渗流三个过程[16]。每一个过程的发生均会受到诸如地应力、温度、孔隙压力等多种因素的影响，且各因素之间相互耦合共同控制瓦斯在煤体内的运移[17-20]。例如，煤层气排采过程中，随着储层压力的降低，裂隙内的游离瓦斯逐渐流向钻井，导致裂隙内瓦斯压力降低，促进煤基质内吸附瓦斯的解吸。基质孔隙内瓦斯压力的降低又会引起基质收缩,从而提高煤体渗透率;但同时储层压力的降低又会引起有效应力的增加,对渗透率产生负效应[21-22]。此外,煤基质内瓦斯的解吸是一个吸热过程,随着瓦斯的解吸,煤体温度逐渐降低,抑制瓦斯的进一步解吸,但同时温度的降低又会引起基质收缩,提高煤体渗透率。可见煤层气排采是一个多场耦合的过程。

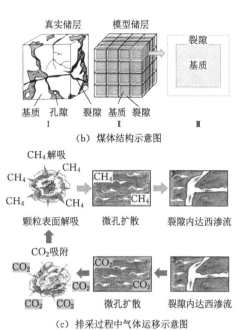

(b) 煤体结构示意图

（a）煤层气井示意图

（c）排采过程中气体运移示意图

图 1-2 煤层气井、煤体结构及排采过程中气体运移示意图[15]

为揭示煤层气排采过程中各物理场的交叉耦合机制,相关学者开展了大量的研究工作。J. S. Liu 等[23]对煤层气开采过程中的多物理场耦合过程的研究进展做了系统分析。为了揭示本煤层抽采过程中钻孔周围瓦斯流动规律,梁冰等[24]构建了应力-扩散-渗流等多场耦合模型,研究了沙曲矿瓦斯抽采钻孔的有效影响半径及合理布孔间距。吴宇[25]建立了考虑煤体变形、气体吸附、扩散、渗流以及湿度效应的多场耦合模型,研究了 CO_2 煤体封存及强化煤层气开采过程中的流场演化及气体竞争吸附行为。张丽萍[17]进一步拓展了吴宇[25]的数学模型,建立了热-流-固多场耦合数学模型,分析了注热强化煤层气开采过程中各物理场的时空演化规律。程远平等[26]建立了考虑基质瓦斯拟稳态扩散、裂隙瓦斯渗流、渗透率演化及煤体变形的瓦斯运移气-固耦合模型,研究了负压在瓦斯抽采过程中的作用机制。卢义玉等[27]建立了水射流割缝后低透气性煤层瓦斯流动的流-固耦合模型,优化了重庆某矿割缝钻孔的布置。秦跃平等[28]建立了双孔双渗模型,并运用有限差分法计算了瓦斯抽采过程中钻孔周围孔隙压力。Q. Q. Liu 等[29-30]基于双重孔隙介质原理构建了包含煤体变形、扩散、渗流以及 Klinkenberg(克林肯勃格)效应的多场耦合模型,研究了实验室及工程尺度煤体瓦斯流动过程中的物理场时空演化规律,并探讨了非达西流动对割缝煤体瓦斯流动的影响。M. Y. Wei 等[31]在同时考虑正应力和剪应力的基础上构建了新的渗透率模型,通过该模型耦合了煤体变形、流体流动及扩散,构建了考虑剪切扩容的多场耦合模型。N. N. Danesh 等[32]

认为忽略蠕变的作用会严重高估煤体渗透率,为此,构建了考虑蠕变效应的多场耦合模型,并将其应用于瓦斯抽采,结果表明:对于软煤,忽略蠕变的影响会导致 13% 以上的偏差。W. C. Zhu 等[33]在前人流-固耦合模型的基础上引入热传导方程,构建了热-流-固多场耦合模型,研究结果表明高温条件下温度的影响不可忽略。D. Fan 等[34]分析了多级压裂水平井周围页岩气储层内流体的运移规律,基于运移机理的差异构建了多级流体运移多场耦合模型,分析了页岩气生产过程中不同阶段的流体运移对气体产量的相对贡献。S. W. Zhang 等[35]研究了局部-全局膨胀对渗透率的影响机制,建立了考虑基质、裂隙、基质流体以及裂隙流体相互作用的多场耦合模型。

以上主要分析了单相单组分流体的多场耦合过程。而煤层气排采过程通常会涉及水的流动,并对气体流动产生重要影响[图 1-3(a)]。范超军等[36]和 S. Li 等[37]在前人研究的基础上建立了考虑固体变形、气-水两相流动以及热传导的热-流-固多场耦合模型,研究结果表明:忽略水的影响会高估煤层气的产量,而忽略温度的影响则会低估煤层气的产量。P. Thararoop 等[38]建立了基于双孔双渗假设的多场耦合模型,该模型同时耦合了固体变形场和气-水流场,研究结果能与现有的煤层气开发模拟软件及现场煤层气排采历史数据很好地匹配。

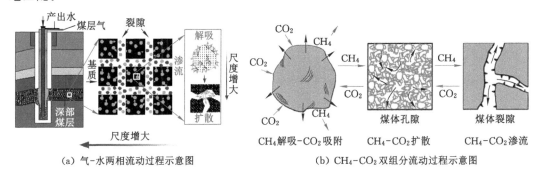

(a) 气-水两相流动过程示意图   (b) CH_4-CO_2 双组分流动过程示意图

图 1-3   煤层气开发及 CO_2 驱替 CH_4 开采过程中流体运移过程示意图[37,39]

煤层气排采后期,受储层压力降低的影响,气体产量大幅降低。为了提高煤层气的采收率,通常会向储层内注入强吸附性的气体(如 N_2、CO_2)用以驱替煤层内的吸附 CH_4[40-42],如图 1-3(b)所示。杨宏民等[42]基于 N_2、CH_4 和 CO_2 混合气体吸附-解吸试验结果,结合扩展的 Langmuir(朗缪尔)多组分气体吸附理论,建立了多场耦合条件下的气体流动及置换解吸模型,研究结果表明:自然排放条件下,注 N_2 和 CO_2 能使 CH_4 流量分别提高 29.50 倍和 37.54 倍。X. F. Sun 等[43]通过引入 Peng-Robinson(彭-罗宾森)状态方程和 Maxwell-Stefan(麦克斯韦-斯蒂芬)双孔扩散模型构建了优化的多场耦合模型,研究了注入气体组分对煤层气排采效果的影响。R. Pini 等[44]建立了耦合气体流动、吸附以及地质力学特性的一维数学模型,并研究得出:注入混合气体(N_2+CO_2)的产气速率高于注入纯 CO_2 的产气速率,但注入纯 CO_2 的总采收率高于注入混合气体的总采收率;注入烟气可能是解决注气过程渗透率大幅降低的有效办法。H. Kumar 等[45]构建了考虑二元气体的多场耦合模型,研究了注入 CO_2 对煤层气采收率、渗透率的影响,结果表明:在给定参数下,注入 CO_2 可使煤层气产量提升近 10 倍。

煤矿井下瓦斯抽采过程中,因受钻孔漏风的影响,钻孔瓦斯抽采浓度会快速衰减,影响瓦斯抽采效果[46-48]。为研究瓦斯抽采钻孔的漏气机理,周福宝等[49]建立了瓦斯-空气双组分气体系统多场耦合模型,研究结果表明:采动影响区煤体裂隙开度越大,钻孔瓦斯抽采浓度衰减得越快,采动裂隙特性是影响钻孔瓦斯抽采浓度的重要因素。针对煤矿井下钻孔抽采过程中瓦斯浓度快速降低的问题,T. Q. Xia等[50-51]针对瓦斯-空气双组分气体系统建立了同时考虑煤体变形、瓦斯运移以及空气流动的多场耦合模型,采用该模型分析了影响瓦斯抽采质量的因素,包括煤的吸附特性、裂隙结构特征、封孔长度以及漏气速率等,基于模型研究结果,提出了采用固体细颗粒材料封堵钻孔周围的煤体裂隙,以达到减少漏风的目的。针对同样的问题,C. S. Zheng等[52]建立了单组分瓦斯流动的多场耦合模型,分析了钻孔周围应力分布,确定了漏风区的形态及分布特性,并提出了通过在巷道壁喷涂防漏风材料用以提高瓦斯抽采质量。

在煤炭开采及煤层气开发过程中还涉及其他一些多场耦合的问题,如煤与瓦斯突出[53-54]、采空区煤自燃[55-57]、工作面瓦斯涌出[58-59]以及煤层气开发过程中的产粉[60]等。为研究巷道掘进过程中煤壁瓦斯涌出规律,梁冰等[61]建立了含瓦斯煤体流-固耦合模型,分析了不同掘进长度下煤体瓦斯压力分布及煤壁瓦斯涌出速度的变化,结果表明:越靠近煤壁位置瓦斯压力梯度越大;煤壁瓦斯涌出速度随掘进距离的增加先增大后减小,最后趋于稳定。施峰等[62]在传统二维煤巷瓦斯涌出量计算方法中引入了气-固耦合模型,提出了基于气-固耦合及巷道断面瓦斯涌出量时间积分的煤壁瓦斯涌出计算方法,结果表明:煤巷掘进速度恒定,煤壁瓦斯涌出量随掘进距离增加逐渐增大,增幅不断减小,这与梁冰等[61]的计算结果存在区别;间断式掘进循环的煤壁瓦斯涌出量呈锯齿状增加,总体涌出趋势与恒速掘进时的相同。为了研究进回风巷、采煤工作面以及采空区内瓦斯浓度分布规律,李东印等[59]将溶质扩散平衡方程、Fick(菲克)扩散定律、N-S(Navier-Stokes,纳维-斯托克斯)方程和Brinkman(布林克曼)方程有机地联系在一个统一的流动场中,基于质量守恒和压力平衡,建立了采煤工作面瓦斯流动的物理模型,分析了工作面和采空区瓦斯浓度分布,优化了瓦斯专排巷的布置。为了分析瓦斯解吸对煤与瓦斯突出触发的影响,F. H. An等[63]建立了考虑瓦斯扩散、渗流以及煤体变形的多场耦合模型,计算结果表明:瓦斯解吸引起的基质收缩能够改变煤体的应力状态、塑性区范围以及塑性应变的大小,因此,研究煤与瓦斯突出机理时不能忽视瓦斯解吸的作用。针对同样的问题,S. Zhi等[64]构建了流-固耦合模型分析工作面前方瓦斯解吸对瓦斯压力、应力变化的影响,基于Mohr-Coulomb(莫尔-库仑)破坏准则判定煤体的失稳破坏。为了探讨煤与瓦斯突出机制,C. J. Fan等[65]建立了应力-渗流-损伤多场耦合模型,采用该模型结合潘一矿的地质条件分析了构造存在条件下工作面前方的损伤破坏及危险程度,结果表明:潘一矿C13煤层的动力系统存在于工作面前方8~12 m范围内,地质构造条件下煤体损伤区范围越大,突出风险及突出强度越高。为了研究采空区自然发火规律,T. Q. Xia等[66-68]建立了考虑气体流动、氧气质量守恒以及热传导的采空区热-流-固耦合模型,基于该模型分析了通风流量、通风阻力以及工作面推进速度对采空区温度分布的影响,确定了高温区的分布及变化规律,随后将该模型进一步扩展到瓦斯-煤自然灾害共生系统,研究了通风流量、工作面推进速度、工作面宽度以及煤氧化速度对瓦斯及煤自燃灾害发生、发展的影响,研究结果对于消除长壁开采采空区共生灾害有一定的理论价值及实践意义。此外,地热资源开发及煤层气开采产粉过程均受多种因素的影响,这些因素将相互耦合,共同影响非常规地质体的力学行为及地质流体的运移过程。可见,多场耦合问题涉及非常规地质资源开发的方方面面,在涉及相关问题时需根据实际情况具体分析,构建相应的多场耦合模型,为现场工程实践提供理论支撑。

1.3　煤体多尺度结构对瓦斯运移的影响

作为一种结构复杂的多孔介质,煤体内部包含了大量的缺陷构造,这些构造包括小到纳米尺度的微孔隙以及大到千米级别的断层。例如,在孔隙尺度上,通过原子力显微镜(AFM)、扫描电子显微镜(SEM)以及透射电子显微镜(TEM)等可以观测到煤中的纳米至微米尺度的孔隙结构;通过 SEM、X 射线计算机体层成像(X-CT)或者肉眼可以观测到微米至厘米级别的微裂隙及宏观裂隙。在煤层气、页岩气以及致密砂岩气等非常规气生产过程中,为强化资源的采收率,通常会通过水力压裂技术对储层进行改造,改造后的储层内生成了大量的人工裂隙,这些裂隙尺度通常在数十到数百米之间,为气体流动提供了通道。此外,受地质构造运动的影响,煤层中常会形成许多尺度在数米至数千米的断层。由此可见,煤中孔-裂隙结构尺度跨越范围极大,从纳米尺度的微孔隙到微米、厘米级的微裂隙和宏观裂隙再到米及千米级的人工裂隙和断层等结构均有分布,如图 1-4 所示。这些多尺度的孔-裂隙结构的存在对储层中流体的储运过程有着重要影响。

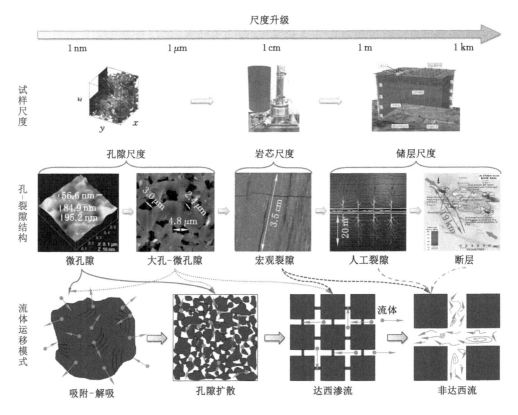

图 1-4　煤体多尺度结构特征及其对瓦斯流动的控制作用

前人的研究结果表明:在不同尺度的孔-裂隙结构中,流体的运移规律差异很大[69]。例如,纳米级别的微孔隙,其主要作为瓦斯的储集空间,在其内部 CH_4 分子主要以吸附态的形式附着在孔隙表面,同时也存在少量的游离瓦斯。在该尺度的孔隙中,瓦斯主要以扩散的形式运移。但是,根据孔隙尺度的不同,瓦斯在微孔隙内的扩散方式也不同,例如:当孔隙尺度在 $0.1 \sim 1$ nm 之间时, CH_4 分子主要运移形式为晶体扩散;当孔隙尺度在 $1 \sim 10$ nm 之间时,主要发生表面扩散;而当孔隙尺度在 $10 \sim 100$ nm 之间时, CH_4 分子的主要运移形式为 Knudsen(克努森)扩散。对于储层中的大孔及微裂隙,瓦斯在其内的流动通常被认为是连续流,但由于孔隙尺度或裂隙开度相对较小,流体的流动通常被认为是层流,一般认为满足达西定律。对于储层中受采掘扰动产生的扰动裂隙、水力压裂等增透措施产生的人工裂隙以及受构造运动影响产生的断层等,因其裂隙或构造尺度大,流体在其内部的流动同样为连续流,但是由于流速较高,通常认为该条件下的流动为紊流,属于非达西流。

以往关于流体在多孔介质中运移的研究主要只针对某一特定尺寸,但是对于煤储层这样一种具有多尺度特性的多孔介质,流体在其内部的流动非常复杂,仅考虑某一特定的孔-裂隙尺度无法准确计算介质内部的流体运移过程。在不同尺度的孔隙中,尽管 CH_4 分子的运移都满足扩散定律,但是不同尺度的孔隙对应的具体扩散机制并不相同。即使在某一指定的范围内,气体扩散满足同一扩散定律,但是由于孔径不同,模型中的输入参数也不相同。例如,假设在煤体中某一孔径范围内 CH_4 的扩散都满足 Fick 扩散定律,但是由于扩散系数与孔径密切相关,不同孔隙对应的扩散系数不同,因此,为准确描述瓦斯的扩散过程,建模时需考虑扩散系数随孔隙尺度的动态变化。此外,煤储层中的裂隙同样具有多尺度特性,在同一煤储层中有时会同时存在原生裂隙、采动裂隙以及人工增透裂隙,这些不同尺度的裂隙中流体流动状态差异较大。对于煤储层中的原生裂隙,由于尺度相对较小,非常规气开采过程中通常认为裂隙的变形为弹性小变形,流体流动满足达西定律。而对于采动裂隙或人工增透裂隙,煤体变形通常为塑性大变形,裂隙开度通常较大,流体的流动一般被认为是非达西流。在非常规地质流体流动建模过程中,如何将不同尺度裂隙内流体的流动统一到同一个数学模型中是精确描述非常规气流动的关键。

因此,非常规地质流体开采过程中涉及的一个关键科学问题是研究跨尺度孔-裂隙结构中流体的流动状态,并实现多尺度结构中流体运移过程的统一建模。

储层孔-裂隙结构是影响地质流体运移的重要影响因素,其为流体运移提供通道。但是,对于非常规气的开发,不论是煤层气、页岩气、致密砂岩气还是可燃冰,其生产过程不仅仅受储层原始孔-裂隙结构的影响,同时还会受到应力场、温度场以及储层的地质力学特性等多种因素的影响,对于采用排水降压法的煤层气开发,还涉及储层内水的流动。生产过程中,这些因素相互作用、相互制约,对非常规气的产量有着重要影响。例如,煤层气排采过程中,气井排水速度应控制在合理的范围内,如果速度太慢会导致长时间内无法产气,影响经济效益;而如果排水速度太快,则会导致储层压力降低太快,有效应力快速升高,储层原生裂隙被压实,导致渗透率大幅降低,影响气体产量,此外,排水速度太快还会导致储层中的煤粉在短时间内大量涌向气井周围,堵塞气井周围裂隙,导致产气量快速衰减。再如,为了强化煤层气采收率,同时实现 CO_2 的地质封存,通常会向不可采煤层中注入 CO_2 以置换储层中的 CH_4。尽管短期内能够提升煤层气的产量,但是随着 CO_2 的注入,煤基质发生膨胀变形,导致裂隙开度降低,渗透率大幅减小,因而后期很难再注入 CO_2,同时煤层气产量也会显著下降。因此,为了合理控制生产过程中施工参数,实现产量最大化,需对非常规气生产过程中涉及的各物理过程进行综合研究。

为了说明非常规气生产过程中各物理场间的相互作用、相互耦合对气体产量的影响,本书以煤层气生产为例,说明各物理场的变化及其对气体流动的影响。图1-5为采矿区煤层气地面井抽采示意图及其涉及的物理场耦合关系。该情况下煤层气开采过程涉及地质力学场、裂隙场、构造场、温度场、瓦斯流场以及空气流场等多个物理场的相互耦合。首先,由于受采矿的影响,采场周围煤岩体应力重新分布,卸压区裂隙开度增大并产生大量新裂隙,渗透率大幅提高;应力集中区裂隙开度降低甚至闭合,渗透率大幅降低。其次,随着煤层气的排采,储层力学性质不断变化,如随着储层瓦斯压力的降低,煤体弹性模量会逐渐增大,裂隙压缩系数逐渐升高,这些变化都会对储层渗透率的演化产生影响。

（a）煤层气地面井抽采示意图

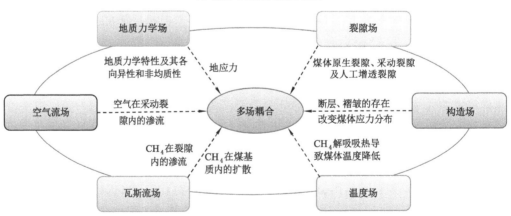

（b）煤层气开采过程中的物理场耦合关系

图1-5　采矿区煤层气地面井抽采示意图及其涉及的物理场耦合关系

此外,煤储层为非均质性及各向异性极强的一种非常规地质体,其物理力学性质在空间分布上差异极大,这同样会对流体流动产生影响。储层裂隙是排采过程中煤层气的主要流动通道,根据其产生的不同可分为原生裂隙、采动裂隙和人工增透裂隙。原生裂隙是指成煤过程中产生的裂隙,采动裂隙是指受采掘扰动而产生的裂隙,相比之下,原生裂隙在应力作用下主要为弹性变形,渗透率较低,而采动裂隙通常为塑性变形,裂隙开度大、密度高,因而其渗透率是原生裂隙渗透率的数十到数千倍。这些采动裂隙的存在,采矿空间内的空气经常会通过这些裂隙进入抽采钻孔或钻井内,导致抽采浓度大幅降低,影响后期利用,因此,在井下钻孔抽采或采空区地面井抽采过程中常需考虑空气流场对抽采效果的影响。除宏观裂隙外,由于受地质构造运动的影响,煤层中常会存在许多地质构造,主要包括断层和褶皱,这些构造的存在改变了储层中的应力分布,对渗透率产生重要影响。此外,有些断层密闭性高,断层周围渗透率极低,导致断层内的高压流体无法流出,在采掘过程中可能会诱发动力灾害。在原始储层煤层气排采过程中,随着瓦斯压力的降低,煤体有效应力逐渐增加,导致裂隙开度降低;瓦斯压力的降低还会引起煤基质收缩,这又会导致裂隙开度的增加。另外,煤基质瓦斯的解吸是一个吸热过程,排采过程中随着瓦斯压力的降低,靠近钻孔周围的煤体温度大幅降低,导致煤基质收缩,渗透率升高,但是温度的降低又会抑制煤基质内瓦斯的解吸。因此,渗透率的变化以及煤层气产量是这些因素综合作用的结果。

综上可知,煤层气以及其他非常规气的生产过程是一个涉及多个物理场相互耦合的过程。该过程中,各物理场相互作用,或相互制约,或相互促进,共同影响储层流体的运移及非常规气的产量。基于这一认识,本书将针对煤矿井下瓦斯抽采,重点研究多尺度孔-裂隙结构煤体瓦斯运移过程中的多场耦合机制,以期为煤矿瓦斯资源化抽采、其他非常规地质流体的开发以及瓦斯灾害防治提供理论基础。

2 瓦斯开发多场耦合理论架构

煤矿瓦斯开发会引发煤层物理场之间复杂的相互作用,并反过来影响煤层瓦斯的吸附-解吸和运移过程,以及煤层的物性参数,包括煤体变形、孔隙率和渗透率等。我们将这一链式反应过程称为多场耦合过程,即一个物理场的变化会影响其他物理场的触发和发展过程。因此,揭示煤矿瓦斯开发过程中各物理场的互馈机制对于掌握瓦斯产出规律,优化瓦斯产能具有重要的科学意义和工程价值。经过学界多年的探索和研究,目前已初步形成了煤矿瓦斯开发的多场耦合理论框架,通过分析不同物理场的互馈耦合关系,提出多场耦合问题的求解方法,可为实际工程中复杂问题的求解提供科学指导。

2.1 场与多物理场

2.1.1 场的基本概念

场指物体在空间中的分布情况,采用空间位置函数进行描述,最早由爱因斯坦提出。在物理学中,场是一个以时空为变量的物理量。场可以分为标量场、矢量场和张量场三种,依据场在时空中每一点的值是标量、矢量还是张量而定。如果物理量是标量,那么空间中每一点都对应着该物理量的一个确定数值,则称此空间为标量场。例如:电势场、温度场等。如果物理量是矢量,那么空间中每一点都存在大小和方向,则称此空间为矢量场。例如:电场、速度场等。如果物理量是张量,那么空间中每一点的属性都可以用张量来表示,则称此空间为张量场。最常见的张量场有广义相对论中的应力能张量场等。

场的物理性质可以用一些定义在全空间的量描述,例如:电磁场的性质可以用电场强度和磁感应强度或用一个三维矢量势和一个标量势描述。这些场量是空间坐标和时间的函数,它们随时间的变化描述场的运动。在煤矿瓦斯开发过程中同样涉及多个物理场,如煤体的应力场、瓦斯流场以及温度场等,这些物理场同样可以通过地应力、瓦斯压力、温度等物理量结合三维空间坐标系和时间进行定量描述。

2.1.2 多物理场的基本内涵

多物理场为耦合有多个同时发生的物理场的过程或系统。作为一个跨学科的研究领域,多物理场涵盖了科学和工程中的许多学科,是一种融合了数学、物理、科学与工程应用以及数值分析的交叉边缘学科。多物理场的应用涉及一个或者多个以上的物理过程或者物理场,典型的应用包括非常规地质资源(煤层气、页岩气、地热、可燃冰等)开发、流体动力学模拟、电动力学应用、计算电磁场、传感器(如压电材料)的设计、流体-结构相互作用等。

多物理场的实践应先确定一个多物理场的过程或者系统,然后建立一个对这个过程或者系统的数学描述,继而离散化数学模型,最后求解数学离散而得的代数方程并处理结果。数学模型实际上就是很多方程的集合。

2.2　多场耦合理论框架

多孔介质多场耦合作用是由固体力学、流体力学、传热学、传质学、物理化学与反应理论等基础学科与众多工程科学相互交叉而形成的新兴边缘学科。该学科的主要理论基础是多孔固体与其中传输的流体之间的相互作用,控制方程包含了场与场之间的耦合作用项,本构方程中也包含了多物理场与物理量之间的相互作用关系。事实上,不同的工程问题涉及的物理场都不相同,并且至少包含了两个控制方程,求解过程非常困难。因此,需要系统总结,厘清不同物理场及物理量之间的互馈耦合关系,为实际工程问题的求解提供普适性的理论支撑。

多孔介质多场耦合作用的理论框架主要包括以下四个方面[70]:

(1) 多场耦合作用的本构规律。主要研究某一物理场的本构规律和控制方程的形式受其他物理场的影响而发生的变化。例如,固体力学中的力学参数受温度场和化学反应的影响,固体应力场因流体或化学作用而由弹性力学状态转变为塑性力学状态,这是多场耦合理论中最关键也是难度较大的一个环节。

(2) 多孔介质多场耦合作用控制方程或模型。主要研究某一物理场中因变量或源汇项受其他物理场的影响而引起的变化规律,也包括本构关系的影响在控制方程中的反应。我们把相关物理场因变量之间存在的耦合作用称为强耦合作用,而把仅有参数耦合,即方程的系数项有作用的或单向作用称为弱耦合作用。例如,流-固耦合控制方程中,在固体变形方程中含有流体压力梯度的作用项,在流体流动的控制方程中含有固体体积变形的作用项,这一类就是所谓的强耦合作用。再如,在仅有传导传热的热-固耦合问题中,固体变形方程中含有温度的作用,而在热传导方程中则含有固体位移项,这种单向的影响称为弱耦合作用。这个耦合问题包含了所涉及物理场的控制方程,同时还包括耦合控制方程。例如,流-固耦合问题中的有效应力方程、热-固耦合问题中的热膨胀变形方程、渗流-传热耦合问题中的密度与浓度的关系方程等。

(3) 多孔介质多场耦合作用控制方程组的求解方法、求解策略以及数值仿真理论与技术。

(4) 融合多场耦合数学模型和数值仿真理论与技术研究复杂工程问题,揭示工程扰动过程中所涉及各物理场的演化规律,形成工程实际问题的决策方案。

煤矿瓦斯开发过程主要涉及煤体变形场(应力场)、煤层瓦斯流场、温度场等,此外,当采用人工激励措施时,可能还会涉及化学反应场、电磁场等(图 2-1,图中 f 表示函数,下标 D、G、C、T 分别表示煤体变形场、煤层瓦斯流场、化学反应场和温度场,x、y、z 表示空间坐标,t 表示时间,$\Delta\varepsilon_e$、$\Delta\varepsilon_v$、$\Delta\varepsilon_s$ 分别表示有效应变增量、总应变增量和吸附应变增量,α_T 为热膨胀系数,ΔT 为温度增量,Δp 为气体压力增量,K_s 为体积模量,φ 为孔隙率,k 为渗透率)[23]。传统的瓦斯抽采过程中,通常假设煤体处于弹性变形状态下,随着瓦斯的抽采,煤体内孔隙压力降低,有效应力增大,从而引发煤体变形;此外,瓦斯的解吸还会引发煤基质收缩,同样会导致煤体变形。瓦斯解吸过程是一个吸热过程,因此,抽采过程中钻孔周围的温度也会发生变化,并进一步改变瓦斯的解吸和煤体变形特性。对于低透气性煤层,通常会采取一些增透措施以提高煤层瓦斯抽采效率。如果采取致裂增透措施,如水力冲孔、水力压裂等,常常会引发煤体损伤破坏,进而改变瓦斯的解吸运移规律,所以,该情况下应该将煤体视为弹塑性介质,需要考虑煤体的塑性大变形特性及其对瓦斯运移的影响。在"双碳"背景下,CO_2 强化煤层气开发也成为该领域的研究热点,通过向煤层内注入高压 CO_2 驱替煤层气以实现增产提效。CO_2 注入地层后会与地层水反应形成碳酸,并进一步和煤体内的矿物发生化学反应,改变煤体的孔-裂隙结构等。因此,该过程中还涉及了化学反应场。

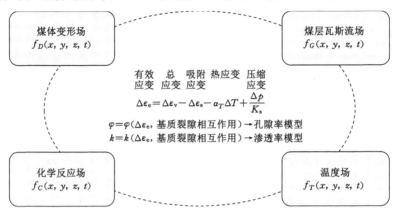

图 2-1　煤层瓦斯运移多场耦合理论框架[23]

以上分析可以看出,煤矿瓦斯开发是一个涉及多物理场耦合的复杂过程,研究该过程中各物理场的互馈耦合关系对于优化产能具有重要意义。

2.3　不同物理场的互馈耦合关系

2.3.1　多物理场对固体应力场的影响

本书主要研究多孔介质的物理场演化规律,多孔介质主要指的是煤体。煤体作为一种内部包含大量缺陷的多孔介质,主要由煤体骨架、孔隙和裂隙组成。有些情况下煤体发生弹性变形,例如,原始煤层瓦斯抽采过程中,除钻孔周围较小区域外,煤体通常发生的是弹性小变形;而在另外一些情况下,则可能会发生不可恢复的塑性变形,包括短时发生的剪切变形以及长期流变产生的变形等,例如,保护层开采或钻孔卸压增透措施(如水力冲孔/割缝、水力压裂等)实施后,在影响区域内煤体常发生大范围的塑性破坏,产生不可恢复的大变形。

就固体力学而言,流体的影响涉及多个方面的内容。流体的物理作用和化学作用会导致固体骨架的力学特性发生改变。例如,水、瓦斯的存在均会导致煤岩弹性模量和抗压强度的降低,这类作用有时是可逆的,有时是不可逆的[70]。

在多孔介质多场耦合作用中,最为复杂的是由于流体的物理化学作用,使固体内的成分发生了化学反应而溶解成流体或者生成其他固体物质。有些情况下化学反应引起的固体组分变化占整个固体材料的比例很小,这种情况仅会导致固体介质的力学性质发生变化,如弹性模量、泊松比、内聚力、内摩擦角以及抗压强度等,该情况下固体介质的力学状态并未发生明显变化,仍然可以采用弹性力学理论来描述。例如,煤层注 CO_2 强化煤层气开发及 CO_2 地质封存过程中,注入的 CO_2 与地层水反应形成碳酸,进而与煤层中的可溶性矿物发生化学反应,导致部分矿物溶蚀到地层水中,同时也会产生一些新的矿物;但是由于煤层中的矿物所占比例较小,因而该情况下只有煤层的部分孔-裂隙结构发生了改变,导致其力学强度和渗透特性发生了变化,但整个煤层的力学状态并未发生明显改变,仍然可以采用弹性力学的理论来对其进行描述。而有些情况下,发生化学溶蚀的部分占整个固体介质非常大的比例,此时固体介质的力学状态发生了明显改变,可能需要采用塑性力学理论或散体力学理论对固体介质的力学状态进行描述。

温度场对固体介质力学状态的影响主要包括三类:第一类是热膨胀作用,主要是由于温度升高,分子运动的平均动能增大,分子间的距离也增大,宏观上表现为固体体积的扩大。有限温度范围内的热膨胀是可逆的,当温度超过一定范围时,热膨胀引起的固体变形不再可逆。第二类是热破裂作用,主要是高温作用导致固体介质内产生了大量的宏观、细观甚至是微观裂纹,导致固体介质的力学性能发生劣化。第三类是高温作用,主要是使固体介质的某些成分发生熔融与相变,从而导致固体介质的力学状态发生改变。一般来说,第二类和第三类作用导致的煤岩介质力学状态的变化是不可逆的。

2.3.2　多物理场对渗流场的影响

渗流力学介质性态的影响同固体力学的相似,其他物理场对流体在多孔介质中传输的影响作用主要表现在以下几个方面[70]。

描述流体在多孔介质中的动量传输的理论称为渗流力学或渗流理论,其本构规律主要是反映流体的压力梯度与流量或比流量的关系,即 $q = \omega \partial p / \partial x$($q$ 为流量,ω 为比例系数,$\partial p / \partial x$ 为压力梯度)。法国科学家达西最早研究地下水在砂土介质中的流动时,提出了比流量与压力梯度成线性规律的达西定律,从而奠定了渗流力学的基础。

事实上,流体在多孔介质中的传输是极为复杂的一类物理与工程现象,达西定律描述的仅是其中最简单的,但又是自然界中或工程实践中很常见的一类多孔介质中流体传输的现象。首先,由于多孔介质和流体性态的差异,流体在多孔介质中的传输可分为层流和湍流两大类。对于层流的多孔介质而言,其流动可分为达西渗流和非达西流。流体传输性态取决于多孔介质的固体骨架形态,即孔隙、裂隙的结构特征及其连续性态,也取决于流体的性态,即流体的黏度。

从物理角度分析,固体应力场对渗流本构的主要作用为:一类是固体应力场使固体骨架孔隙、裂隙变小,或闭合,或形态改变,从而导致渗透系数的改变;另一类是固体应力场导致固体骨架发生破裂,出现塑性破坏,它可能产生两个方面的作用,一个是单纯的渗透系数的变化,另一个是流体的传输不再是达西渗流,而变为非达西流,甚至是湍流。

温度场对渗流的作用表现为对固体骨架的作用与对流体的作用两个方面:高温使固体膨胀、破裂或熔融,从而导致渗透系数和传输通道的变化;高温使流体的黏度改变,从而导致渗透系数的变化,或使流体发生相变,导致整个渗流控制方程的改变。

对渗流影响最大的是流体的物理化学溶解、熔融和冲刷,它直接导致多孔介质固体骨架的孔隙、裂隙大小及连通状况的变化,甚至导致固体骨架的完全溶解。这种作用还表现为对流体密度与黏度的影响。

2.3.3　多物理场对温度场的影响

热量的传输有三种方式,即热传导、热对流与热辐射,一般的煤层瓦斯开发过程中主要涉及前两者。固体应力对导热的作用表现为两方面:随着固体应力的增加,固体密度增加,导热系数也增加,固体应力使固体屈服破坏后,则导热系数、导热效率大幅降低;而对对流传热的影响正好相反,其实质是固体应力对多孔介质动量传输的影响[70]。

渗流与传质对热量传输特性的影响很小。流体的物理化学溶解与溶蚀作用通过改变固体骨架的微观结构和孔隙中流体的分布与流动状态来影响导热系数、对流传热系数以及传热条件。另外,这类化学反应的放热、吸热作用直接导致热量传输源汇项的变化,从而影响热量传递。

2.3.4 多物理场对化学反应场的影响

在非常规地质资源开发过程中,化学反应场较为常见,如电厂高温烟气驱煤层气过程中,CO_2 与煤层水、矿物的相互作用为典型的化学溶蚀过程,此外储层酸化压裂同样涉及压裂介质与矿物的化学反应。通常,温度对化学反应影响较大,温度越高,化学反应越剧烈;此外,储层中的流体迁移由于改变了反应物的浓度分布,也会对反应过程产生一定的影响。流体与地质体的化学反应作用主要表现为传质的源汇项的剧烈变化,以及在源的邻域内存在很大的浓度梯度,可能会影响到传质扩散控制方程的改变。目前相关的研究很少,但随着 CO_2 地质封存、地质储氢等领域的兴起,这一问题正逐渐成为研究的前沿。

2.4　物理场解耦及求解方法

多孔介质多场耦合作用的数学模型一般都至少由两个物理场的控制方程组成,在多数情况下由三个物理场,甚至四个物理场的控制方程组成,含有两个以上的微分方程和多个因变量。在多数情况下是非稳态的,因此求解十分困难。早期对于耦合作用问题的求解,有不少学者采用将几个物理场的控制方程看成一个整体方程来求解的方法。例如,最简单的平面的固-热耦合模型,由三个偏微分方程组成。无论是采用有限元方法,还是有限差分方法求解,都将其看成是一个完整的方程进行离散和数值求解。由于两个物理场之间仅通过耦合项联系,因此其整体系数矩阵在两个物理场相耦合的角上大部分是零[70]。

这种求解策略经常导致解的不确定,且系数矩阵巨大而无法计算。在多数情况下,这个物理场的变量不是同一层次的变量。例如,流-固耦合中固体变形采用位移做变量,而渗流场采用压力做变量,因为流体压力与位移是不同层次的物理量,两个不同层次的物理量在同一方程中求解则带来许多物理上的麻烦。上述求解策略的另一个缺点是不能利用已有的研究成果。例如,流-固耦合中不能利用已有的固体力学和渗流力学的计算软件,对于每一类问题都需要研究新的解法,编制新的软件,因此这类方法已逐步被替代。

本书要介绍的耦合控制方程的求解策略是,将各物理场均看成独立的子系统,利用各物理场的已有成果进行单独求解,在 t_0 时刻耦合迭代求解,从而保证计算精度;再计算($t_0 +\Delta t$)时刻各种物理场的相关解,继而进行各种物理场方程的迭代计算,如此循环即可获得耦合数学模型的解。按照这一求解策略,为保证计算精度,可以采用两种方法:第一,将时间段细分,即适当选择时间增量;第二,在同一时间段内,两组方程迭代求解多次,再进行下一个时间增量段的计算。上述求解策略克服了整体系统求解方法的缺点,已在现代耦合问题求解中广泛使用。

由于耦合问题的方程中含有非线性项,它给方程离散求解带来不便,甚至根本无法求解,在求解固体变形与气体渗流的耦合数学模型时,常常会遇到气体渗流方程中同时含有 p(气体压力)与 p^2 项,采用将 p^2 设为另一个变量 F 的方法,则方程中出现了 $\sqrt{F}$,也是无法求解。赵阳升[70]提出了"沿时间序列的线性近似方法",此方法是,在 $t=t_0$ 时刻点上,将非线性项做泰勒展开,取零次项与一次项,用以求解 $t=t_0$ 时域的耦合方程,继而用此方法计算 $t=t_1$ 时刻解,如此循环延续,即可求得非线性耦合问题的解。此方法也是处理非线性耦合方程普遍可采用的近似方法。

"沿时间序列的线性近似方法"与多物理场独立迭代耦合求解的方法,即构成了多孔介质多场耦合作用数学模型的完整求解策略与求解方法。

2.5 多场耦合问题的数值求解软件

目前,由于计算机运算能力的提高以及数值计算软件的快速发展,多场耦合求解问题已不再是关键难题,相应的求解方法已较为完善。此外,关于多场耦合控制方程求解的商业软件也有很多,包括 ANSYS、ADINA 等,本书后续章节的多场耦合模型的求解主要采用 COMSOL Multiphysics 软件。

COMSOL Multiphysics 是一款大型的多物理场耦合数值仿真软件,是以有限元法为基础,通过求解偏微分方程(单场)或偏微分方程组(多场)来实现真实物理现象的仿真,用数学方法求解真实物理现象,可以用来分析从流体流动、热传导到结构力学、电磁分析等多种物理场及其耦合过程。COMSOL Multiphysics 包含一系列的核心物理场接口,可用于常见的应用领域,例如结构分析、层流、声压、稀物质传递、静电、电流和传热等。对于任意数学或物理仿真,如果没有预定义的物理场选项可用,则可通过定义方程来根据第一性原理进行仿真。通过软件自带的偏微分方程(PDE)模板,用户可以轻松模拟二阶线性或非线性方程组。通过将若干方程叠加在一起,用户还可以求解高阶微分方程。这些基于方程的工具还可以进一步与软件预置的物理场或任意附加模块组合,支持进行全耦合和定制化分析。这可以显著减少用户为自定义方程、材料属性、边界条件或源项而编写用户子程序的麻烦。

采用 COMSOL Multiphysics 软件计算的主要流程包括:① 明确研究的问题,抽象物理模型;② 几何建模;③ 设置模型材料属性;④ 选择并设置物理场;⑤ 网格剖分及优化;⑥ 选择合适的求解器并计算;⑦ 结果后处理。通过对每一步进行合理的设计即可完成该模型的计算。

2.6 本章小结

(1) 系统梳理了煤矿瓦斯开发多场耦合理论框架,指出多场耦合理论需着重解决本构关系问题,物理场控制方程、多物理场方程组求解问题,以及运用多场耦合理论解决工程实际问题,为工程实践提供决策方案。

(2) 结合瓦斯抽采过程分析了不同物理场对多孔介质固体应力场、渗流场、温度场以及化学反应场的影响规律,发现瓦斯抽采过程中不同物理场之间相互作用、相互耦合,一个物理场的变化会触发一系列的变化。

(3) 分析了多场耦合模型的求解方法,介绍了 COMSOL Multiphysics 软件,梳理了该软件建模的主要过程,包括抽象物理模型、几何建模、设置模型材料属性、选择并设置物理场、网格剖分及优化、选择合适的求解器并计算以及结果后处理等。

3 含瓦斯煤体应力-应变关系及强度特征

煤层瓦斯抽采过程中,随着瓦斯压力的降低,煤体有效应力升高以及煤基质收缩效应会共同导致煤体发生变形,并进一步影响瓦斯的流动特征。对于受采动影响或人工改造的煤层,还会发生屈服破坏并产生塑性大变形。此外,瓦斯压力的改变以及煤体的塑性变形还会影响煤体的力学强度特征,从而影响瓦斯的抽采效果。因此,本章将重点分析含瓦斯煤的应力-应变关系、有效应力原理、屈服准则以及瓦斯对煤体强度和变形特性的影响规律。研究结果为煤层瓦斯运移多场耦合模型的构建提供支撑。

3.1 煤体的应力-应变关系

3.1.1 基于广义胡克定律的介质应力-应变关系

通常,对于一个固体力学问题的求解,在任何时候都必须满足三个条件,即应力平衡方程、应变协调方程以及应力-应变关系。本节将针对这三个条件的由来做具体的分析[71]。

(1) 应力平衡方程

当物体处于平衡状态时,利用各点应力的相互关系,可以导出应力平衡方程。应力平衡方程是指弹性体应力分量与外力之间的关系。假定从处于平面应力状态的物体中取出一个微小矩形单元 $abcd$(图 3-1),其两边的长度分别为 $\mathrm{d}x$ 和 $\mathrm{d}y$,厚度为 δ。由于 $\mathrm{d}x\delta$ 和 $\mathrm{d}y\delta$ 均为微小面元,可以把 $\mathrm{d}x\delta$ 和 $\mathrm{d}y\delta$ 面元上的应力看成是均匀分布的,因此,面元上的任一点的应力分量值,可以用该面元上的点的应力分量值表示。在微小单元体中,不同的边上,应力分量值也不相同。如 ab 边上的正应力分量为 σ_x,而在 cd 边上,由于距 y 轴的距离增加了 $\mathrm{d}x$,故其正应力也随之变化。应力分量的这种变化可用泰勒级数展开来求得:

$$\sigma_x\mid_{cd} = \sigma_x\mid_{ab} + \frac{\partial\sigma_x}{\partial x}\bigg|_{ab} + \frac{\partial\sigma_x}{\partial y}\bigg|_{ab} + o(\mathrm{d}x^2, \mathrm{d}y^2) \tag{3-1}$$

ab 线元和 cd 线元上的应力分量,可用相应线元中点处的应力分量来表示:

$$\sigma_x\mid_{ab} = \sigma_x\mid_x, \sigma_x\mid_{cd} = \sigma_x\mid_{x+\mathrm{d}x} \tag{3-2}$$

略去二阶以上的微量,可得 ab 边上的正应力为:

$$\sigma_x\mid_{ab} = \sigma_x + \frac{\partial\sigma_x}{\partial x}\mathrm{d}x \tag{3-3}$$

同理,如果 ab 边上的切应力为 τ_{xy},ad 边的 2 个应力分量分别为 σ_y 和 τ_{yx},则 cd 边上的切应力分量及 bc 边的 2 个应力分量为:

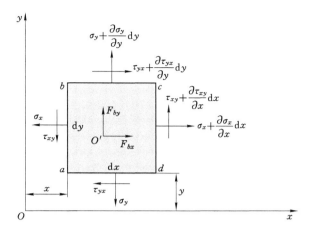

图 3-1　微小单元应力分量

$$\begin{cases} \tau_{xy} \mid_{cd} = \tau_{xy} + \dfrac{\partial \tau_{xy}}{\partial x} \mathrm{d}x \\[2mm] \sigma_y \mid_{bc} = \sigma_y + \dfrac{\partial \sigma_y}{\partial y} \mathrm{d}y \\[2mm] \tau_{yx} \mid_{bc} = \tau_{yx} + \dfrac{\partial \tau_{yx}}{\partial y} \mathrm{d}y \end{cases} \tag{3-4}$$

在静力平衡条件下,各应力分量必然满足平衡条件的要求,对于厚度 $\delta = 1$ 的微小矩形单元 $abcd$,由平衡条件 $\sum M_a = 0$,可得:

$$\left(\frac{\partial \sigma_y}{\partial y}\mathrm{d}y\mathrm{d}x\right)\frac{\mathrm{d}x}{2} - \left(\frac{\partial \sigma_x}{\partial x}\mathrm{d}x\mathrm{d}y\right)\frac{\mathrm{d}y}{2} + \left(\tau_{xy} + \frac{\partial \tau_{xy}}{\partial x}\mathrm{d}x\right)\mathrm{d}y\mathrm{d}x$$
$$- \left(\tau_{yx} + \frac{\partial \tau_{yx}}{\partial y}\mathrm{d}y\right)\mathrm{d}x\mathrm{d}y + F_{by}\mathrm{d}x\mathrm{d}y\frac{\mathrm{d}x}{2} - F_{bx}\mathrm{d}x\mathrm{d}y\frac{\mathrm{d}y}{2} = 0 \tag{3-5}$$

省去 $\mathrm{d}x, \mathrm{d}y$ 的三次方项,得到 $\tau_{xy} = \tau_{yx}$.其他类推。

由平衡条件 $\sum F_x = 0$,可得:

$$\left(\sigma_x + \frac{\partial \sigma_x}{\partial x}\mathrm{d}x\right)\mathrm{d}y - \sigma_x\mathrm{d}y + \left(\tau_{yx} + \frac{\partial \tau_{yx}}{\partial y}\mathrm{d}y\right)\mathrm{d}x - \tau_{yx}\mathrm{d}x + F_{bx}\mathrm{d}x\mathrm{d}y = 0 \tag{3-6}$$

简化后可得:

$$\left(\frac{\partial \sigma_x}{\partial x} + \frac{\partial \tau_{yx}}{\partial y} + F_{bx}\right)\mathrm{d}x\mathrm{d}y = 0 \tag{3-7}$$

由于 $\mathrm{d}x\mathrm{d}y$ 不等于零,因此有:

$$\frac{\partial \sigma_x}{\partial x} + \frac{\partial \tau_{yx}}{\partial y} + F_{bx} = 0 \tag{3-8}$$

同理由 $\sum F_y = 0$,可得:

$$\frac{\partial \sigma_y}{\partial y} + \frac{\partial \tau_{xy}}{\partial x} + F_{by} = 0 \tag{3-9}$$

式(3-8)和式(3-9)即为平面问题的应力平衡方程。

（2）应变协调方程

在应力分析中,已经指出必须建立平衡方程以保证介质总是处于平衡状态。在应变分

析中,同样也需要施加条件以保证变形体连续:

$$\varepsilon_{ij} = \frac{1}{2}(\mu_{i,j} + \mu_{j,i})$$ (3-10)

式中 ε_{ij} ——应变张量;

$\mu_{i,j}, \mu_{j,i}$ ——位移导数, $\mu_{i,j} = \partial u_i/\partial x_j$, $\mu_{j,i} = \partial u_j/\partial x_i$。

为了获得单值解的连续位移函数,必须对一些应变分量进行约束,这类约束条件成为协调条件,如下:

$$\begin{cases} \dfrac{\partial^2 \varepsilon_x}{\partial y^2} + \dfrac{\partial^2 \varepsilon_y}{\partial x^2} = 2\dfrac{\partial^2 \varepsilon_{xy}}{\partial x \partial y} \\[2mm] \dfrac{\partial^2 \varepsilon_y}{\partial z^2} + \dfrac{\partial^2 \varepsilon_z}{\partial y^2} = 2\dfrac{\partial^2 \varepsilon_{zy}}{\partial z \partial y} \\[2mm] \dfrac{\partial^2 \varepsilon_z}{\partial x^2} + \dfrac{\partial^2 \varepsilon_x}{\partial z^2} = 2\dfrac{\partial^2 \varepsilon_{zx}}{\partial z \partial x} \end{cases}$$ (3-11)

$$\begin{cases} \dfrac{\partial}{\partial x}\left(-\dfrac{\partial \varepsilon_{yz}}{\partial x} + \dfrac{\partial \varepsilon_{zx}}{\partial y} + \dfrac{\partial \varepsilon_{xy}}{\partial z}\right) = \dfrac{\partial^2 \varepsilon_x}{\partial y \partial z} \\[2mm] \dfrac{\partial}{\partial y}\left(-\dfrac{\partial \varepsilon_{zx}}{\partial y} + \dfrac{\partial \varepsilon_{xy}}{\partial z} + \dfrac{\partial \varepsilon_{zy}}{\partial x}\right) = \dfrac{\partial^2 \varepsilon_y}{\partial z \partial x} \\[2mm] \dfrac{\partial}{\partial z}\left(-\dfrac{\partial \varepsilon_{xy}}{\partial z} + \dfrac{\partial \varepsilon_{yz}}{\partial x} + \dfrac{\partial \varepsilon_{zx}}{\partial y}\right) = \dfrac{\partial^2 \varepsilon_z}{\partial x \partial y} \end{cases}$$ (3-12)

式(3-11)和式(3-12)这些协调方程就是为了保证单连续域中应变分量给出单值连续位移解的必要充分条件。

(3)岩石应力-应变关系

在岩石材料中,为了简化所研究的问题,在谈到本构模型时一般认为,与时间无关的应力-应变关系是一种合理的近似。通常认为:材料特性是与时间无关的。因此,特性中不包含蠕变和松弛,也就是说,材料的本构方程中不直接出现时间变量。

由实验研究可知,弹性体的应变与应力成正比,这一关系由著名科学家胡克首次发现,因此称为胡克定律:

$$\sigma = E\varepsilon$$ (3-13)

式中 σ ——应力;

E ——弹性模量;

ε ——应变。

假设求解的问题为平面应力问题,在 xOy 平面内只出现三个应力分量(σ_x, σ_y, τ_{xy}),其余的三个应力分量(σ_z, τ_{yz}, τ_{zx})均等于零。故弹性应力-应变方程可简化为:

$$\begin{cases} \sigma_x = \dfrac{E}{1-\nu^2}(\varepsilon_x + \nu\varepsilon_y) \\[2mm] \sigma_y = \dfrac{E}{1-\nu^2}(\nu\varepsilon_x + \varepsilon_y) \\[2mm] \tau_{xy} = \dfrac{E}{2(1+\nu)}\gamma_{xy} \end{cases}$$ (3-14)

式中 ν ——泊松比;

γ ——剪应变。

如果所求解的问题为平面应变问题,此时 $\sigma_z \neq 0$,而 $\varepsilon_z = 0$,因此,用应力表示应变更为合适,即

$$\begin{cases} \varepsilon_x = \dfrac{1}{E}[\sigma_x - \nu(\sigma_y + \sigma_z)] \\[2mm] \varepsilon_y = \dfrac{1}{E}[\sigma_y - \nu(\sigma_z + \sigma_x)] \\[2mm] \varepsilon_z = \dfrac{1}{E}[\sigma_z - \nu(\sigma_x + \sigma_y)] \\[2mm] \gamma_{xy} = \dfrac{2(1+\nu)}{E}\tau_{xy} \end{cases} \tag{3-15}$$

3.1.2 吸附性多孔介质的应力-应变关系

煤体作为吸附性多孔介质,内部瓦斯的吸附-解吸也会影响其变形过程。为此需要推导适用于吸附性多孔介质的应力-应变关系。为了获得吸附性多孔介质的线弹性应力-应变关系,本节采用类比法,将因温度变化引起的热膨胀类比为瓦斯解吸引起的基质收缩变形。热弹性多孔介质的应力-应变关系可在前人的文献中获得,将热膨胀变形项采用瓦斯吸附膨胀变形替代,即可得到含瓦斯煤的应力-应变关系。

对于均质各向同性、热弹性多孔介质,其应力-应变关系可表示为[72]:

$$\Delta\sigma_{ij} = 2G\Delta\varepsilon_{ij} + \lambda\Delta\varepsilon\delta_{ij} + \left(\lambda + \frac{2}{3}G\right)\alpha_T\Delta T\delta_{ij} \tag{3-16}$$

$$\Delta\varepsilon = \Delta\varepsilon_{xx} + \Delta\varepsilon_{yy} + \Delta\varepsilon_{zz} \tag{3-17}$$

式中 G, λ——煤岩的拉梅常数;

δ_{ij}——Kronecker(克罗内克)符号;

ε——体积应变;

α_T——热膨胀系数。

式中,压应力为正,有效应力增量 $\Delta\sigma_{ij} = \Delta\tau_{ij} - \Delta p\delta_{ij}$,$\Delta\tau_{ij}$ 为总应力增量,p 为孔隙压力。

在非等温体中,温度的降低会导致介质收缩,从而导致多孔介质孔隙率的增大,这与煤层瓦斯解吸引起煤基质收缩,从而导致裂隙率增加的现象具有高度的相似性。通过将瓦斯解吸引起的基质收缩变形与热收缩变形类比,可以得到吸附性多孔介质的应力-应变关系:

$$\Delta\sigma_{ij} = 2G\Delta\varepsilon_{ij} + \lambda\Delta\varepsilon\delta_{ij} + \left(\lambda + \frac{2}{3}G\right)\Delta\varepsilon_s\delta_{ij} \tag{3-18}$$

式中,$\Delta\varepsilon_s$ 为瓦斯解吸引起的基质收缩应变增量,$\Delta\varepsilon_s = \dfrac{\varepsilon_L p}{p + p_\varepsilon} - \dfrac{\varepsilon_L p_0}{p_0 + p_\varepsilon}$($\varepsilon_L$ 为 Langmuir 式吸附应变常数,p_ε 为 Langmuir 式吸附压力常数,p_0 为初始瓦斯压力)。

3.1.3 横观各向同性吸附性多孔介质的应力-应变关系

公式(3-18)适用于均质各向同性介质。而煤体作为一种沉积岩,存在明显的层理结构,通常认为是一种横观各向同性的介质,其在竖直方向和水平方向上的力学性质存在显著差异,需要区别对待。考虑横观各向同性的影响,煤体的应力-应变关系可表示为[73](其中轴3代表对称轴):

$$
\begin{cases}
\varepsilon_{11} = (1/E)\sigma_{11} - (\nu/E)\sigma_{22} - (\nu_3/E_3)\sigma_{33} + [(1-\nu)/E - \nu_3/E_3]\alpha p - \varepsilon_s(p) \\
\varepsilon_{22} = (1/E)\sigma_{11} + (\nu/E)\sigma_{22} - (\nu_3/E_3)\sigma_{33} + [(1-\nu)/E - \nu_3/E_3]\alpha p - \varepsilon_s(p) \\
\varepsilon_{33} = (\nu_3/E_3)\sigma_{11} - (\nu_3/E_3)\sigma_{22} - (1/E_3)\sigma_{33} - (-2\nu_3/E_3 + 1/E_3)\alpha p - \varepsilon_{s3}(p) \\
2\varepsilon_{23} = (1/G_3)\sigma_{23} \\
2\varepsilon_{31} = (1/G_3)\sigma_{31} \\
2\varepsilon_{12} = [2(1+\nu)/E]\sigma_{12}
\end{cases}
$$

$$(3\text{-}19)$$

式中　　E——方向 1 和 2 上的弹性模量；

　　　　E_3——方向 3 上的弹性模量；

　　　　ν——平面 1-2 上的泊松比；

　　　　ν_3——平面 1-3 和 2-3 上的泊松比；

　　　　G_3——平面 1-3 和 2-3 上的剪切模量；

　　　　ε_s——方向 1 和 2 上的吸附应变；

　　　　ε_{s3}——方向 3 上的吸附应变；

　　　　α——Biot（比奥）系数。

3.2　煤体的有效应力原理

　　煤岩系统的失稳破坏是突出矿井发生瓦斯动力灾害的先决条件。而失稳破坏是否发生则取决于外部施加的应力是否超过含瓦斯煤体的力学强度及其相应的力学响应。煤体是一种典型的多孔介质，其内部发育了大量的孔隙、裂隙，这些孔隙、裂隙的存在为瓦斯在煤体表面的吸附提供了大量的空间。因此，研究煤岩瓦斯动力灾害的关键是要研究含瓦斯煤体的力学特性，这是研究含瓦斯煤体发生力学破坏的基础[74]。此外，煤矿井下采掘过程中外部应力场的变化会引起瓦斯的解吸、扩散与渗流，导致煤体内部原有的平衡被打破，改变内部流场分布，导致含瓦斯煤体的有效应力发生变化，从而影响煤体的强度特性和变形特性[75]。

　　有效应力原理对于描述含有孔隙流体的多孔介质的力学效应具有重要作用。有效应力作为一种等效应力，其提出主要是为了研究结构复杂介质的力学响应规律[76]。煤体作为一种典型的多孔介质，其内部结构非常复杂，因而需通过有效应力来研究其力学响应规律。目前，根据对多孔介质孔隙结构划分的不同，将有效应力原理分为单重孔隙介质有效应力原理、双重孔隙介质有效应力原理以及多重孔隙介质有效应力原理。

3.2.1　单重孔隙介质的有效应力原理

　　K. Terzaghi（太沙基）于 1932 年首次提出有效应力的概念，并建立了著名的 Terzaghi 有效应力定律[77]：

$$\sigma_e = \sigma - p \qquad\qquad (3\text{-}20)$$

式中　　σ_e——有效应力；

　　　　σ——外加应力；

　　　　p——孔隙压力。

　　该理论的提出主要基于以下认识[78]：

① 当外加应力与孔隙压力增加相同的值时,多孔介质的体积不发生变化;

② 多孔介质的剪切强度随外加应力的增加而显著增加,但如果外加应力与孔隙压力增加相同的数值时,剪切强度几乎不变。

Terzaghi 有效应力将多孔介质的有效应力简单地视为外加应力与内部孔隙压力的差值,这导致其在后续的工程应用中存在一定的偏差。为了消除 Terzaghi 有效应力在工程应用中导致的偏差,许多学者都对该模型进行了修正。其中以 M. A. Biot 于 1941 年提出的修正模型应用较为广泛,该模型亦称为 Biot 有效应力:

$$\sigma_e = \sigma - \alpha p \tag{3-21}$$

式中　α——Biot 系数。

J. Geertsma(吉尔茨马)和 A. W. Skempton(斯肯普顿)指出 Biot 系数 α 可由(3-22)进行计算[78]:

$$\alpha = 1 - \frac{K}{K_s} \tag{3-22}$$

式中　K——不含流体压力的干孔隙介质的体积模量;

　　　K_s——不含孔隙介质的体积模量。

无论是 Terzaghi 有效应力原理还是修正的 Biot 有效应力原理,都是基于同样的假设提出的,即介质为单重孔隙介质,仅由骨架与孔隙组成,如图 3-2(a)所示。但是这样一种形式的有效应力并不适用于裂隙性多孔介质,如图 3-2(b)所示,如煤、岩石等。这是因为在裂隙性多孔介质中,裂隙与孔隙的导流能力差别很大,这导致通常情况下两者内的流体压力并不相等,需区别对待。

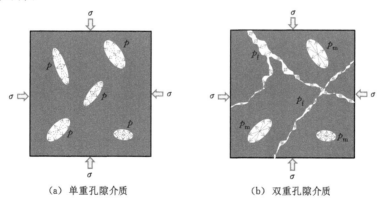

|（a）单重孔隙介质|（b）双重孔隙介质|

图 3-2　介质的孔隙结构

3.2.2　双重孔隙介质有效应力原理

图 3-2(b)中给出了双重孔隙介质的结构组成,其主要包括固体骨架(Ω_s)、裂隙(Ω_f)以及孔隙(Ω_m)三部分。

当在双重孔隙介质上同时施加外部应力 σ_{ij}、裂隙压力 p_f 以及孔隙压力 p_m 时,我们可以将这种应力状态等效成三种不同应力状态的叠加(图 3-3)。

① 考虑裂隙-孔隙介质($\Omega_s + \Omega_f + \Omega_m$),并施加应力 $\sigma_{ij} + p_f\delta_{ij}$,则该介质的应变可由式(3-23)表示:

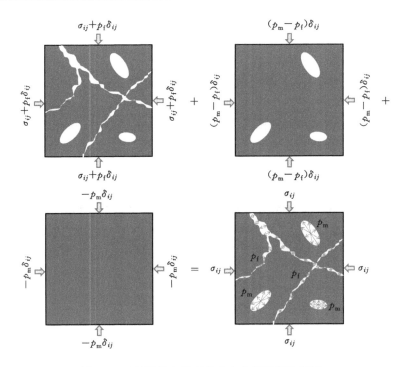

图 3-3 双重孔隙介质有效应力分解过程示意图

$$\varepsilon_{ij}^{(1)} = \frac{1}{E_{\mathrm{smf}}} \big[(1+\nu_{\mathrm{smf}})\sigma_{ij} + \nu_{\mathrm{smf}} I_1 \delta_{ij} \big] + \frac{1-2\nu_{\mathrm{smf}}}{E_{\mathrm{smf}}} p_{\mathrm{f}}\delta_{ij} \tag{3-23}$$

式中　$E_{\mathrm{smf}}, \nu_{\mathrm{smf}}$ ——裂隙-孔隙介质的弹性模量和泊松比；

　　I_1 ——应力第一不变量。

② 考虑孔隙-固体介质（$\Omega_{\mathrm{s}} + \Omega_{\mathrm{m}}$），并施加应力 $(p_{\mathrm{m}} - p_{\mathrm{f}})\delta_{ij}$，可以得到其应变为：

$$\varepsilon_{ij}^{(2)} = \frac{1-2\nu_{\mathrm{sm}}}{E_{\mathrm{sm}}}(p_{\mathrm{m}} - p_{\mathrm{f}})\delta_{ij} \tag{3-24}$$

式中　$E_{\mathrm{sm}}, \nu_{\mathrm{sm}}$ ——孔隙固体介质的弹性模量和泊松比。

③ 考虑固体介质（Ω_{s}），并施加应力 $-p_{\mathrm{m}}\delta_{ij}$，可以得到其应变为：

$$\varepsilon_{ij}^{(3)} = \frac{1-2\nu_{\mathrm{s}}}{E_{\mathrm{s}}} p_{\mathrm{m}}\delta_{ij} \tag{3-25}$$

式中　$E_{\mathrm{s}}, \nu_{\mathrm{s}}$ ——固体介质的弹性模量和泊松比。

将以上三种应力状态叠加，相当于在裂隙-孔隙介质外边界施加应力 σ_{ij}、在裂隙边界施加压力 p_{f} 以及在孔隙边界施加压力 p_{m}。

$$\varepsilon_{ij} = \varepsilon_{ij}^{(1)} + \varepsilon_{ij}^{(2)} + \varepsilon_{ij}^{(3)} = \frac{1}{E_{\mathrm{smf}}} \big[(1+\nu_{\mathrm{smf}})\sigma_{ij} + \nu_{\mathrm{smf}} I_1 \delta_{ij} \big] + \frac{1-2\nu_{\mathrm{smf}}}{E_{\mathrm{smf}}} p_{\mathrm{f}}\delta_{ij} +$$

$$\frac{1-2\nu_{\mathrm{sm}}}{E_{\mathrm{sm}}}(p_{\mathrm{m}} - p_{\mathrm{f}})\delta_{ij} + \frac{1-2\nu_{\mathrm{s}}}{E_{\mathrm{s}}} p_{\mathrm{m}}\delta_{ij}$$

$$= \frac{1}{E_{\mathrm{smf}}} \big[(1+\nu_{\mathrm{smf}})\hat{\sigma}_{ij} + \nu_{\mathrm{smf}} I_1 \delta_{ij} \big] \tag{3-26}$$

其中

$$\hat{\sigma}_{ij} = \sigma_{ij} - \alpha p_{\mathrm{m}} - \beta p_{\mathrm{f}} \tag{3-27}$$

式(3-27)即为双重孔隙介质的有效应力原理,其中的有效应力系数 α 和 β 可表示为:

$$\begin{cases} \alpha = \dfrac{K_{smf}}{K_{sm}} - \dfrac{K_{smf}}{K_s} \\ \beta = 1 - \dfrac{K_{smf}}{K_{sm}} \end{cases} \tag{3-28}$$

式中　K_{smf}——双重孔隙介质的体积模量,$K_{smf} = \dfrac{E_{smf}}{3(1-2\nu_{smf})}$;

　　　K_{sm}——孔隙-固体介质的体积模量,$K_{sm} = \dfrac{E_{sm}}{3(1-2\nu_{sm})}$;

　　　K_s——固体介质的体积模量,$K_s = \dfrac{E_s}{3(1-2\nu_s)}$。

需要指出的是,以上有效应力定律并不是双重孔隙介质有效应力定律的唯一形式,通过不同的应力分解和叠加模式可以得到另一种有效应力定律,该有效应力定律与式(3-27)在形式上是一致的,但有效应力系数的计算方式存在差异:

$$\begin{cases} \alpha' = 1 - \dfrac{K_{smf}}{K_{sm}} \\ \beta' = 1 - \dfrac{K_{smf}}{K_s} \end{cases} \tag{3-29}$$

3.2.3　多重孔隙介质有效应力原理

对于多重孔隙介质,假设其具有 n 重孔隙结构,分别占据 n 个空间区域。通常情况下,多孔介质除了受到外部应力 σ_{ij} 以外,在各重孔隙内还受到孔隙流体压力 $p_1,p_2,p_3,\cdots,p_n$ 的作用。

采用与推导双重孔隙介质有效应力相似的方法,我们同样可以得到多重孔隙介质的有效应力原理[78]:

$$\hat{\sigma}_{ij} = \sigma_{ij} + (\gamma_1 p_1 + \gamma_2 p_2 + \gamma_3 p_3 + \cdots + \gamma_n p_n)\delta_{ij} \tag{3-30}$$

式(3-30)中的 $\gamma_1,\gamma_2,\gamma_3,\cdots,\gamma_n$ 为有效应力系数,可表示为:

$$\begin{cases} \gamma_1 = \dfrac{K_{s,1,\cdots,n}}{K_{s,1}} - \dfrac{K_{s,1,\cdots,n}}{K_s}, \gamma_2 = \dfrac{K_{s,1,\cdots,n}}{K_{s,1,2}} - \dfrac{K_{s,1,\cdots,n}}{K_{s,1}}, \cdots, \\ \gamma_{n-1} = \dfrac{K_{s,1,\cdots,n}}{K_{s,1,\cdots,(n-1)}} - \dfrac{K_{s,1,\cdots,n}}{K_{s,1,\cdots,(n-2)}}, \gamma_n = 1 - \dfrac{K_{s,1,\cdots,n}}{K_{s,1,\cdots,(n-1)}} \end{cases} \tag{3-31}$$

式(3-32)中的 $K_s,K_{s,1},\cdots,K_{s,1,\cdots,n-1},K_{s,1,\cdots,n}$ 为体积模量,可表示为:

$$\begin{cases} K_s = \dfrac{1-2\nu_s}{E_s}, K_{s,1} = \dfrac{1-2\nu_{s,1}}{E_{s,1}}, \cdots, \\ K_{s,1,\cdots,n-1} = \dfrac{1-2\nu_{s,1,\cdots,n-1}}{E_{s,1,\cdots,n-1}}, K_{s,1,\cdots,n} = \dfrac{1-2\nu_{s,1,\cdots,n}}{E_{s,1,\cdots,n}} \end{cases} \tag{3-32}$$

需要指出的是,多重孔隙介质的有效应力定律形式是不唯一的,这取决于对部分孔隙介质线性各向同性的假设。自然界的多重孔隙介质结构是千差万别的,因此,对应的有效应力定律应在符合实际条件的假设下得到。

3.2.4　吸附性多孔介质有效应力原理

一般认为,煤体为典型的多孔介质,且具有双重孔隙结构,内部包括基质孔隙和基质间裂隙。因此,很多时候学者们采用公式(3-27)来计算煤体的有效应力及其引起的煤体强度和变形的变化规律。

但是我们知道,煤体为吸附性多孔介质,对特定的气体如 CO_2、CH_4、N_2 等具有吸附性。当煤体吸附气体以后会产生吸附膨胀变形,这一变形主要是由煤体内部产生的吸附膨胀应力导致的。而目前建立的含瓦斯煤体的有效应力求解公式几乎不考虑吸附膨胀应力的影响。

吴世跃等[79]基于表面物理化学和弹性力学理论推导了煤体吸附瓦斯后的膨胀变形:

$$\varepsilon_{\mathrm{a}} = \frac{2a\rho RT \ln(1+bp)}{9VK} \tag{3-32}$$

假设含瓦斯煤体为各向同性的线弹性介质,煤体变形满足胡克定律,则:

$$\sigma_{\mathrm{a}} = \frac{2a\rho RT(1-2\nu)\ln(1+bp)}{3V} \tag{3-33}$$

式中　ε_{a}——煤体吸附瓦斯后小膨胀变形;

　　　σ_{a}——煤体吸附瓦斯后的膨胀应力;

　　　a——最大吸附量;

　　　b——吸附压力常数;

　　　ρ——煤体密度;

　　　ν——泊松比;

　　　p——吸附平衡压力;

　　　R——气体常数;

　　　V——摩尔体积。

将式(3-33)耦合到式(3-27)中可以得到含瓦斯煤体的有效应力方程:

$$\hat{\sigma}_{ij'} = \sigma_{ij} - \alpha p_{\mathrm{m}} - \beta p_{\mathrm{f}} - \frac{2a\rho RT(1-2\nu)\ln(1+bp_{\mathrm{m}})}{3V} \tag{3-34}$$

假设煤体内的流体流动处于准静态条件下,裂隙瓦斯压力等于基质孔隙压力,则式(3-34)可以简化为:

$$\hat{\sigma}_{ij}{}' = \sigma_{ij} - \lambda p_{\mathrm{m}} \tag{3-35}$$

式中 λ 为含瓦斯煤体的有效应力系数,可由式(3-36)计算:

$$\begin{aligned}
\lambda &= \alpha + \beta + \frac{2a\rho RT(1-2\nu)\ln(1+bp_{\mathrm{m}})}{3Vp_{\mathrm{m}}} \\
&= 1 - \frac{K_{\mathrm{smf}}}{K_{\mathrm{s}}} + \frac{2a\rho RT(1-2\nu)\ln(1+bp_{\mathrm{m}})}{3Vp_{\mathrm{m}}}
\end{aligned} \tag{3-36}$$

3.3　煤体的失稳破坏准则

3.3.1　常见的煤体失稳破坏准则

煤岩材料在载荷作用下,由弹性状态到塑性状态的转变称为屈服,其中,弹性状态与塑性状态的分界点称为煤体在该条件下的屈服点。在三维主应力空间中,将屈服点连接起来就形成一个区分弹性区和塑性区的分界面,称为屈服面,用于描述屈服面的数学表达式称为屈服条件。屈服面将主应力空间分为两个部分,在屈服面内煤体处于弹性状态,在屈服面上煤体处于屈服状态。屈服条件是判断煤岩材料处于弹性阶段还是处于塑性阶段的准则。

目前,用于表征煤岩材料屈服破坏的强度准则有很多,常用的包括 Mohr-Coulomb(莫尔-库仑)准则、Drucker-Prager(德鲁克-普拉格)准则、Mogi-Coulomb(茂木-库仑)准则以及

Hoek-Brown(霍克-布朗)准则等。

（1）Mohr-Coulomb 准则[80]

Mohr-Coulomb 准则认为,煤体的强度等于煤体本身抵抗剪切摩擦的内聚力和剪切面上正应力作用下产生的摩擦力：

$$\tau = c + \sigma_n \tan \varphi' \tag{3-37}$$

式中　τ——剪切面上的剪应力；

　　　σ_n——剪切面上的正应力；

　　　c——内聚力；

　　　φ'——内摩擦角。

剪切面上的正应力和剪应力可分别表示为：

$$\sigma_n = \frac{1}{2}(\sigma_1 + \sigma_3) + \frac{1}{2}(\sigma_1 - \sigma_3)\cos 2\theta \tag{3-38}$$

$$\tau = \frac{1}{2}(\sigma_1 - \sigma_3)\sin 2\theta \tag{3-39}$$

式中　σ_1——最大主应力；

　　　σ_3——最小主应力；

　　　θ——煤体破断角,$\theta = \frac{\pi}{4} + \frac{\varphi'}{2}$。

由以上结果可得,采用 σ_1 和 σ_3 表示的强度准则为：

$$\sigma_1 = \frac{2c\cos \varphi'}{1 - \sin \varphi'} + \frac{1 + \sin \varphi'}{1 - \sin \varphi'}\sigma_3 \tag{3-40}$$

（2）Drucker-Prager 准则[80-81]

Drucker-Prager 准则也被称为扩展的 Von Mises(冯·米泽斯)屈服准则,最早是基于冯·米泽斯准则为土力学而提出的。通过对塑性土应用极限定理,Drucker-Prager 准则的屈服函数为：

$$\sqrt{\frac{1}{6}\left[(\sigma_1 - \sigma_2)^2 + (\sigma_2 - \sigma_3)^2 + (\sigma_3 - \sigma_2)^2\right]} = k + \frac{\alpha}{3}(\sigma_1 + \sigma_2 + \sigma_3) \tag{3-41}$$

式中　σ_2——中间主应力；

　　　α,k——与内摩擦角和内聚力相关的材料系数,$\alpha = \dfrac{-2\sin \varphi'}{3\sqrt{3}(3 - \sin \varphi')}$,$k = \dfrac{6c\cos \varphi'}{\sqrt{3}(3 - \sin \varphi')}$。

（3）Mogi-Coulomb 准则[82-83]

1967 年,K.Mogi 通过分析大量的真三轴压缩试验数据发现,σ_2 对岩石强度具有显著影响,随着 σ_2 增加,岩石强度增加,当 σ_2 进一步增加,岩石强度略微下降。而且,脆性岩石剪切破坏面走向总是沿着中间主应力 σ_2 方向,因此 K.Mogi 推断:作用在岩石剪切破坏面上的应力应该是平均正应力 $\sigma_{m,2}$,而非八面体正应力 σ_{oct}。于是提出了考虑中间主应力 σ_2 影响的 Mogi 准则：

$$\tau_{oct} = f(\sigma_{m,2}) \tag{3-42}$$

$$\tau_{oct} = \frac{1}{3}\sqrt{(\sigma_1 - \sigma_2)^2 + (\sigma_2 - \sigma_3)^2 + (\sigma_3 - \sigma_2)^2} \tag{3-43}$$

$$\sigma_{m,2} = \frac{1}{2}(\sigma_1 + \sigma_3) \tag{3-44}$$

式中　$\sigma_{m,2}$——平均正应力；

　　　τ_{oct}——八面体剪应力。

Mogi 准则可以是线性、幂律和抛物线多种，但 Mogi 幂律模型中系数不能与标准 Coulomb 准则参数建立关系，即不能采用内聚力和内摩擦角表示该系数，这样便增加了实际使用的难度。为此，推荐采用线性 Mogi 准则，即 Mogi-Coulomb 准则，为：

$$\tau_{oct} = a_1 + b_1 \sigma_{m,2} \tag{3-45}$$

式中　a_1,b_1——与材料相关的系数。

在 Mogi-Coulomb 准则中，系数 a_1,b_1 可通过常规三轴试验（$\sigma_2 = \sigma_3$）获取，则八面体剪应力可简化为：

$$\tau_{oct} = \frac{\sqrt{2}}{3}(\sigma_1 - \sigma_3) \tag{3-46}$$

将式(3-46)代入式(3-45)可得常规三轴下的 Mogi-Coulomb 准则：

$$\sigma_1 = \frac{6a_1}{2\sqrt{2} - 3b_1} + \frac{2\sqrt{2} + 3b_1}{2\sqrt{2} - 3b_1}\sigma_3 \tag{3-47}$$

由上式可以看出，在 $\sigma_2 = \sigma_3$ 时，Mogi-Coulomb 准则将退化为 Mohr-Coulomb 准则，Mohr-Coulomb 准则是 Mogi-Coulomb 准则的一种特殊情况，采用常规三轴试验确定出材料系数 a_1 和 b_1，即：

$$a_1 = \frac{2\sqrt{2}}{3}c\cos\varphi' \tag{3-48}$$

$$b_1 = \frac{2\sqrt{2}}{3}\sin\varphi' \tag{3-49}$$

将八面体剪应力采用应力不变量表示，有

$$\tau_{oct} = \frac{\sqrt{2}}{3}\sqrt{I_1^2 - 3I_2} \tag{3-50}$$

$$I_1 = \sigma_1 + \sigma_2 + \sigma_3 \tag{3-51}$$

$$I_2 = \sigma_1\sigma_2 + \sigma_2\sigma_3 + \sigma_3\sigma_1 \tag{3-52}$$

式中　I_1——应力第一不变量；

　　　I_2——应力第二不变量。

联合式(3-46)、式(3-47)以及式(3-50)～式(3-52)可以得到 Mogi-Coulomb 准则的另一种表达形式，即

$$\sqrt{I_1^2 - 3I_2} = a_1 + b_1(I_1 - \sigma_2) \tag{3-53}$$

$$a_1 = 2c\cos\varphi' \tag{3-54}$$

$$b_1 = \sin\varphi' \tag{3-55}$$

（4）Hoek-Brown 准则[80]

E. Hoek 和 E. T. Brown 于 1980 年针对完整、内聚力很强的岩石和岩体提出了 Hoek-Brown 强度准则，为了使其更具普遍性与适用性，于 1997 年又提出了广义 Hoek-Brown 准则，即

$$\sigma_1 = \sigma_3 + \sigma_c \left(m \frac{\sigma_3}{\sigma_c} + s \right)^g \tag{3-56}$$

其中，

$$\begin{cases} m = m_b \exp\left(\dfrac{I_{GS} - 100}{28 - 14D} \right) \\[2mm] s = \exp\left(\dfrac{I_{GS} - 100}{9 - 3D} \right) \\[2mm] g = \dfrac{1}{2} + \dfrac{1}{6} \left(e^{-I_{GS}/15} - e^{-20/3} \right) \end{cases} \tag{3-57}$$

式中 σ_c——岩石的单轴抗压强度；

m, s, g——岩石材料常数，取决于岩石性质及破碎程度；

I_{GS}——岩石地质强度；

m_b——与 I_{GS} 相关的岩石参数；

D——岩体扰动参数。

1998 年 Singh(辛格)等提出修正的 Hoek-Brown 准则：

$$\sigma_1 = \sigma_3 + \sigma_c \left(m \frac{\sigma_2 + \sigma_3}{2\sigma_c} + s \right)^g \tag{3-58}$$

图 3-4 为四种强度准则在偏平面上的屈服曲线，可以看出 Mohr-Coulomb 准则和 Hoek-Brown 准则均假设煤体的屈服破坏主要受控于最大和最小主应力，而忽视了中间主应力的影响，导致预测结果更加保守。而前文指出：中间主应力对煤体的强度有着显著影响，为了克服该问题，Drucker-Prager 准则考虑了中间主应力的影响，但是该准则过分强调了中间主应力的影响，导致预测结果高于真实值。Mogi-Coulomb 准则同样考虑了中间主应力的影响，并且该准则能更真实地反映真三轴下煤体的屈服破坏。

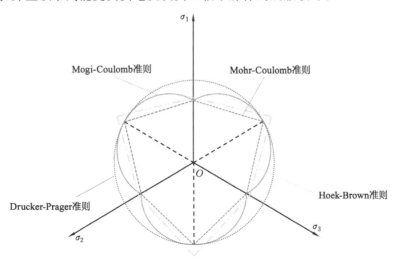

图 3-4　不同强度准则在偏平面上的屈服曲线

3.3.2　含瓦斯煤体的失稳破坏准则

以上的研究结果表明，煤样的力学强度随着孔隙瓦斯压力的升高而逐渐降低。此处将从力学机理上解释为什么瓦斯的存在会导致煤体力学强度的降低。

瓦斯对煤体峰值强度的影响主要包括游离瓦斯和吸附瓦斯两个方面的作用：

（1）游离瓦斯的存在降低了煤体的有效应力，从而降低了其抵抗破坏的能力；

（2）吸附瓦斯的存在降低了煤体的表面能，导致煤体内部分子间的引力降低，从而降低了煤体的内聚力，弱化了煤体的抗压强度。

根据 Mohr-Coulomb 准则，煤体所承受的剪应力与正应力之间的关系可由式(3-59)表示：

$$\begin{cases} \left(\sigma_n - \dfrac{\sigma_1 + \sigma_3}{2}\right)^2 + \tau^2 = \left(\dfrac{\sigma_1 - \sigma_3}{2}\right)^2 \\ \tau = c + \sigma_n \tan \varphi' \end{cases} \tag{3-59}$$

式中　各字母含义同前。

此时，若以正应力为横轴，剪应力为纵轴，则可以得到以 $\left(\dfrac{\sigma_1 + \sigma_3}{2}, 0\right)$ 为圆心，$\dfrac{\sigma_1 - \sigma_3}{2}$ 为半径的圆。

根据式(3-21)给出的有效应力原理，当只考虑游离瓦斯的影响时，含瓦斯煤体的最大、最小主应力可表示为：

$$\begin{cases} \sigma_1^e = \sigma_1 - \alpha p_m \\ \sigma_3^e = \sigma_3 - \alpha p_m \end{cases} \tag{3-60}$$

此外，相关的研究表明，吸附瓦斯后煤体的内聚力 c_a 与未吸附瓦斯煤体的内聚力之间存在如下关系[26]：

$$c_a = c \sqrt{1 - \frac{\Delta\psi}{\psi_0}} \tag{3-61}$$

式中　$\Delta\psi$——煤体表面能的变化量；

ψ_0——煤体表面能的初始值。

根据表面物理化学的基本原理可知，煤体表面能的变化量与煤体吸附瓦斯的平衡压力之间存在如下关系[27]：

$$\Delta\psi = \frac{RT}{V_0 S} \int_0^p \frac{V_{气}}{p} \mathrm{d}p \tag{3-62}$$

式中　S——煤体表面积；

$V_{气}$——吸附气体体积；

V_0——气体摩尔体积。

一般认为煤体对瓦斯的吸附量与孔隙压力之间满足 Langmuir 方程，即

$$V_{气} = \frac{a'b'p}{1 + b'p} \tag{3-63}$$

式中　a', b'——吸附常数。

将式(3-63)代入式(3-62)可以得到：

$$\Delta\psi = \frac{a'RT}{V_0 S} \ln(1 + b'p) \tag{3-64}$$

将式(3-64)代入式(3-61)可以得到吸附瓦斯煤体的内聚力与瓦斯压力之间的关系：

$$c_a = c \sqrt{1 - \frac{a'RT}{\psi_0 V_0 S} \ln(1 + b'p)} \tag{3-65}$$

将式(3-60)和式(3-65)代入式(3-59)可以得到含瓦斯煤体的 Mohr-Coulomb 屈服失稳

准则的表达式：

$$\begin{cases} \left[\sigma_n - \left(\dfrac{\sigma_1 + \sigma_3}{2} - \alpha p_m\right)\right]^2 + \tau^2 = \left(\dfrac{\sigma_1 - \sigma_3}{2}\right)^2 \\ \tau = c\sqrt{1 - \dfrac{a'RT}{\psi_0 V_0 S}\ln(1 + b'p)} + \sigma_n \tan \varphi' \end{cases} \tag{3-66}$$

同样可绘制出含瓦斯煤体的应力圆和强度包络线(图 3-5 中虚线所示)。由图 3-5 可以看出,由于游离瓦斯的存在,煤体的应力圆向左偏移量为 αp_m,导致含瓦斯煤体的应力圆更加趋近于强度包络线,导致煤体更容易发生破坏。而吸附瓦斯产生的非力学的作用主要是改变煤体内部的结构,使其内部力学参数降低,进而降低煤体的破坏包络线,使包络线向应力圆靠近从而促进煤体的破坏。

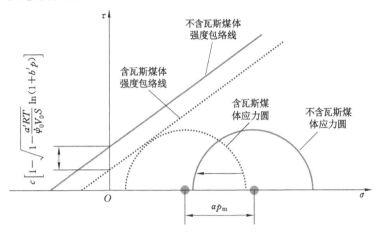

图 3-5　含瓦斯煤体与不含瓦斯煤体剪应力与正应力的关系[84]

从公式(3-66)及图 3-5 可以总结瓦斯对煤体屈服失稳的影响机制：

(1) 随着煤体瓦斯压力的升高,应力圆向左偏移程度增大,煤体更容易发生破坏,诱发煤与瓦斯突出等灾害事故。

(2) 煤体瓦斯压力越高,煤体的强度包络线向下偏移量越大,则煤体就更容易发生屈服破坏,诱发煤与瓦斯突出。

(3) 由图 3-5 还可以看出,煤体强度包络线的偏移量还与煤体本身的内聚力、煤体对瓦斯的吸附特性、煤层自身的温度以及煤体孔隙结构等有关。煤体内聚力越大,则包络线向下偏移量越大,相对而言煤体越容易发生屈服失稳；煤体对瓦斯的吸附量越大,吸附速度越快,则煤体越容易发生破坏、突出；煤层温度越高,煤体越容易发生突出。

3.4　含瓦斯煤体的力学特性

3.4.1　瓦斯对煤体变形特性的影响

煤体的变形能力对煤中气体流动、煤与瓦斯突出都有着重要影响,本节将针对含瓦斯煤体的力学变形特性做系统研究。煤体的变形参数主要包括煤体受载过程中的应变、弹性模量和泊松比。以下将重点研究这三个参数随孔隙瓦斯压力的变化规律。

（1）峰值变形。

煤体的峰值变形是煤体力学特性的一个重要参数，其大小反映了煤体的变形能力强弱。其中峰值变形又包括轴向峰值变形、径向峰值变形和体积峰值变形。此处将研究这三个参数随瓦斯压力的变化规律。

刘恺德[85]研究了淮南矿区谢一矿-780 m 标高 B10 煤层的原煤的力学特性随瓦斯压力的变化规律。此处根据原文中的原始数据提取各煤样的峰值变形数据，分析其随瓦斯压力的变化规律。由图 3-6 可以看出，随着瓦斯压力的升高，轴向应变 ε_{11} 和体积应变 ε_v 总体上呈增大趋势，围压为 10 MPa 和 20 MPa 时，瓦斯压力由 3 MPa 升高到 5 MPa 后轴向应变和体积应变略微降低，这可能是由原煤的结构差异大导致的。径向应变 ε_{33} 为负值，随着瓦斯压力的升高逐渐降低，其绝对值逐渐升高。

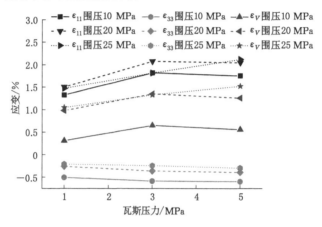

图 3-6　煤体峰值变形随瓦斯压力的变化规律

总的来说，随着瓦斯压力的增大，含瓦斯煤体总体上表现出小应力诱发大变形的力学特性。

（2）弹性模量。

相关学者研究了淮南谢一矿含瓦斯煤体在围压 10 MPa 下的力学特性[85]、山东兖矿煤样单轴压缩下的力学性能[86]、开滦赵各庄矿煤样在围压 5 MPa 下的力学特性[22]以及重庆打通一矿煤样在围压 6 MPa 下的力学特性[23]。采用以上试验数据，本节分析了含瓦斯煤体的弹性模量随孔隙瓦斯压力的变化规律，结果如图 3-7 所示。由图可以看出，随着孔隙瓦斯压力的升高，煤体弹性模量逐渐降低。

徐佑林等[75]基于岩石力学的基本原理，考虑煤体中仅含有单个椭圆形孔洞的条件下，推导了孔隙瓦斯压力对煤体弹性模量的影响模型：

$$\frac{1-\nu_1^2}{E_1}\left(\sigma_{\theta 1}-\frac{\nu_1}{1-\nu_1}\sigma_{r1}\right)=\frac{1-\nu_2^2}{E_2}\left(\sigma_{\theta 2}-\frac{\nu_2}{1-\nu_2}\sigma_{r2}\right) \tag{3-67}$$

文中假设实际煤体中的裂隙为长轴远大于短轴的椭圆形孔洞，最终得出：

$$E_2=\left[\frac{1-\nu_2^2}{1-\nu_1^2}+\frac{(1-\nu_2)(2\nu_2-1)}{1-\nu_1^2}\cdot\frac{p}{\sigma_3-\sigma_1}\right]E_1 \tag{3-68}$$

式中　E_1,E_2 ——不含瓦斯和含瓦斯煤体的弹性模量；

　　　ν_1,ν_2 ——不含瓦斯和含瓦斯煤体的泊松比；

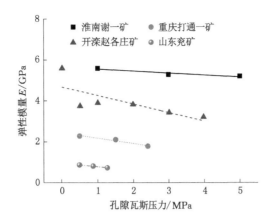

图 3-7　煤体的弹性模量随孔隙瓦斯压力的变化规律

$\sigma_{\theta 1}$，$\sigma_{\theta 2}$——不含瓦斯和含瓦斯煤体的孔边切向应力；

σ_{r1}，σ_{r2}——不含瓦斯和含瓦斯煤体的孔边径向应力；

p——孔隙压力；

σ_1，σ_3——垂直方向和水平方向的应力。

假设瓦斯的存在不改变煤体的泊松比，即 $\nu_1 = \nu_2$，则有：

$$E_2 = \left[1 + \frac{2\nu_1 - 1}{(1 + \nu_1)(\sigma_3 - \sigma_1)} p \right] E_1 \tag{3-69}$$

可见，在给定地应力的条件下，含瓦斯煤体的弹性模量与瓦斯压力呈线性关系。采用式(3-69)拟合图 3-7 的数据发现拟合度较高，说明式(3-69)具有一定的合理性。

（3）泊松比。

刘恺德[85]研究了淮南矿区含瓦斯煤体在围压约束下的力学特性，并计算了不同围压下煤体的泊松比随孔隙瓦斯压力的变化规律，结果如图 3-8 所示。由图可以看出，随着孔隙瓦斯压力的增加，泊松比总体上呈增大的趋势。

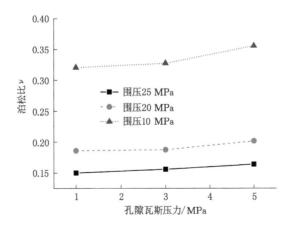

图 3-8　煤体的泊松比随孔隙瓦斯压力的变化规律

泊松比反映的是煤体在弹性阶段径向应变与轴向应变的比值。泊松比增大说明随着孔

隙瓦斯压力的升高,煤体径向应变较轴向应变增大。原因分析如下:

瓦斯在煤体中的赋存形式主要有两种:一种是游离瓦斯,这部分瓦斯主要存在于煤体裂隙中;另一种为吸附瓦斯,这部分瓦斯主要以吸附态的形式存在于煤体孔隙内。随着瓦斯压力的升高,煤体裂隙内的游离瓦斯压力增大,使得裂隙开度增大,同时,压力的升高导致煤体内的裂隙进一步扩展,这两种因素都会导致煤体发生膨胀变形,提高煤体应变。另外,煤体吸附瓦斯后煤基质发生吸附膨胀变形,从而引发煤体膨胀,增加煤体变形。再者,煤体吸附瓦斯后,导致煤体表面能降低,煤体表面分子对内部分子的引力降低,导致煤体发生膨胀变形。上述几种因素的综合作用导致煤体径向应变的增量随着气压的增加出现了更大幅度的增大,从而导致泊松比随孔隙瓦斯压力的升高而增大。

3.4.2 瓦斯对煤体强度特性的影响

煤与瓦斯突出是煤矿生产过程中最严重的瓦斯动力灾害之一。它的发生取决于煤层所处的应力状态、煤层内瓦斯压力以及煤体的物理力学特性。因此,研究煤与瓦斯突出的核心是研究含瓦斯煤体的力学特性。含瓦斯煤体的力学强度作为其力学特性的一个重要组成部分,在一定程度上反映了煤体抵抗煤与瓦斯突出的能力。为此,研究含瓦斯煤体力学强度随瓦斯压力的变化规律对于掌握煤与瓦斯突出机理有着重要意义[87]。

宋良等[86]利用特制的加压装置及电子万能压力机等研究了不同高径比煤样单轴抗压强度随瓦斯压力的变化规律。试验所用煤样取自山东兖矿集团的原煤,加工成直径 50 mm 的圆柱,试样高分别取直径的 1.0、1.5、2.0、2.5 倍。试验结果如图 3-9 所示。由图可以看出,不论煤样的高径比为多少,煤样单轴抗压强度随着孔隙瓦斯压力的增加均表现出下降的趋势,并且高径比越小,抗压强度对瓦斯压力的敏感性越强。如对于高径比为 1.0 的煤样,当孔隙瓦斯压力从 0.5 MPa 升高到 1.3 MPa 时,其单轴抗压强度从 14.68 MPa 降低到 12.00 MPa,降低了 18.26%;而对于高径比为 2.5 的煤样,当孔隙瓦斯压力从 0.5 MPa 升高到 1.3 MPa 时,煤样单轴抗压强度从 6.98 MPa 降低到 6.39 MPa,降低了 8.45%。

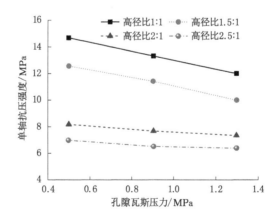

图 3-9　原煤煤样的单轴抗压强度与孔隙瓦斯压力的关系

尹光志等[88]研究了含瓦斯原煤和型煤在围压约束条件下抗压强度随孔隙瓦斯压力的变化规律,此处重点介绍型煤的试验结果。试验煤样取自重庆松藻矿区打通一矿 8 号煤层。将取好的块状煤研磨成粒径在 40～80 目之间的颗粒煤,通过添加少量水和均匀后,在

100 MPa 的压力下压制成直径 50 mm,高 100 mm 的型煤煤样。试验研究了在围压分别为 4、5、6 MPa 条件下型煤煤样的抗压强度随孔隙瓦斯压力的变化规律。测试结果如图 3-10 所示。由图可以看出,不论围压多大,总体上随着孔隙瓦斯压力的增大,煤样的抗压强度均 呈逐渐降低的趋势,并且围压越低,抗压强度对瓦斯压力的敏感性越强。另外,根据文章的 研究结果,相同条件下,型煤煤样的力学强度明显低于原煤煤样。尽管两种煤样在力学强度 的数值上存在差异,但其随瓦斯压力变化的规律具有共性。

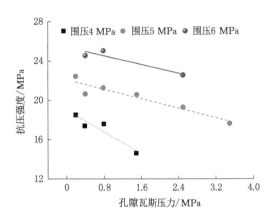

图 3-10　型煤煤样三轴抗压强度与孔隙瓦斯压力的关系

此外,根据刘恺德[85]的研究结果,在初始预定瓦斯压力分别同为 1、3、5 MPa 时,含瓦斯 原煤的内聚力依次增大,分别为 11.89、13.08、16.26 MPa;而内摩擦角依次减小,分别为 28.06°、25.09°、23.79°。这说明:煤体中的初始瓦斯压力越高,在恒定围压下含瓦斯原煤的 内聚力越高,内摩擦角越小。原因在于:一方面,初始瓦斯压力增大,在吸附平衡阶段,会引 起煤体吸附瓦斯量的增加,使煤体表面张力减小,从而引起煤体抵抗变形的能力减弱,进而 导致恒定围压下原煤更易被压密;另一方面,根据试验设计,在本次含瓦斯原煤三轴压缩试 验过程中,不向外排气(整个注气管路系统气阀关闭),即煤体和煤中瓦斯为一个整体。因 此,初始瓦斯压力越大,轴向加载时,孔隙压力将上升得越快,有效围压将下降得越快,即煤 体虽被进一步压密,但因其内部颗粒间的嵌入和连锁作用产生的咬合力即表面摩擦力越来 越小,煤体抵抗变形、破坏的能力将越来越差,故而呈现出内聚力增加,而内摩擦角却降低的 "密而不紧"的强度特征。

3.5　本章小结

（1）基于线弹性假设建立了含瓦斯煤体的变形控制方程,在胡克定律的基础上进一步 考虑了孔隙压力及吸附变形特性的影响。此外,煤体作为典型的沉积岩具有明显的层理结 构,表现出横观各向同性的特点。因此,有些情况下需要建立横向各向同性的含瓦斯煤体的 变形控制方程。

（2）分析了多孔介质的有效应力特征,建立了双重孔隙介质和多重孔隙介质的有效应 力方程,发现多重孔隙介质的有效应力定律形式不是唯一的,这取决于对部分孔隙介质线性 各向同性的假设;另外,煤体是一种吸附性多孔介质,其吸附瓦斯后在约束条件下内部会产生膨胀应力,因此,在建立含瓦斯煤体有效应力模型时需要考虑吸附膨胀应力的影响。

（3）对于煤岩材料,常见的屈服破坏准则有 Mohr-Coulomb 准则、Drucker-Prager 准则、Mogi-Coulomb 准则以及 Hoek-Brown 准则。Mohr-Coulomb 准则和 Hoek-Brown 准则均假设煤体的屈服破坏主要受控于最大和最小主应力,而忽视了中间主应力的影响,导致预测结果更加保守。为了克服该问题,Drucker-Prager 准则考虑了中间主应力的影响,但是该准则过分强调了中间主应力的影响,导致预测结果高于真实值。Mogi-Coulomb 准则同样考虑了中间主应力的影响,并且该准则能更真实地反映真三轴下煤体的屈服破坏。

（4）对于含瓦斯煤体,其屈服破坏准则需要考虑瓦斯的力学和非力学效应的影响。力学效应主要考虑孔隙压力的影响,非力学效应主要考虑因瓦斯吸附-解吸引起的煤体内聚力的改变。随着煤体瓦斯压力的升高,应力圆向左偏移程度增大,煤体更容易发生破坏;瓦斯压力越高,煤体的强度包络线向下偏移量越大,则煤体就更容易发生破坏。此外,煤体强度包络线的偏移量还与煤体本身的内聚力、煤体对瓦斯的吸附特性、煤层温度以及煤体孔隙结构等有关。煤体内聚力越大,则包络线偏移量越大,煤体越容易发生破坏失稳;煤体对瓦斯的吸附量越大、吸附速度越快、温度越高,则煤体越容易发生失稳破坏。

（5）瓦斯的存在对煤体力学强度存在显著影响。随着瓦斯压力的增大,含瓦斯煤体总体上表现出小应力诱发大变形的力学特性;煤体弹性模量和抗压强度随着孔隙压力的升高呈线性降低,泊松比随孔隙压力的升高而逐渐增大。

4 煤体瓦斯扩散动力学特性

扩散作为煤体内瓦斯运移的主要过程之一,是连接双重孔隙介质内煤基质与孔隙的桥梁纽带,对于煤层气产量预测具有重要作用,尤其是煤层气排采后期,储层压力低、渗透和扩散都较为缓慢,这时扩散过程才是控制整个煤层气产量的关键过程[89]。此外,煤矿井下煤层瓦斯含量测定以及落煤瓦斯涌出量预测等均受扩散过程控制,准确揭示瓦斯扩散规律对于这些参数的精准测定具有重要意义[90-92]。为此,相关学者从实验室试验和理论建模的角度对这一关键科学问题开展了大量的研究,取得了一系列重要的研究成果,这些成果对于煤层气产量的准确预测、煤矿井下瓦斯突出指标的精准测定有着重要的指导意义。

4.1 煤体瓦斯扩散过程的主要影响因素

煤体瓦斯扩散过程受温度、吸附平衡压力、煤的变质程度、煤的粒径以及水分等多种因素的影响。本节从以上几个方面出发,总结分析前人在煤体瓦斯扩散规律影响因素及其控制机理方面取得的研究成果,为后续研究奠定基础。

(1)温度

刘彦伟等[93]开展了不同变质程度煤在不同温度下的瓦斯解吸扩散试验,结果表明:煤粒瓦斯扩散量随温度的增加呈指数函数增大,而扩散系数随温度的升高呈幂函数增大。研究认为,这主要是由于温度升高增加了孔隙内 CH_4 分子的活性,同时导致原有和新生孔隙的扩张。不同煤样在瓦斯扩散初始阶段($t<10$ min)的扩散结果表明:随着温度的升高,扩散系数以及扩散率均逐渐增大。王飞[91]测试了粒径为 $1\sim3$ mm 的煤粒在 15 ℃、20 ℃ 和 25 ℃ 时的瓦斯扩散特性,得出:温度越高,瓦斯扩散速度越快,扩散量越大。这是因为,温度是衡量气体分子动能的一个标准,当温度升高时,CH_4 分子的平均动能增加,其运动速度就会升高。

(2)吸附平衡压力

臧杰等[94]基于试验结果分析了煤粒瓦斯扩散系数的压力依赖性,得出:在低压阶段,瓦斯在煤粒中的扩散主要由努森扩散控制,此时扩散系数与吸附平衡压力成正比;而在高压阶段,瓦斯在煤粒中的扩散主要由分子扩散主导,此时扩散系数与吸附平衡压力成反比。聂百胜等[90]研究了瓦斯在煤样中扩散初始阶段($t<10$ min)的扩散系数以及扩散率随吸附平衡压力的变化规律,结果表明:随着吸附平衡压力的升高,瓦斯扩散系数以及扩散率均逐渐增大。刘彦伟[95]的研究结果表明:随着吸附平衡压力的增大,不同时间段瓦斯扩散系数均逐渐降低,但作者认为瓦斯扩散系数随吸附平衡压力降幅较小,可忽略不计,即认为吸附平衡

压力对瓦斯扩散系数没有影响。苏恒[96]的研究结果表明：随着吸附平衡压力的增加，瓦斯扩散量和扩散速度均逐渐增大；但吸附平衡压力对干燥煤样的瓦斯扩散系数没有影响，而对于含水煤样，瓦斯扩散系数随吸附平衡压力的增大而增大。T. A. Ho等[97]通过分子模拟研究了甘酪根的纳米孔隙中CH_4的扩散规律，得出：扩散系数随吸附平衡压力的增加逐渐降低。

（3）煤的变质程度

刘彦伟[95]的研究结果表明：瓦斯极限扩散量随变质程度的升高先降低后升高；扩散速度随变质程度的升高逐渐增大；扩散系数随变质程度的升高总体上呈增大趋势，但是出现了贫瘦煤的扩散系数高于无烟煤的情况。张时音等[98]的研究结果表明：注水煤样扩散系数小于平衡水煤样，煤阶越高，差异越小，高煤阶时趋于一致。作者认为：不同煤阶的煤，孔隙结构的变化是扩散系数变化的主要因素，随着煤阶的升高，总孔容开始时急剧下降，然后缓慢下降，最后慢慢抬升，而扩散系数也随着一起变化。

（4）煤的粒径

陈向军等[99]的研究结果表明：煤的粒径越大，累积瓦斯扩散量越少。王飞[91]分别测试了三种粒径煤样的瓦斯扩散特性，结果表明：随着粒径的增大，瓦斯扩散量、扩散速度以及最大扩散速度与最小扩散速度的比值均逐渐降低。作者认为，粒径大的煤内部，CH_4整体扩散路径较长，并且相对于粒径小的煤，粒径大的煤单位质量煤暴露出来的表面积较小，因而单位时间扩散出的瓦斯量更少。苏恒[96]的研究结果表明：随着煤粒粒径的增大，瓦斯累积扩散量逐渐降低，扩散速度逐渐减小，扩散系数逐渐增大，但有效扩散系数逐渐减小。为了探索不同破坏程度下煤粒的瓦斯扩散特性，郄阳等[100]展开了不同粒径煤粒的瓦斯扩散试验，得出：颗粒煤瓦斯扩散率随着粒径的增大而减小，当粒径增大到一定值时，颗粒煤瓦斯扩散率随着粒径的增大而保持不变；相同时间段的颗粒煤瓦斯扩散系数随粒径的增大而增大，而颗粒煤有效扩散系数则随粒径的增大而减小，当粒径增大到一定值时，颗粒煤瓦斯有效扩散系数基本保持不变。

（5）水分

聂百胜等[101]制取了6种不同含水率的煤样，并进行瓦斯扩散试验，结果表明：极限瓦斯解吸量、初期解吸率以及初始扩散系数均随含水率的增加而降低。分析认为，水分对瓦斯扩散过程的影响主要体现在3个方面：① 进入孔-裂隙的水分产生毛细管力，封堵了瓦斯运移的通道；② 水分减少了瓦斯的有效运移通道，降低了煤体渗透率；③ 水分子在孔隙表面形成一层吸附水膜，在微孔隙中产生一定的蒸气压，阻碍CH_4分子的解吸。王飞[91]分别测试了粒径为1～3 mm，含水率分别为2％、5％和8％的煤样的瓦斯扩散特性，得出：随着外加水分的增加，瓦斯扩散量逐渐减少，且水分对低瓦斯压力解吸的影响大于高瓦斯压力的解吸。

目前，人们关于温度、粒径以及水分对扩散过程的影响结论较为一致：随着温度的升高，扩散量、扩散速度及扩散系数均逐渐增大；随着粒径的增大，扩散量、扩散速度逐渐降低，扩散系数增加，但有效扩散系数减小；水分对扩散起抑制作用，随着水分的增大，扩散量、扩散速度和扩散系数均逐渐减小。但是关于吸附平衡压力以及变质程度对扩散过程的影响尚未得出一致结论。随着吸附压力的升高，有的研究得出扩散系数逐渐增大，有的得出逐渐减小，也有的指出吸附平衡压力对扩散系数没有影响。随着煤的变质程度的升高，有的研究得出扩散系数逐渐增大,也有的指出扩散系数先降低后升高。此外,目前实验室条件下研究煤的扩散过程绝大部分采用颗粒煤,而关于块煤中瓦斯扩散的研究较少。

4.2 煤体瓦斯扩散模型

前文分析了瓦斯扩散特性的试验研究成果。但是,在工业生产过程中经常需要对气井的产能及遗煤瓦斯涌出量进行预测,因此,需构建相关的数学模型。建立非常规地质体产能预测模型的关键是要掌握气体在煤岩孔隙中的运移机理。

页岩作为一种非常规地质体,有其自身的特点:页岩内部孔隙一般在纳米量级,内部流体运移机理非常复杂。通常认为,在页岩基质中既存在游离气的黏性流动和 Knudsen 扩散,同时也存在吸附气的表面扩散[图 4-1(a)]。页岩基质总气体流量为以上三种运移机理流体流量的总和[图 4-1(b)~(d)][102-103]。

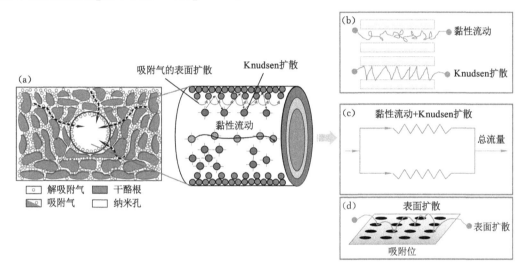

图 4-1　页岩孔隙中气体的赋存形式及运移机理

同样是非常规地质体的一种,煤体与页岩在结构上存在较大差异。相关研究表明:煤体中孔隙分布范围较广,涵盖了从纳米级的微孔隙到微米级的大孔等多个尺度,这决定了气体在这两种地质体中运移方式上的巨大差异。一般认为瓦斯在煤体中的运移过程主要包括解吸、扩散和渗流三部分。解吸过程原则上可认为是瞬时完成的,相对于瓦斯的扩散和渗流可忽略不计。通常认为瓦斯在煤体中的运移过程受扩散控制[104-106]。气体在多孔介质中的扩散主要包括:细孔扩散、表面扩散和晶体扩散。对于瓦斯在煤体孔隙中的扩散过程,由于表面扩散及晶体扩散的速度相对于细孔扩散的较小,可忽略不计,因此研究瓦斯在煤体中的扩散过程时可只考虑细孔扩散的贡献。细孔扩散主要包括 Fick 扩散、过渡型扩散和 Knudsen 扩散三种模式。某一扩散具体属于哪种模式主要由 Knudsen 数($Kn=\lambda/d$,其中 λ 为气体分子平均自由程,d 为孔隙直径)决定,当 $Kn \leqslant 0.1$ 时,该扩散属于 Fick 扩散,当 $0.1 < Kn < 10.0$ 时,该扩散属于过渡型扩散,而当 $Kn \geqslant 10.0$ 时,该扩散属于 Knudsen 扩散。为方便计算,取瓦斯的平均自由程为 100 nm(在 20 ℃,0.1 MPa 下 CH_4 的平均自由程为 53.1 nm,N_2 的为 73.4 nm,CO_2 的为

83.6 nm),按照霍多特的十进制孔隙划分标准,不同孔径孔隙内瓦斯的扩散模式如表 4-1 所列,瓦斯在大孔内扩散属于 Fick 扩散,在微孔内扩散属于 Knudsen 扩散,在小孔和中孔内扩散属于过渡型扩散[105,107]。

表 4-1　不同孔径孔隙内瓦斯扩散模式

扩散模式	扩散示意图	适用范围	孔隙类型
Fick 扩散	$\lambda \leqslant 0.1d$ ... d	$Kn \leqslant 0.1$, $d > 1\,000$ nm	大孔
过渡型扩散	$0.1d < \lambda < 10d$ ... d	$0.1 < Kn < 10.0$, 10 nm $< d < 1\,000$ nm	小孔和中孔
Knudsen 扩散	$\lambda \geqslant 10d$ ... d	$Kn \geqslant 10.0$, $d < 10$ nm	微孔

　　根据对煤的孔隙结构认识的不同,目前煤体瓦斯扩散动力学模型主要可分为单孔扩散模型和多孔扩散模型(包含双孔扩散模型)两类。

　　(1) 单孔扩散模型

　　单孔扩散模型由剑桥大学 R. M. Barrer(巴勒)于 1957 年研究天然气在沸石中扩散时提出。该模型假设:① 煤粒为规则的球体颗粒;② 煤粒为均匀的各向同性体;③ 瓦斯在煤粒中的扩散过程满足质量守恒定律和连续性原理。基于 Fick 第二定律,结合边界条件及初始条件可求得模型的解析解:

$$\frac{Q_t}{Q_\infty} = 1 - \frac{6}{\pi^2} \sum_{n=1}^{\infty} \frac{1}{n^2} \exp\left(-\frac{n^2 \pi^2 D}{r_0^2} t\right) \tag{4-1}$$

式中　Q_t ——t 时刻的累计扩散量;

　　　　Q_∞ ——极限扩散量;

　　　　Q_t/Q_∞ ——t 时刻的累计扩散率;

　　　　D ——扩散系数;

　　　　r_0 ——颗粒半径。

　　此后,该模型被用于研究 CH_4 在煤粒中运移机理,研究结果被应用于煤层气含量测定以及瓦斯涌出量预测等方面。但是,由于该模型中含有无限级数,实际应用中存在较大困难,为此,相关学者对以上模型做了简化研究。

　　聂百胜等[108]在经典单孔扩散模型的基础上引入了第三类边界条件,即煤粒表面瓦斯浓度随时间变化,建立了改进的单孔扩散模型。研究发现,取级数的第一项即可满足工程精度,因而有:

$$\ln\left(1-\frac{Q_t}{Q_\infty}\right)=-\frac{\pi^2 D}{r_0^2}t+\ln\frac{\pi^2}{6} \tag{4-2}$$

采用公式(4-2)对试验结果进行拟合即可计算出煤粒的扩散系数。

杨其銮等[109]通过对理论解的分析得出:当取级数的前10项时扩散率与扩散时间之间存在以下近似关系:

$$\ln\left[1-\left(\frac{Q_t}{Q_\infty}\right)^2\right]=-A\frac{\pi^2 D}{r_0^2}t \tag{4-3}$$

式中　A——校正系数。

采用公式(4-3)对试验结果进行拟合同样可以计算出煤粒的扩散系数。

为了方便工程应用,相关学者通过对经典单孔扩散模型简化认为扩散率与扩散时间的平方根成正比,并采用此方法计算煤层气及煤体瓦斯损失量[110]。但是,Y. C. Wang 等[111]认为,采用该方法估算初始阶段煤层气损失量时,取样时间越长,误差越大;此外,煤粒的扩散系数较大、粒径较小时,同样会导致较大的误差。

单孔扩散模型最大的问题在于其假设煤粒为均质各向同性颗粒,这与真实煤粒复杂的孔隙结构相悖,因而导致模型与实测数据偏差较大。

(2) 多孔扩散模型

鉴于单孔扩散模型无法准确预测瓦斯扩散过程的问题,相关学者提出了双孔扩散模型,其中应用较广的模型有并行扩散模型和连续性扩散模型(图 4-2)。在并行扩散模型中,煤粒包含相互独立的小孔和大孔系统,瓦斯在微孔和大孔内的扩散相互独立,最终的扩散量为两者之和;而在连续性扩散模型中,微孔和大孔相互连通,瓦斯由微孔扩散进入大孔,再由大孔扩散进入裂隙[112-113]。

1971 年,E. Ruckenstein 等[114]首次提出了由小球形颗粒组成的双孔扩散模型,并建立了对应的数学模型。1984 年,D. M. Smith[115]根据煤具有双重孔隙分布的假设,将双孔扩散模型运用于瓦斯在煤中的扩散过程的研究。但是,该模型建立的一个基本假设是瓦斯在煤粒中的吸附满足 Henry(亨利)线性吸附理论,这与公认的 Langmuir 吸附理论相悖,因而理论模型与试验数据有时会存在一定的偏差。为此,C. R. Clarkson[116]在 E. Ruckenstein 等的模型基础上建立了基于 Langmuir 吸附式的模型,认为边界浓度随时间变化,通过孔隙内气相密度来表达瓦斯浓度。

Z. J. Pan 等[117]认为在双孔扩散模型中,瓦斯的扩散过程可分为在大孔中的扩散和微孔中的扩散。其中在大孔和微孔中的相对瓦斯解吸量可分别表示为:

$$\begin{cases} \dfrac{M_a}{M_{a\infty}}=1-\dfrac{6}{\pi^2}\sum_{n=1}^{\infty}\dfrac{1}{n^2}\exp\left(-\dfrac{D_a n^2 \pi^2 t}{R_a^2}\right) \\[3mm] \dfrac{M_i}{M_{i\infty}}=1-\dfrac{6}{\pi^2}\sum_{n=1}^{\infty}\dfrac{1}{n^2}\exp\left(-\dfrac{D_i n^2 \pi^2 t}{R_i^2}\right) \end{cases} \tag{4-4}$$

式中　M_a,M_i——t 时刻煤样大孔和微孔中的瓦斯解吸量;

　　　$M_{a\infty}$,$M_{i\infty}$——煤样大孔和微孔中的瓦斯解吸极限量;

　　　R_a,R_i——大孔和微孔的半径;

　　　D_a,D_i——大孔和微孔的有效扩散系数。

煤粒总的相对瓦斯解吸量为:

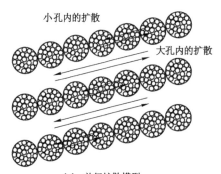

（a）并行扩散模型

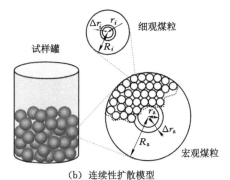

R_a——宏观煤粒半径；

r_a——某点与宏观煤粒中心距离；

Δr_a——某点与宏观煤粒中心距离的增量；

R_i——细观煤粒半径；

r_i——某点与细观煤粒中心距离；

Δr_i——某点与细观煤粒中心距离的增量。

（b）连续性扩散模型

图 4-2　双孔扩散孔隙结构概念模型

$$\frac{M_t}{M_\infty} = \frac{M_a + M_i}{M_{a\infty} + M_{i\infty}} = \chi \frac{M_a}{M_{a\infty}} + (1-\chi)\frac{M_i}{M_{i\infty}} \tag{4-5}$$

式中　$\chi = \dfrac{M_{a\infty}}{M_{a\infty} + M_{i\infty}}$——大孔的解吸量与煤粒总的解吸量的比值。

尽管上述的双孔扩散模型和 E. Ruckenstein 等的模型不完全一致，但两者基于同样的假设，即煤粒内包含大孔和微孔两级孔隙。但是由于煤体孔隙结构非常复杂，孔径分布从几纳米到几百微米不等，不可能简单地划分为大孔和微孔两级孔隙。因此，Z. T. Li 等[118]认为煤粒是由多级孔隙组成的多孔介质，煤粒的总的相对瓦斯解吸量可表示为：

$$\frac{M_t}{M_\infty} = \frac{\sum_{i=1}^{n} M_i}{\sum_{i=1}^{n} M_{i\infty}} = \sum_{i=1}^{n} \gamma_i \frac{M_i}{M_{i\infty}} = \gamma_1 \frac{M_1}{M_{1\infty}} + \gamma_2 \frac{M_2}{M_{2\infty}} + \cdots + \gamma_n \frac{M_n}{M_{n\infty}} \tag{4-6}$$

式中　n——孔隙分级数；

γ_i——第 i 级孔隙解吸瓦斯量占煤粒总的解吸瓦斯量的比例，$\sum_{i=1}^{n} \gamma_i = 1$。

此外，王登科等[119]认为煤体孔隙分布广泛，不同孔径孔隙对应的扩散系数不同，作者基于 Fick 定律建立了颗粒煤多扩散系数扩散模型，得出：多扩散系数扩散模型能很好地解决单一扩散系数模型与试验数据匹配度差的问题，准确反映了颗粒煤瓦斯扩散规律，单孔和双孔扩散模型只是多扩散系数扩散模型的一个特例。

基于上述分析，煤粒应当被视为由多级孔隙组成的多孔介质，每一级孔隙对应一个扩散系数,解吸量与时间的关系可由式(4-6)表示。但是从该式可以看出,假设煤粒中包含 n 级孔隙,则该模型对应的待定参数多达 $(2n-1)$ 个,导致模型被过度参数化,实践中很难应用。此外,大量试验结果表明:扩散系数随扩散时间的增加逐渐降低,事实上,这就是孔隙结构空间分布的多级特征在时间尺度上的表现形式。随着扩散时间的增加,瓦斯首先从大孔流出,大孔浓度的降低引发中孔内瓦斯的进一步扩散,以此类推直到微孔内的瓦斯,而微孔扩散系数小于中孔,中孔扩散系数小于大孔,因而在时间上表现出扩散系数逐渐降低的现象。为此,有学者提出可通过扩散系数与时间之间的关系建立时间依赖的扩散模型,从而避免了扩散模型过度参数化的问题[119]。但是现有的时间依赖的扩散模型在扩散系数随时间变化研究方面主要依赖于试验结果的拟合,经验性强,不利于扩散系数随时间变化深层机理的揭示。

4.3　煤体瓦斯扩散过程的尺度效应

4.3.1　多孔介质物理属性的尺度效应

作为煤体瓦斯运移的主要方式之一,扩散对煤层气排采及钻孔瓦斯抽采效果有着重要的影响。目前,研究煤体瓦斯扩散最常用的手段仍然是实验室试验,并且前人的研究多采用煤粉或煤粒测试不同条件下的瓦斯扩散特性[94,120-121]。在指定条件下瓦斯的扩散特性主要受煤的孔隙结构控制,但是在煤粉或煤粒制备过程中不可避免地会改变煤的孔隙结构,从而改变瓦斯的扩散特性[122-123]。此外,相关学者的研究也指出:瓦斯在煤体中的扩散具有明显的尺度效应,随着煤的粒径的改变,扩散特性发生明显变化[100,124-126]。如图 4-3(a)所示(图中 L 为多孔介质的尺度,n 表示多孔介质的某一属性),当介质尺度非常小时,其属性在空间上随机波动(区域Ⅰ),该区域介质孔隙率波动非常大,测试结果不可靠[图 4-3(b)];当介质尺度增大到一定值时,继续增大尺度,其属性保持不变(区域Ⅱ),该区域对应的单元体即称为代表性表征单元体(REV),该区域内测得的孔隙率波动小,测试结果可靠[如图 4-3(b)];对于非均质介质,继续增大其尺度,由于裂隙等缺陷的存在,介质属性在空间上表现出较大的各向异性(区域Ⅲ)[127-128]。煤体作为一种双重孔隙介质,其内部具有非常复杂的孔-裂隙结构,且尺度远大于实验室条件下煤粒尺度。因此,实验室条件下的测试结果是否能够准确表征现场煤体的瓦斯扩散特性还有待商榷。此外,是否存在一个临界尺度,当煤体尺寸大于该临界值时,所测瓦斯扩散特性与现场真实情况基本一致?

针对以上存在的问题,通过实验室测试的手段,研究不同尺寸煤样的瓦斯扩散特性,通过扩散特征曲线的变化探寻煤样的临界尺寸,确定具有代表性的表征单元体(REV),为裂隙煤体扩散试验试样尺寸确定以及实验室测试结果应用于工程问题分析提供理论支撑。

4.3.2　煤体瓦斯扩散过程的尺度效应

为了研究煤样尺寸对瓦斯扩散特性的影响,本书选取淮北袁庄(HBYZ)、甘肃砚北(GSYB)、平煤八矿(PMBK)以及贵州林华(GZLH)煤样作为试验对象。本次试验所用煤样粒径分别为:<200 目(0.075 mm)、120~200 目(0.075~0.120 mm)、80~120 目(0.12~0.18 mm)、60~80 目(0.18~0.25 mm)、40~60 目(0.25~0.38 mm)、20~40 目(0.38~0.83 mm)、10~20 目(0.83~1.70 mm)、10~15 mm、15~30 mm 的煤粒以及 $\phi 50$ mm×100 mm 的煤柱(图 4-4)。

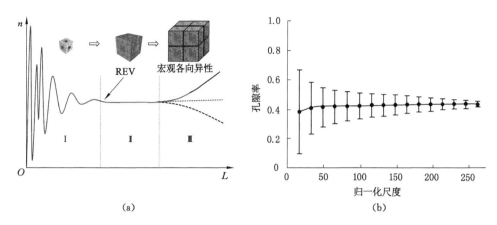

(a)　　　　　　　　　　　　　　(b)

图 4-3　多孔介质属性的尺度效应

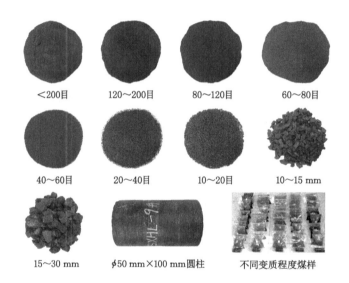

图 4-4　不同尺度试验煤样

该试验所用设备为中国矿业大学瓦斯防控与双碳技术研究所自主开发的多尺度裂隙煤体瓦斯扩散动力学试验系统,原理如图 4-5 所示。该系统主要包括供气模块、抽真空模块、吸附解吸模块、控制模块、数据采集模块。

试验操作及数据处理按照以下步骤进行:

(1) 将煤样放入恒温干燥箱内,在 60 ℃恒定温度下干燥 24 h;称取一定质量 m_c 的干燥煤样放入吸附罐内,将水浴温度设定为 30 ℃,开启真空泵抽真空 12 h;关闭吸附罐与参比罐之间的阀门,开启进气阀向参比罐内充入一定压力 p_{He1} 的高纯 He;开启参比罐与吸附罐之间的阀门使 He 进入吸附罐内,待平衡后记录罐内压力 p_{He2};开启出气口阀门,排空罐内 He 并抽真空 2 h;向参比罐内充入指定压力 p_{CH_41} 的高纯 CH_4,打开参比罐与吸附罐之间的阀门,使 CH_4 进入吸附罐内直至吸附平衡,记录平衡压力 p_{CH_42};则标准状况下煤体吸附 CH_4 量可表示为:

$$Q_{\infty} = \frac{T_0}{T_a}\left(\frac{p_{CH_41}}{p_0} - \frac{p_{CH_42} \cdot p_{He1}}{p_0 \cdot p_{He2}}\right)V_c \tag{4-7}$$

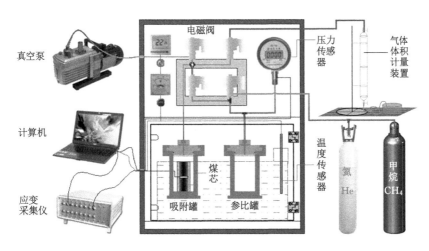

图 4-5　多尺度裂隙煤体瓦斯扩散动力学试验系统

式中　Q_∞——标准状况下煤体吸附 CH_4 量,cm^3;

　　　T_0,T_a——标准状况下吸附和解吸过程中的气体温度,K;

　　　p_0——标准状况下的气体压力,MPa;

　　　V_c——参比罐体积,cm^3。

（2）打开出气口阀门,排空罐内的游离气至压力表示数为0;将出气口与量管连通,采用排水法测量解吸的气体量;初期由于解吸量较大,因此,数据记录的时间间隔设定为 5 s,后期随着解吸量的减少,时间间隔逐渐增大,本试验整个解吸过程持续时间为 2 h。将试验记录的数据经过转化可以得到标准状况下煤体 CH_4 的解吸量。

（3）试验记录的 t 时刻 CH_4 扩散量 Q_t 与煤体吸附 CH_4 量 Q_∞ 的比值 Q_t/Q_∞ 称为扩散率,本书将(Q_t/Q_∞)-t 曲线称为煤样的瓦斯扩散特征曲线;进一步处理可以得到 $\ln(1-Q_t/Q_\infty)$-t 曲线,该曲线任意一点的切线斜率为 $-D/r_0^2 \cdot \pi^2$（D 为扩散系数,r_0 为粒径）,本书中将 D/r_0^2 定义为有效扩散系数 D_e,则通过进一步处理可得到有效扩散系数 D_e 与扩散时间 t 之间的关系曲线。

4.3.3　不同尺度煤的瓦斯扩散试验结果分析

图 4-6 为不同尺度煤的扩散动力学曲线。对于同一种煤体,随着扩散时间的增加,扩散率先快速增加,后逐渐趋于平衡。此外,随着煤样尺度的增大,煤样的极限扩散率逐渐降低,初期降幅明显,后期逐渐稳定在一个固定值附近。如对于 HBYZ 煤样,当粒径小于 200 目时,其极限扩散率为 0.825,随着粒径增大,极限扩散率快速降低,当粒径超过 20～40 目时,继续增大粒径,极限扩散率变化不明显,说明该煤样存在一个临界尺度（0.38～0.83 mm）,超过该尺度煤样的解吸动力学特性不再依赖于煤样尺度。对于 GSYB 煤样,当粒径小于 200 目时,煤样的极限扩散率为 0.760,随着粒径增大,极限扩散率逐渐降低,当粒径增加到 40～60 目（0.25～0.38 mm）时,极限扩散率降低到 0.250,继续增大煤样尺度,极限扩散率变化不明显,稳定在 0.200 左右。对于 PMBK 煤样,粒径小于 200 目时,其极限扩散率为 0.761,当粒径增加到 10～20 目（0.83～1.70 mm）时,极限扩散率为0.560,继续增大煤样尺度,其扩散率变化不明显,总体稳定在 0.500 左右。对于 GZLH 煤样,当粒径小于 200 目时,其极限扩散率为 0.880,当粒径增大到 10～20 目时,其极限扩散率为 0.409,继续增大尺

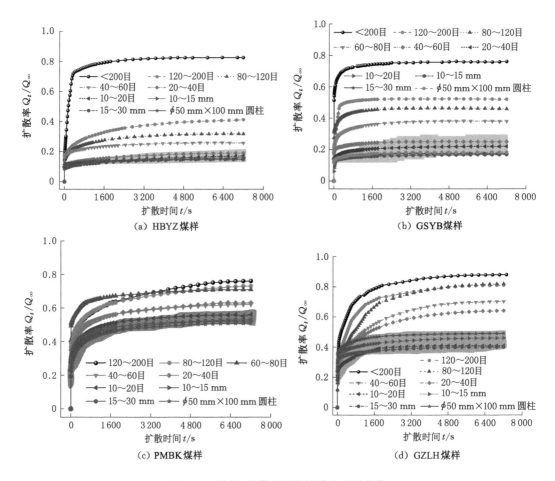

图 4-6　不同尺度煤的瓦斯扩散动力学曲线

度,极限扩散率总体稳定在 0.400 左右。

　　不同尺度煤样有效扩散系数随时间的动态演化过程如图 4-7 所示。由图可以看出,同一尺度的煤样,随着时间的增加,有效扩散系数尽管有所波动,但总体上呈现出降低趋势,且在初始阶段降低迅速,后期逐渐趋于稳定。导致有效扩散系数时间依赖性的原因主要包括:① 随着瓦斯扩散的进行,煤样内瓦斯压力逐渐降低,煤样孔隙收缩,孔径减小,因而有效扩散系数降低;② 扩散初期,气体主要来源于扩散系数较大的大孔,后期扩散过程主要受控于扩散系数较小的小孔和微孔,因而在时间上表现为有效扩散系数逐渐降低;③ 在同一孔径的孔隙内,通常包含多种扩散模式(分子扩散、过渡型扩散以及 Knudesen 扩散),煤样有效扩散系数由这三种扩散模式按比例相加得到。初期煤样内压力较高,气体平均分子自由程较小,此时分子扩散占主导,扩散系数较大,随着煤样内压力的降低,气体平均分子自由程逐渐增大,扩散模式逐渐向过渡型扩散以及 Knudesen 扩散转变,因而有效扩散系数逐渐降低。

　　相同外部条件下,煤的扩散动力学特性主要由煤样内部结构决定,其主要表现在扩散系数上的差异。图 4-6 的试验结果表明:不同类型的煤体都存在一个极限尺度,超过该尺度煤的扩散动力学特性不依赖于煤样尺度,这说明煤的扩散系数可能存在同样的规律。图 4-8

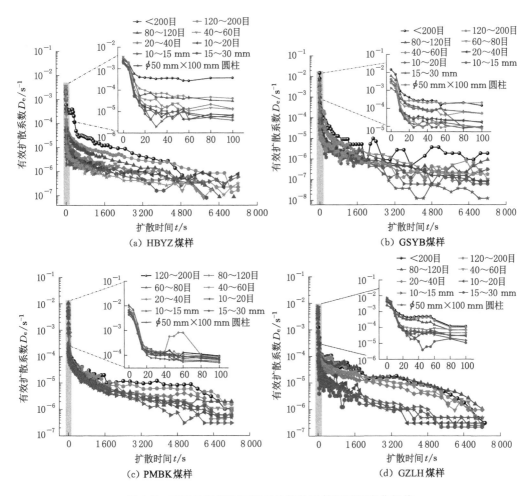

图 4-7 不同尺度煤的瓦斯有效扩散系数随时间变化规律

为不同扩散时间点同种煤样有效扩散系数随煤样尺度的变化规律。总体上看,同一时间点煤样的有效扩散系数随煤的尺度增大而逐渐降低,且存在一个临界值,超过该尺度有效扩散系数不再依赖于煤样尺度,据此尺度对有效扩散系数的影响可分为"显著影响区"和"无明显影响区"。如对于 HBYZ 煤样,当煤样粒径小于 20～40 目时,随着尺度的增大,有效扩散系数逐渐降低。以扩散时间 1 200 s 为例,当粒径从小于 200 目增大到 20～40 目时,有效扩散系数从 1.455×10^{-5} s^{-1} 降低到 2.231×10^{-6} s^{-1},降幅达 84.67%;而从粒径 20～40 目的煤粒到 ϕ50 mm×100 mm 的圆柱煤样,其降幅仅为 50.00%。说明该煤样的临界尺度为 0.38～0.83 mm,超过该尺度,煤样的有效扩散系数不再随煤样尺度发生大的变化。同理,可以知道 GSYB、SXHL 以及 GZLH 煤样的临界尺度分别为 0.25～0.38 mm,0.83～1.70 mm,0.83～1.70 mm。此外,从图中还可以看出,初始时刻煤样尺度对有效扩散系数的影响不明显,随着时间的增加尺度对有效扩散系数的影响更加显著。

以上的研究结果表明:瓦斯在煤体中的扩散过程受煤样尺寸的影响显著,即扩散过程具有明显的尺度效应。随着煤样尺寸的增加,瓦斯扩散率逐渐降低,且初期降低明显,但后期变化逐渐趋缓直到几乎不再变化。此外,从有效扩散系数与煤样尺寸的关系同样可以看出:

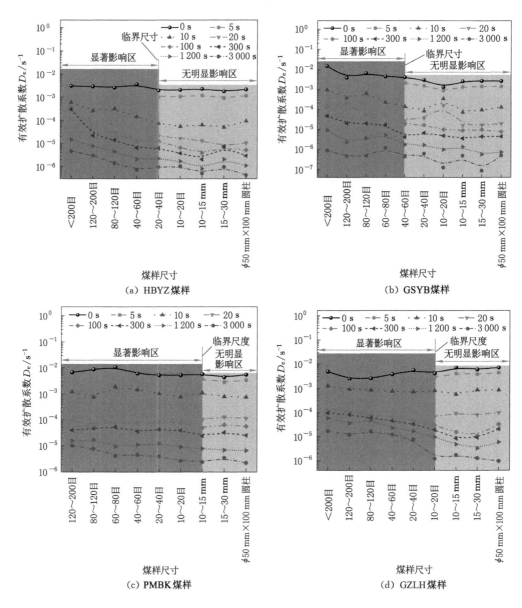

图 4-8　不同时刻煤的尺度对瓦斯有效扩散系数的影响

当煤样尺寸较小时，有效扩散系数随煤样尺寸的增加逐渐降低，当煤样尺寸增大到一定值时，有效扩散系数几乎不再变化。

　　根据扩散理论，煤体瓦斯扩散系数主要由气体分子扩散动力以及煤体自身的孔隙结构决定，其大小反映了瓦斯在煤体中扩散速度的快慢。当吸附平衡压力相同时，扩散系数的大小主要由煤体结构决定[34]。为了探寻煤体瓦斯扩散尺度依赖性的本质原因，本书给出了煤体瓦斯扩散尺度效应的原理图，如图 4-9 所示（其中 L'_m 为单个基质的尺寸）。一般认为，煤体作为一种复杂的双重孔隙介质，主要由煤基质以及基质间裂隙组成，其中，煤基质又由煤体骨架和基质内孔隙组成。图 4-9 中，当煤样尺寸非常小时，如粒径小于 0.075 mm，此时煤粒的尺寸远小于一个完整的煤基质,其内部孔隙结构较为简单,瓦斯在煤粒中的运移路径较短、阻力较小,因而,此时的煤粒有效扩散系数较大。随着煤样尺寸的增加,煤粒内部包含更多的孔隙,其结构也变得更为复杂,瓦斯在煤粒中运移路径变长、阻力增加,从而导致有效扩散系数降低。当粒径达到一个完整煤基质的尺寸时,煤粒结构最为复杂,此时有效扩散系数也会降低到一个相当低的水平。进一步增大煤粒尺寸,此时的煤粒由多个煤基质和基质间裂隙组成,由于瓦斯在煤体裂隙中的运移速度远大于基质内孔隙中的运移速度,因而煤体裂隙对有效扩散系数的影响可以忽略不计,该情况下煤粒的有效扩散系数仅由煤基质的结构决定,如果假设煤基质内部的孔隙结构是相同的,则继续增加煤粒尺寸,煤粒的有效扩散系数不再发生变化。

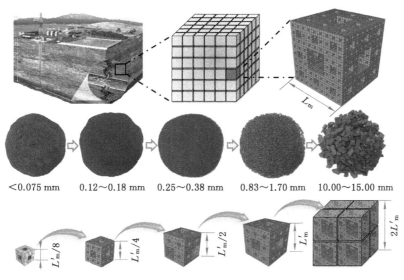

图 4-9　煤体瓦斯扩散尺度效应原理图

基于以上分析可以得出:瓦斯在煤体内的扩散具有明显的尺度效应,但该尺度效应存在一个临界值,当煤粒粒径小于该值时,随着煤粒尺寸的增加,有效扩散系数逐渐降低;当煤粒粒径大于该临界值时,有效扩散系数不再发生变化。通过以上分析得出,该临界值即为煤体的基质尺度。这一结果说明,实验室条件下测试煤的吸附、解吸、扩散特性时,只有当煤粒尺寸大于煤基质尺寸时,试验结果才能够更真实地反映现场煤储层的瓦斯储运特性。

4.4　原岩应力对瓦斯扩散过程的影响

前文的研究结果表明,实验室条件下只有当煤样的尺寸大于煤基质的尺寸时,试验获得的瓦斯扩散结果才能更真实地反映现场煤储层的瓦斯扩散特性。此外,现场条件下煤层还处于约束条件下,之前的研究由于主要采用煤粒作为试验对象,无法施加围压,因此,截至目前,媒体所处的边界条件对瓦斯扩散特性的影响尚不清楚。为了更真实地揭示现场条件下煤储层瓦斯扩散特性,本节拟通过实验室试验的方法研究处于约束条件下的裂隙煤体瓦斯扩散规律,以期为地面煤层气开采及煤矿井下瓦斯抽采提供更准确的理论支撑。

4.4.1 试验设备及研究方法

为了研究裂隙煤体瓦斯扩散动力学特性,本书选取山西红柳(SXHL)、甘肃砚北(GSYB)、平煤八矿(PMBK)以及贵州林华(GZLH)煤样作为试验对象,试验煤样均被加工成 $\phi 50$ mm×100 mm 的圆柱。试验主要分为两部分。

(1) 恒定孔隙压力条件下,围压对瓦斯扩散过程的影响。该试验中,煤体吸附平衡压力设定为 2 MPa 不变,分别测试围压(轴压与围压相等)为 4 MPa、8 MPa、12 MPa、16 MPa、20 MPa 条件下瓦斯扩散特性。

(2) 恒定围压条件下,孔隙压力对瓦斯扩散过程的影响。该试验中,煤体围压(轴压与围压相等)设定为 8 MPa 不变,分别测试吸附平衡压力为 1 MPa、2 MPa、3 MPa、4 MPa、5 MPa条件下瓦斯扩散特性。

试验所用设备为中国矿业大学自主搭建的受载条件下裂隙煤体瓦斯扩散试验系统,如图 4-10 所示。该系统主要包括供气模块、耐高温高压夹持器、加载模块、抽真空模块以及数据采集模块。试验操作及数据处理过程如下。

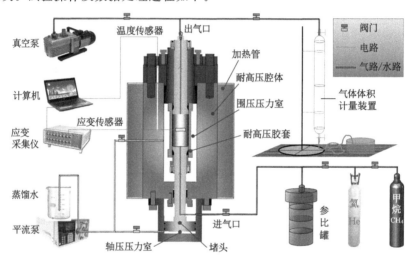

图 4-10 受载条件下裂隙煤体瓦斯扩散试验系统

(1) 将煤柱放入恒温干燥箱内在 60 ℃下干燥 24 h;将干燥煤柱装入耐高温高压夹持器内并施加 3 MPa 的围压(轴压等于围压),将加热装置设置为恒定温度 30 ℃,抽真空 24 h;向参比罐内充入指定压力的 He,然后打开参比罐与夹持器之间的阀门,待夹持器内的压力稳定后读取示数,据此可计算出管路及夹持器内的死体积;排空系统内的 He 气并抽真空 8 h;向参比罐内充入指定压力的高纯 CH_4,然后打开参比罐与夹持器之间的阀门,吸附 24 h。

(2) 打开出气口阀门,排空参比罐内的游离气至压力表示数为 0;将出气口与气体体积计量装置连通,采用排水法测量解吸的气体体积;初期由于解吸量较大,因此,数据记录的时间间隔设定为 5 s,后期随着解吸量的减少,时间间隔逐渐增大,本试验整个解吸过程持续时间为 2 h。试验记录的数据经过转化可以得到标准状况下煤体瓦斯的解吸量。

(3) 试验数据处理过程与 4.3.2 小节中的数据处理过程类似,此处不再赘述。

4.4.2　原岩应力对瓦斯扩散过程的影响规律

基于煤体扩散尺度效应的研究结果,本节采用 $\phi50$ mm×100 mm 的圆柱煤体作为试验对象,研究外部载荷对煤体瓦斯扩散动力学特性的影响规律,并进一步揭示围压对扩散过程的影响机制。

图 4-11 为不同类型煤体在不同围压下的瓦斯扩散率曲线。对于同一类型的煤体,其扩散率总体上表现出:初期阶段,随着时间的增加扩散率快速增加,后期逐渐趋于平缓。这是因为:初期阶段,煤体与外部环境之间气体浓度差大,单位时间内扩散出的瓦斯量大;而后期,随着煤体孔隙气体浓度的降低,单位时间内扩散出的瓦斯量减少。

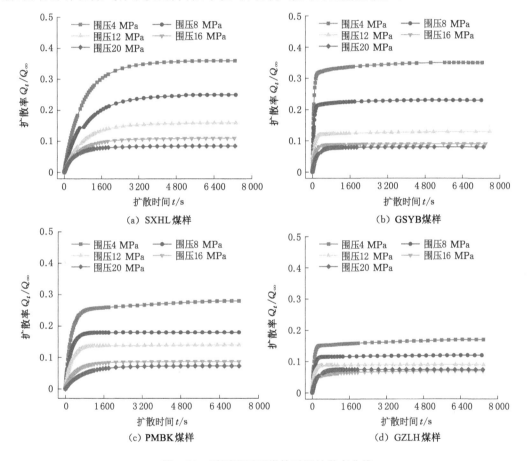

图 4-11　不同围压下煤体瓦斯扩散率曲线

对于不同煤体,尽管总体规律相似,但仍然存在一定的差异。由图 4-11 可以看出,不同煤体扩散率曲线的转折点对应的时间不同。以围压 4 MPa 下煤样的扩散率曲线为例,对于 SXHL 煤样,曲线在扩散进行到 1 600 s 后扩散率开始趋于稳定,PMBK 煤样在扩散 800 s 之后扩散率趋于稳定,而对于 GSYB 和 GZLH 煤样,在扩散仅进行到 200 s 左右其扩散率即趋于稳定。此外,不同煤样平衡时的最大扩散率也不同。相同围压条件下,扩散平衡时煤样的极限扩散率表现出如下规律:SXHL 煤样的极限扩散率>GSXB 煤样的极限扩散率>PMBK 煤样的极限扩散率>GZLH 煤样的极限扩散率。上述现象主要是由不同煤体之间孔-裂隙结构的差异导致的。通过分析发现:扩散平衡时煤样的极限扩散率与煤样所含渗流孔的孔容呈正相关关系,SXHL煤样渗流孔孔容最高,因而,平衡时其极限扩散率最高,其次是GSXB和PMBK煤样,而GZLH煤样渗流孔孔容最小,因而,平衡时其极限扩散率最小。此外,扩散平衡时煤体的极限扩散率还应与煤体内孔隙的孔喉大小有关,平均孔喉越大的煤样,瓦斯越容易在孔隙内扩散,因而平衡时其极限扩散率越高;而平均孔喉越小的煤样,平衡时其极限扩散率越低。

由图4-11还可以看出,对于同种类型的煤体,随着围压的增大,扩散平衡时其极限扩散率逐渐降低。对于SXHL煤样,当围压为4 MPa时,平衡时煤样的极限扩散率为0.36,当围压增大到20 MPa时,平衡时煤样的极限扩散率仅为0.08,降幅达77.8%;对于GSYB煤样,当围压为4 MPa时,平衡时煤样的极限扩散率为0.35,当围压增加到20 MPa时,平衡时煤样的极限扩散率降低到0.08,降幅为77.1%;对于PMBK煤样,当围压为4 MPa时,平衡时煤样的极限扩散率为0.28,当围压增大到20 MPa时,平衡时煤样的极限扩散率为0.07,降幅达75.0%;对于GZLH煤样,当围压为4 MPa时,平衡时煤样的极限扩散率为0.17,而当围压升高到20 MPa时,煤样的极限扩散率降低到0.07,降幅为58.8%。该试验结果说明,外加载荷的存在能够明显降低煤体的极限扩散率,围压增加阻碍了煤基质中瓦斯的扩散,这主要是因为围压的增加改变了煤体的孔-裂隙结构,进而改变了瓦斯在煤体孔-裂隙中的运移速度。关于外加荷载对煤体扩散特性的影响机制将在本节后续研究中做进一步的分析讨论。

图4-12为不同围压下煤体瓦斯有效扩散系数随扩散时间的变化规律。随着扩散时间的增加,煤体有效扩散系数逐渐降低,且初始阶段降低迅速,后期逐渐趋于稳定。这说明煤体内瓦斯扩散过程具有明显的时间依赖性,扩散过程中煤体的有效扩散系数并非定值,而是随时间逐渐变化的。

对于不同煤样,其有效扩散系数在数值上存在较大差异,以围压4 MPa为例,SXHL、GSYB、PMBK和GZLH煤样的初始有效扩散系数分别为1.03×10^{-4} s^{-1}、7.54×10^{-4} s^{-1}、1.75×10^{-4} s^{-1}和3.05×10^{-4} s^{-1}。此外,GSYB和GZLH煤样的有效扩散系数初期衰减较快,并很快趋于稳定,而SXHL和PMBK煤样的有效扩散系数初期衰减相对较慢,且需要更长时间达到稳定状态。上述现象主要是由煤体孔-裂隙结构的差异导致的。

对于同种煤样,不同围压下其扩散特性也不相同。随着围压的增加,同一时刻煤样的有效扩散系数逐渐降低。以扩散100 s时的有效扩散系数为例,对于SXHL煤样,围压为4 MPa、8 MPa、12 MPa、16 MPa和20 MPa时的有效扩散系数分别为0.45×10^{-4} s^{-1}、0.30×10^{-4} s^{-1}、0.18×10^{-4} s^{-1}、0.15×10^{-4} s^{-1}和0.16×10^{-4} s^{-1},当围压从4 MPa增加到20 MPa,有效扩散系数降低了64.4%;对于GSYB煤样,围压为4 MPa、8 MPa、12 MPa、16 MPa和20 MPa时的有效扩散系数分别为1.36×10^{-4} s^{-1}、0.85×10^{-4} s^{-1}、0.48×10^{-4} s^{-1}、0.33×10^{-4} s^{-1}和0.26×10^{-4} s^{-1},当围压从4 MPa增加到20 MPa,有效扩散系数降低了80.9%,其他煤样的规律与之类似。

图4-11和图4-12的测试结果表明:随着围压的增大,扩散平衡时煤体的极限扩散率以及煤体的有效扩散系数均逐渐降低,该结果与J.D.N.Pone等[129]的研究结果一致。相同条件下,煤体的扩散特性发生变化说明该条件下煤体的孔-裂隙结构发生改变,据此可以推测:围压主要通过改变煤体的孔-裂隙结构从而进一步改变瓦斯在煤体中的扩散动力学特性。

图4-13为围压对煤体瓦斯扩散动力学过程影响机制示意图。图中假设煤基质内仅包

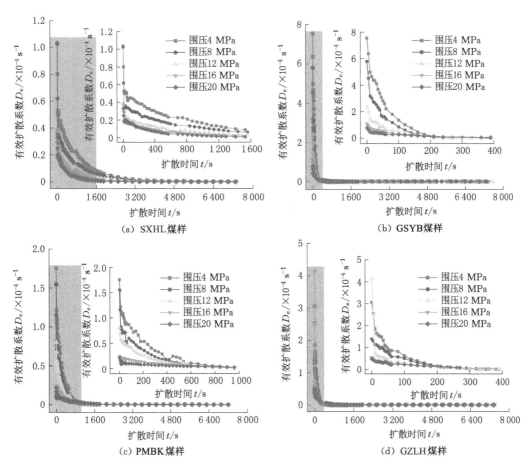

图 4-12　不同围压下煤体瓦斯有效扩散系数随扩散时间的变化规律

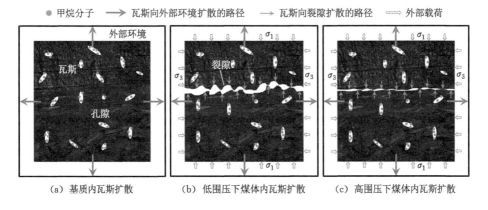

图 4-13　围压对煤体瓦斯扩散动力学过程影响机制示意图

含孔隙,不包含裂隙,瓦斯从煤基质孔隙中直接扩散进入外部环境,如图 4-13(a)所示,该过程与实验室条件下瓦斯在煤粒中的扩散过程类似。但是对于煤体,其内部不仅包含大量的孔隙,同时还包含有一定数量的裂隙。该条件下瓦斯在煤体中的运移包含两条路径:① 瓦斯直接从孔隙扩散进入外部环境,该路径与煤基质中瓦斯扩散过程一致;② 瓦斯从煤体孔隙扩散进入裂隙,再从裂隙运移进入外部环境[图 4-13(b)]。由于瓦斯在裂隙中的运移速度远高于其在孔隙中的运移速度,因此,相比于整个扩散过程,瓦斯在裂隙中的运移过程可忽略不计,可以认为煤体中瓦斯的整个运移过程仍然满足扩散定律。因此,与煤基质内瓦斯扩散过程相比,裂隙的存在仅增加了煤体在外部环境中暴露的面积,即扩散的有效面积增大。因此,可以推测:相同条件下,煤体中包含的裂隙越多,越有利于瓦斯扩散,煤体有效扩散系数越大,平衡时极限扩散率越高。

围压的变化对煤体孔-裂隙结构及扩散特性的影响主要体现在以下三个方面:① 围压增大,煤体有效应力增大,煤基质内孔隙孔径减小,导致瓦斯在煤体中的扩散阻力增大,煤体有效扩散系数降低;② 围压增大,煤体有效应力增大,煤体裂隙开度减小,部分裂隙闭合,导致瓦斯在煤体中有效扩散面积减小,有效扩散系数降低;③ 围压增大,煤体吸附瓦斯量减少,对应的吸附膨胀变形量降低,因吸附膨胀导致的裂隙开度闭合量有所降低,有效扩散系数增大。因此,围压的增加对扩散过程而言既存在负效应,同时也存在正效应,有效扩散系数的最终变化规律是这两种效应竞争作用的结果。由图 4-11 和图 4-12 的测试结果可看出,随着围压的增大,扩散率和有效扩散系数均显著降低,说明对给定的 4 种煤样的扩散过程而言,围压增大所引起的正效应并不明显,以负效应为主。

4.5　扰动应力对瓦斯扩散过程的影响

4.5.1　试验设备及研究方法

为了保证试验结果的可重复性,本节采用 4 种煤样作为试验样品,开展不同应力路径下的瓦斯扩散试验。试验所用设备为自行设计搭建的应力约束下煤体瓦斯扩散试验系统,如图 4-14 所示。由图 4-14 可知,该试验系统主要包括 5 个子系统:三轴压力室单元、应力加载系统、供气系统、脱气系统和数据采集系统。

(1) 三轴压力室单元:包括三轴压力室(最大承受压力为 60 MPa)、超声波探头、胶套(固定试验样品)和加热套(室温～120 ℃),其中三轴压力室内部可安装直径 50 mm、高 80～105 mm 的圆柱形试样。

(2) 应力加载系统:包括两个恒压恒流泵,恒压恒流泵采用伺服电机配合可编程控制器和智能显示屏对泵的进、退、调速、调压等进行精确控制,具有恒压、恒流、跟踪三种工作模式,且最大加载压力为 60 MPa,压力精度为 0.01 MPa,两个泵分别用于施加轴压和围压。

(3) 供气系统:包括气瓶和减压阀,其中气瓶最大输出压力为 10 MPa,减压阀最大输出压力为 6 MPa,压力精度为 0.01 MPa。

(4) 脱气系统:主要包括真空泵,真空泵的抽气速率为 7.2 m³/h,抽采极限压力为 0.2 Pa。

(5) 数据采集系统:包括压力传感器、数据采集仪、超声波采集仪、液位计、解吸量量筒和计算机,其中数据采集仪主要采集各压力传感器的数据并传输到计算机,超声波采集仪主要采集不同试验条件下样品的纵波和横波波速,液位计的采集频率为 1 Hz,解吸量量筒监测试验过程气体排放量。

煤层钻孔在水力冲击卸压后,钻孔周围应力会重新分布,应力的分布规律如图 4-15 所示。根据应力分布特征,为了便于研究应力对瓦斯扩散的影响,将应力分布曲线按照卸压

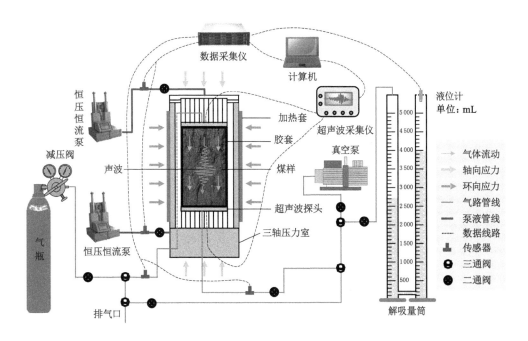

图 4-14　应力约束下煤体瓦斯解吸放散试验系统

区、应力集中区和原始应力区重新划分为 4 个区域。其中路径Ⅰ对应位置为卸压区,路径Ⅱ
和Ⅲ对应应力集中区,路径Ⅳ对应原始应力区。在卸压钻孔瓦斯抽采过程中,钻孔周围煤体
应力变化如下(此处指随着与钻孔距离的减小):路径Ⅰ,垂直应力和水平应力均逐渐降低;
路径Ⅱ,垂直应力逐渐增大,水平应力逐渐降低;路径Ⅲ,垂直应力逐渐增大,水平应力逐渐
降低;路径Ⅳ,垂直应力基本不变,水平应力逐渐降低。需要说明的是,路径Ⅱ和Ⅲ本身为同
一区域(应力集中区),这里的划分是为了细化试验研究。

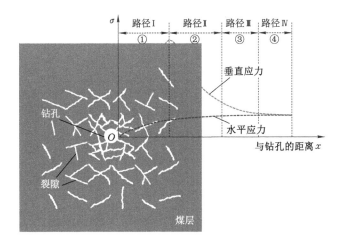

图 4-15　卸压钻孔周围煤体应力分布规律

　　基于上述划分的 4 个区域,我们设置了 4 种应力路径,研究了应力约束下的卸压煤体瓦
斯扩散规律,具体的应力变化如图 4-16 所示。应力路径设计如下(试验过程可根据实际情

况调整初始应力大小和路径变化）：

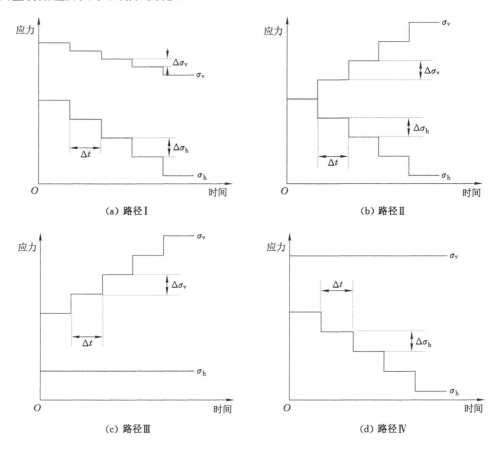

图 4-16　不同应力路径下垂直应力和水平应力变化规律

针对应力路径 I，初始垂直应力 σ_v 和水平应力 σ_h 分别设置为 18 MPa 和 10 MPa。试验开始后，σ_v 和 σ_h 均逐步减小，每步应力增量分别为 $\Delta\sigma_v = -1$ MPa 和 $\Delta\sigma_h = -2$ MPa。针对应力路径 II，初始垂直应力 σ_v 和水平应力 σ_h 均设置为 10 MPa。试验开始后，σ_v 逐步增大，增量 $\Delta\sigma_v = 1$ MPa；σ_h 逐步减小，增量 $\Delta\sigma_h = -1$ MPa。针对应力路径 III，初始垂直应力 σ_v 和水平应力 σ_h 分别设置为 10 MPa 和 3 MPa。试验开始后，σ_v 逐步增大，增量 $\Delta\sigma_v = 1$ MPa；σ_h 保持不变。针对应力路径 IV，初始垂直应力 σ_v 和水平应力 σ_h 分别设置为 18 MPa 和 10 MPa。试验开始后，σ_v 保持不变，σ_h 逐步减小，增量 $\Delta\sigma_h = -1$ MPa。试验过程中一旦煤样发生明显破坏，应力变化终止。试验过程中，每一步应力变化的时间间隔 $\Delta t = 10$ min。

试验操作和数据记录按照以下步骤进行：

（1）试验前，将 $\phi 50$ mm×100 mm 的标准煤样放在 50 ℃恒温干燥箱中干燥 4 h。然后将干燥后的煤样放入三轴压力室（夹持器）中，设定加热套温度恒定为 30 ℃。利用恒压恒流泵分别对煤样施加轴压和围压至 0.5 MPa 后，将煤样气体入口和出口管路连入真空泵系统，打开真空泵对整个试验系统抽真空 6 h 以上。

（2）抽真空结束后，关闭真空泵及相应阀门。利用恒压恒流泵调整轴压和围压至 3 MPa 后，开启 CH_4 气瓶并调整减压阀使得输出气体压力恒定为 2 MPa，开启煤样气体入口阀门,吸附 48 h。

（3）待吸附完成后,利用恒压恒流泵将轴压和围压分别调整到试验设定压力。关闭气瓶并调整减压阀使得输出气体压力为 0,同时打开煤样气体入口和出口管路,释放管路和煤体裂隙中的游离气体,直到气体入口和出口压力表示数为 0。然后迅速将气体入口和出口管路连入解吸量量筒,开始解吸。

（4）根据设定的应力路径逐步改变煤样的轴压和围压,每一步解吸 10 min,同时监测并记录煤样的纵波和横波波速（波速的大小反映了煤样裂隙的发育程度,波速越小,煤样裂隙越发育）,直至煤样发生破坏。

（5）待煤样发生破坏后,将施加的轴压和围压调整至较低压力,再继续解吸 3 h 后,一组试验结束,取出试验样品。

（6）重复步骤（1）～（5）,改变应力路径,开展下一组试验。

4.5.2　扰动应力对瓦斯扩散过程的影响规律

4.5.2.1　路径Ⅰ下 4 种煤样瓦斯扩散规律

图 4-17 为路径Ⅰ下 4 种煤样轴压和围压随时间的变化规律。由图 4-17（a）可知,CSL1$^{\#}$煤样初始轴压和围压分别为 20 MPa 和 10 MPa;前 50 min 由围压 10 MPa 降至 2 MPa,轴压由 20 MPa 降至 16 MPa;50～60 min 围压降至 1 MPa,轴压降至 15 MPa;

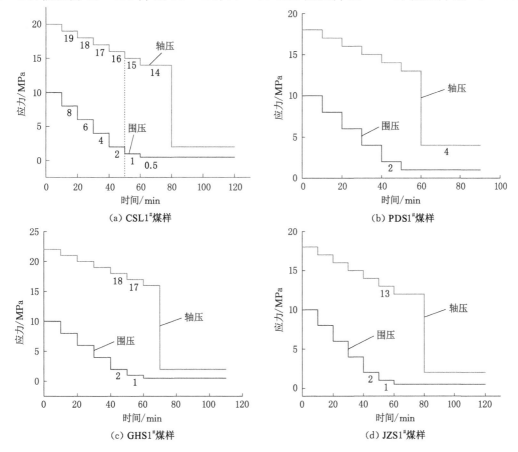

图 4-17　路径Ⅰ下 4 种煤样轴压和围压变化规律

60 min 后围压降至 0.5 MPa 并保持不变,轴压降至 14 MPa;80 min 后轴压降至 2 MPa 后保持不变。由图 4-17(b)可知,PDS1$^\#$煤样初始轴压和围压分别为 18 MPa 和 10 MPa;前50 min 围压由 10 MPa 降至 2 MPa,轴压由 18 MPa 降至 14 MPa;50~60 min 围压降低至1 MPa 并保持不变,轴压降低至 13 MPa;60 min 后轴压降低至 4 MPa 并保持不变。由图 4-17(c)可知,GHS1$^\#$煤样初始轴压和围压分别为 22 MPa 和 10 MPa;前 50 min 围压由10 MPa 降至 2 MPa,轴压由 22 MPa 降至 18 MPa;50~60 min 围压降低至 1 MPa,轴压降低至 17 MPa;60 min 后围压降低至 0.5 MPa 并保持不变,轴压降低至 16 MPa;70 min 后轴压降低至 2 MPa 并保持不变。由图 4-17(d)可知,JZS1$^\#$煤样初始轴压和围压分别为18 MPa 和 10 MPa;前 50 min 围压由 10 MPa 降至 2 MPa,轴压由 18 MPa 降至 14 MPa;50~60 min 围压降低至 1 MPa,轴压降低至 13 MPa;60 min 后围压降低至 0.5 MPa 并保持不变,轴压降低至 12 MPa;80 min 后轴压降低至 2 MPa 并保持不变。不同煤样初始轴压不同,原因是不同煤样本身强度存在差异,加载至破坏所需的偏差应力不同。

图 4-18 为路径Ⅰ下 4 种煤样气体解吸速率和累计气体解吸量随时间的变化规律(图中横轴下方的时间与气体解吸速率对应,上方的时间与累计气体解吸量对应)。由图 4-18 可知,4 种煤样累计气体解吸量在煤样破坏前后呈两段变化规律,累计气体解吸量随解吸时间的增加逐渐增大,15 000 s 时 CSL1$^\#$、PDS1$^\#$、GHS1$^\#$和 JZS1$^\#$煤样的累计气体解吸量分别为 398.47 mL、825.19 mL、293.90 mL 和 327.82 mL。

为了探讨应力对瓦斯扩散的影响,对路径Ⅰ下 4 种煤样累计气体解吸量曲线进行了微分处理。记录时间频率为 1 s,间隔较短,导致在记录时间内存在大量相同累计解吸量数据。为此,对微分曲线进行了二阶平滑处理,虽然平滑处理后的气体解吸速率与原始数据在数值上有些差异,但处理后的气体解吸速率变化趋势更为显著。由图 4-18(a)可以看出,CSL1$^\#$煤样的初始气体解吸速率为 0.303 mL/s,到 600 s 时急剧下降至 0.070 mL/s。虽然在 600 s时轴压和围压开始降低,但气体解吸速率没有发生明显变化。从 1 200 s 开始,轴压和围压的变化明显改变了气体解吸速率,在每个应力恒定的过程中,气体解吸速率均呈现先增大后缓慢减小的变化规律。在 3 600 s 对应的应力变化后,气体解吸速率从 0.021 mL/s 迅速增大到0.054 mL/s,增大了 1.57 倍,这主要与煤样发生失稳破坏有关。气体解吸速率达到最高点后随时间的增加总体呈下降趋势,此后的波动上升是煤样失稳破坏后将轴压卸载到较低水平导致的。

由图 4-18(b)可以看出,PDS1$^\#$煤样的初始气体解吸速率为 0.532 mL/s,到 600 s 时急剧下降至 0.070 mL/s。在 600 s 时轴压和围压的降低对气体解吸速率没有影响。从 1 200 s 开始,轴压和围压的变化明显改变了气体解吸速率,在每个应力恒定的过程中,气体解吸速率均先增大后缓慢减小。在 3 000 s 对应的应力变化后,气体解吸速率从 0.073 mL/s 迅速增大到 0.176 mL/s,增大了 1.41 倍。

由图 4-18(c)可以看出,GHS1$^\#$煤样的初始气体解吸速率为 0.112 mL/s,在 1 800 s 之前,气体解吸速率随解吸时间的增加均逐渐降低。从 1 800 s 开始,轴压和围压的变化明显改变了气体解吸速率,在每个应力恒定的过程中,气体解吸速率也呈现先增大后缓慢减小的变化规律。在 3 600 s 对应的应力变化后,气体解吸速率从 0.021 mL/s 迅速增大到0.065 mL/s,增大了 2.10 倍。

由图 4-18(d)可以看出,JZS1$^\#$煤样的初始气体解吸速率为 0.244 mL/s,在 1 800 s 之

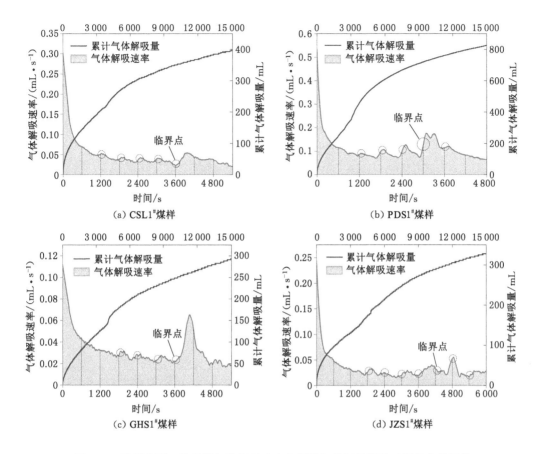

图 4-18　路径 Ⅰ 下 4 种煤样气体解吸速率和累计气体解吸量随时间的变化规律

前,气体解吸速率随解吸时间的增加均逐渐降低。从 1 800 s 开始,轴压和围压的变化明显改变了气体解吸速率,在每个应力恒定的过程中,气体解吸速率也呈现先增大后缓慢减小的变化规律。在 4 200 s 之后,气体解吸速率从 0.021 mL/s 迅速增大到 0.055 mL/s,增大了 1.62 倍。

　　综上所述,从累计气体解吸量分析,PDS1$^{\#}$ 煤样的累计气体解吸量＞CSL1$^{\#}$ 煤样的累计气体解吸量＞JZS1$^{\#}$ 煤样的累计气体解吸量＞GHS1$^{\#}$ 煤样的累计气体解吸量,PDS1$^{\#}$ 煤样累计气体解吸量最多,GHS1$^{\#}$ 煤样累计气体解吸量最少;而从气体解吸速率的二次增幅分析,GHS1$^{\#}$ 煤样的气体解吸速率二次增幅＞JZS1$^{\#}$ 煤样的气体解吸速率二次增幅＞CSL1$^{\#}$ 煤样的气体解吸速率二次增幅＞PDS1$^{\#}$ 煤样的气体解吸速率二次增幅,GHS1$^{\#}$ 煤样气体解吸速率二次增幅最高,PDS1$^{\#}$ 煤样气体解吸速率二次增幅最低。从图中可以看出,气体解吸速率开始上升的时间与应力变化的时间不完全对应,造成这样的原因主要包括以下三点:① 煤样的延迟解吸效应;② 液位计精度导致的误差;③ 操作过程中无法严格控制应力变化过程时间所带来的操作误差。

　　图 4-19 为路径 Ⅰ 下 4 种煤样气体 10 min 解吸速率及波速变化规律,气体 10 min 解吸速率 $v_{CGEA-10}$ 是指两次应力变化之间 10 min 内的累计气体解吸量。由图 4-19(a)可知,在初始轴压和围压约束下,CSL1$^{\#}$ 煤样的纵波波速、横波波速和 $v_{CGEA-10}$ 分别为 2 525.25 m/s、1 055.41 m/s 和 90.432 mL/10 min。随着轴压和围压的降低,纵波和横波波速均逐渐减

小。波速减小的原因是:在轴压和围压卸载过程中,煤样的原生孔隙及裂隙张开,同时产生了部分新的裂隙。而$v_{CGEA-10}$变化较为复杂,整体呈现先迅速减小后不变,再减小后增大,然后再逐渐减小的变化规律。第 60 分钟当轴压和围压分别降低到 15 MPa 和 1 MPa 后,CSL1$^{\#}$煤样的纵波和横波波速分别为 2 415.46 m/s 和 969.46 m/s,相对于初始状态下分别减小了4.35% 和 8.14%,而$v_{CGEA-10}$减小至 19.785 mL/10 min,相对于初始状态下减小了 78.12%。此时$v_{CGEA-10}$下降的主要原因是煤体瓦斯压力梯度快速衰减。随着轴压和围压的进一步降低,纵波和横波波速显著减小,$v_{CGEA-10}$开始增大。第 70 分钟当轴压和围压分别降低到14 MPa 和 0.5 MPa 后,CSL1$^{\#}$煤样的纵波和横波波速分别为 2 277.90 m/s 和885.35 m/s,相对于初始状态下分别减小了 9.80% 和 16.11%,而$v_{CGEA-10}$增大至25.434 mL/10 min,相对于上一应力点的增大了 28.55%。结合超声波波速和应力的变化可知,$v_{CGEA-10}$的增大主要是由于原生孔隙及裂隙的扩张和大量新生裂隙的产生。CSL1$^{\#}$煤样失稳破坏后,$v_{CGEA-10}$随着瓦斯压力梯度的衰减而不断减小。

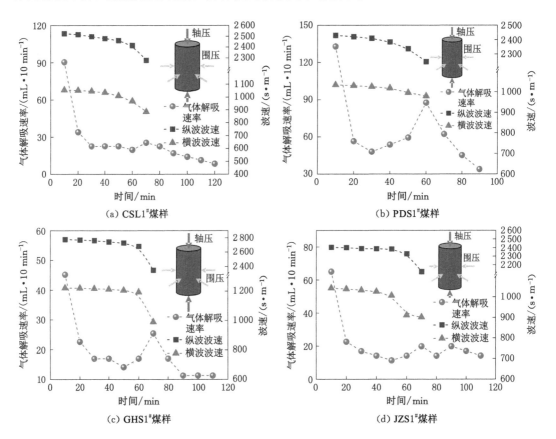

图 4-19 路径 Ⅰ 下四种煤样气体 10 min 解吸速率和波速变化规律

由图 4-19(b)可知,在初始轴压和围压约束下,PDS1$^{\#}$煤样的纵波波速、横波波速和$v_{CGEA-10}$分别为 2 430.13 m/s、1 033.59 m/s 和 132.822 mL/10 min。随着轴压和围压的降低,纵波和横波波速均逐渐减小,而$v_{CGEA-10}$整体呈现先迅速减小后逐渐增大然后再逐渐减小的变化规律。第 30 分钟当轴压和围压分别降低到 16 MPa 和 6 MPa 后,PDS1$^{\#}$煤样的纵波和横波波速分别为 2 409.64 m/s 和 1 024.59 m/s,相对于初始状态下分别减小了 0.84% 和 0.87%,而 $v_{CGEA-10}$ 减小至 48.042 mL/10 min,相对于初始状态下减小了 63.83%。此时 $v_{CGEA-10}$ 下降的主要原因是煤体瓦斯压力梯度快速衰减。随着轴压和围压的进一步降低,纵 波和横波波速显著减小,$v_{CGEA-10}$ 开始增大。第 60 分钟当轴压和围压分别降低到 13 MPa 和 1 MPa 后,PDS1$^{\#}$ 煤样的纵波和横波波速分别为 2 247.19 m/s 和 978.95 m/s,相对于初始 状态下分别减小了 7.53% 和 5.29%,而 $v_{CGEA-10}$ 增大至 87.606 mL/10 min,相对于此前的最 低点增大了 82.35%。PDS1$^{\#}$ 煤样失稳破坏后,$v_{CGEA-10}$ 随着瓦斯压力梯度的衰减而不断 减小。

由图 4-19(c)可知,在初始轴压和围压约束下,GHS1$^{\#}$ 煤样的纵波波速、横波波速和 $v_{CGEA-10}$ 分别为 2 777.78 m/s、1 221.75 m/s 和 45.216 mL/10 min。随着轴压和围压的降 低,纵波和横波波速前期变化较小,而后期显著降低。而 $v_{CGEA-10}$ 变化较为复杂,整体呈现先 减小后增大再逐渐减小的变化规律。第 50 分钟当轴压和围压分别降低到 18 MPa 和 2 MPa 后,GHS1$^{\#}$ 煤样的纵波和横波波速分别为 2 728.51 m/s 和 1 206.27 m/s,相对于初 始状态下分别减小了 1.77% 和 1.27%,而 $v_{CGEA-10}$ 减小至 14.130 mL/10 min,相对于初始状 态下减小了 68.75%。随着轴压和围压的进一步降低,纵波和横波波速显著减小,$v_{CGEA-10}$ 开 始增大。第 70 分钟当轴压和围压分别降低到 16 MPa 和 0.5 MPa 后,GHS1$^{\#}$ 煤样的纵波 和横波波速分别为 2 350.18 m/s 和 990.42 m/s,相对于初始状态下分别减小了 15.39% 和 18.93%,而 $v_{CGEA-10}$ 增大至 25.434 mL/10 min,相对于此前的最低点增大了 80.00%。 GHS1$^{\#}$ 煤样失稳破坏后,$v_{CGEA-10}$ 随着瓦斯压力梯度的衰减而不断减小。

由图 4-19(d)可知,在初始轴压和围压约束下,JZS1$^{\#}$ 煤样的纵波波速、横波波速和 $v_{CGEA-10}$ 分别为 2 403.85 m/s、1 042.75 m/s 和 64.998 mL/10 min。随着轴压和围压的降 低,纵波和横波波速均逐渐减小。而 $v_{CGEA-10}$ 整体变化较为复杂,整体呈现先迅速减小后逐 渐增大再减小后增大然后再逐渐减小的变化规律。第 50 分钟当轴压和围压分别降低到 14 MPa 和 2 MPa 后,JZS1$^{\#}$ 煤样的纵波和横波波速分别为 2 383.79 m/s 和 1 006.54 m/s, 相对于初始状态下分别减小了 0.83% 和 3.47%,而 $v_{CGEA-10}$ 减小至 11.304 mL/10 min,相对 于初始状态下减小了 82.61%。随着轴压和围压的进一步降低,纵波和横波波速显著减小, $v_{CGEA-10}$ 开始增大。第 70 分钟当轴压和围压分别降低到 12 MPa 和 0.5 MPa 后,JZS1$^{\#}$ 煤样 的纵波和横波波速分别为 2 123.14 m/s 和 902.12 m/s,相对于初始状态下减小了11.68% 和 13.49%,而 $v_{CGEA-10}$ 增大至 19.782 mL/10 min,相对于此前的最低点增大了 75.00%。波 速的急速下降表明此时煤样已失稳破坏,$v_{CGEA-10}$ 达到第一个峰值点,而在 90 min 时 $v_{CGEA-10}$ 出现第二个峰值点,这是因为煤样破坏后快速卸载导致的解吸速率二次增大。

综上所述,不同煤样在轴压和围压卸载前期,波速缓慢减小,表明煤样原始孔隙及裂隙逐 渐扩张;随着轴压和围压的进一步降低,波速显著降低,表明煤样原始孔隙及裂隙进一步张开 并产生大量新生裂隙。不同煤样 $v_{CGEA-10}$ 前期的减小主要是由于煤样瓦斯压力梯度的快速衰 减,后期 $v_{CGEA-10}$ 的增大主要是因为煤样的失稳破坏,产生了大量新生裂隙,促进了气体的解吸 流动。PDS1$^{\#}$ 煤样卸载破坏后的 $v_{CGEA-10}$ 增幅最大,CSL1$^{\#}$ 煤样卸载破坏后的 $v_{CGEA-10}$ 增幅最小; GHS1$^{\#}$ 煤样卸载破坏后的波速降幅最大,PDS1$^{\#}$ 煤样卸载破坏后的波速降幅最小。

4.5.2.2　路径Ⅱ下 4 种煤样瓦斯扩散规律

图 4-20 为路径Ⅱ下 4 种煤样轴压和围压随时间的变化规律。由图 4-20(a)可知,

CSL2#煤样初始轴压和围压均为 10 MPa;前 90 min 围压由 10 MPa 降至 2 MPa,轴压由 10 MPa 增至 18 MPa;90 min 后围压降低至 0.5 MPa 并保持不变,轴压降低至 2 MPa 并保持不变。由图 4-20(b)可知,PDS2#煤样初始轴压和围压均为 10 MPa;前 90 min 围压由 10 MPa 降至 2 MPa 并保持不变,轴压由 10 MPa 增至 18 MPa;100 min 后轴压降低至 2 MPa 并保持不变。由图 4-20(c)可知,GHS2#煤样初始轴压和围压均为 10 MPa;前 100 min 围压由 10 MPa 降至 1 MPa,轴压由 10 MPa 增至 19 MPa;100～110 min 围压降低至 0.5 MPa 并保持不变,轴压增至 20 MPa;110 min 后轴压降低至 2 MPa 后保持不变。由图 4-20(d)可知,JZS2#煤样初始轴压和围压均为 10 MPa;前 100 min 围压由 10 MPa 降至 1 MPa,轴压由 10 MPa 增至 19 MPa;100～110 min 围压降低至 0.5 MPa 并保持不变,轴压增至 20 MPa;110 min 后轴压降低至 2 MPa 后保持不变。

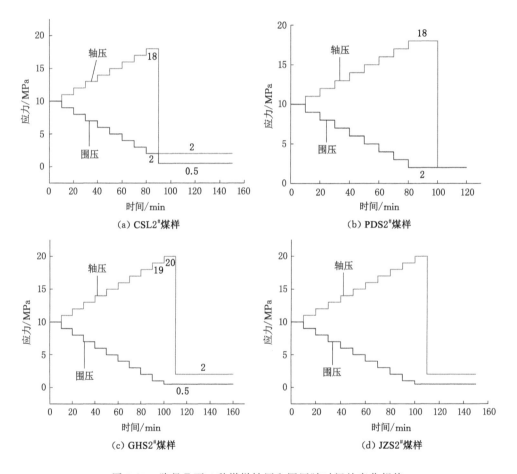

图 4-20　路径Ⅱ下 4 种煤样轴压和围压随时间的变化规律

　　图 4-21 为路径Ⅱ下 4 种煤样气体解吸速率和累计气体解吸量随时间的变化规律。由图 4-21 可知,4 种煤样累计气体解吸量在煤样破坏前后呈两段变化规律,累计气体解吸量随解吸时间的增加逐渐增大,15 000 s 时 CSL2#、PDS2#、GHS2# 和 JZS2# 煤样的累计气体解吸量分别为 381.510 mL、1 633.428 mL、172.386 mL 和 370.206 mL。

　　为了探讨应力对瓦斯扩散的影响,对路径Ⅱ下 4 种煤样累计气体解吸量曲线进行了微分

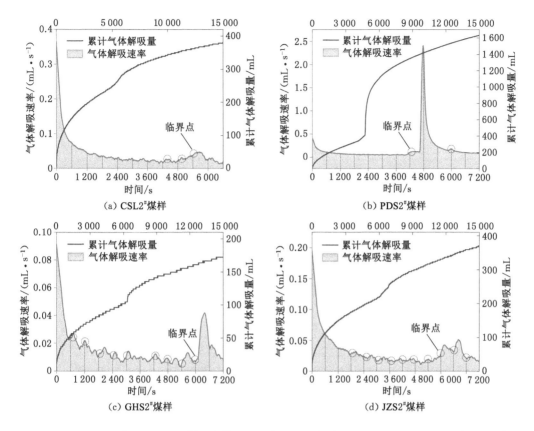

图 4-21　路径 Ⅱ 下 4 种煤样气体解吸速率和累计气体解吸量随时间的变化规律

处理。由图 4-21(a)可以看出,CSL2[#]煤样的初始气体解吸速率为 0.365 mL/s,在 4 200 s 之前,气体解吸速率随时间的增加一直呈下降趋势。从 4 200 s 开始,轴压和围压的变化逐渐改变了气体解吸速率。在 5 400 s 对应的应力变化后,气体解吸速率从 0.025 mL/s 迅速增大到 0.048 mL/s,增大了 0.92 倍,这是由于煤样发生失稳破坏,产生了大量新裂隙。气体解吸速率达到最高点后随时间的增加总体呈下降趋势,此后的波动上升是由于煤样失稳破坏后将轴压卸载到较低水平导致的。

由图 4-21(b)可以看出,PDS2[#]煤样的初始气体解吸速率为 0.416 mL/s,在 4 200 s 之前,气体解吸速率随时间的增加一直呈下降趋势。从 4 200 s 开始,轴压和围压的变化明显改变了气体解吸速率。在 4 200 s 对应的应力变化后,气体解吸速率从 0.043 mL/s 先缓慢增大后迅速增加到 2.405 mL/s,增大了 54.93 倍,这主要是因为该煤样在达到应力峰值后逐渐发生失稳破坏导致的。

由图 4-21(c)可以看出,GHS2[#]煤样的初始气体解吸速率为 0.091 mL/s,在 600 s 之前,气体解吸速率随解吸时间的增加均逐渐降低。从 600 s 开始,轴压和围压的变化均改变了气体解吸速率,在每个应力恒定的过程中,气体解吸速率均呈现先增大后缓慢减小的变化规律。在 6 000 s 对应的应力变化后,气体解吸速率从 0.007 mL/s 迅速增大到 0.042 mL/s,增大了 5.00 倍。

由图 4-21(d)可以看出,JZS2[#]煤样的初始气体解吸速率为 0.196 mL/s,在 1 800 s 之前,气体解吸速率随时间的增加一直呈下降趋势。从 1 800 s 开始,轴压和围压的变化明显改变了气体解吸速率,在每个应力恒定的过程中,气体解吸速率均呈现先增大后缓慢减小的变化规律。在 6 000 s 对应的应力变化后,气体解吸速率从 0.022 mL/s 迅速增大到 0.043 mL/s,增大了 0.95 倍。

综上所述,从累计气体解吸量分析,PDS2$^\#$煤样的累计气体解吸量＞CSL2$^\#$煤样的累计气体解吸量＞JZS2$^\#$煤样的累计气体解吸量＞GHS2$^\#$煤样的累计气体解吸量;而从气体解吸速率的二次增幅分析,PDS2$^\#$煤样的气体解吸速率二次增幅＞GHS2$^\#$煤样的气体解吸速率二次增幅＞JZS2$^\#$煤样的气体解吸速率二次增幅＞CSL2$^\#$煤样的气体解吸速率二次增幅。

图 4-22 为路径 Ⅱ 下 4 种煤样气体 10 min 解吸速率及波速随时间的变化规律。由图 4-22(a)可知,在初始轴压和围压约束下,CSL2$^\#$煤样的纵波波速、横波波速和 $v_{\text{CGEA-10}}$ 分别为 2 554.28 m/s、1 322.75 m/s 和 110.214 mL/10 min。随着轴压的增加和围压的降低,纵波波速先增大后减小,横波波速先缓慢减小后迅速减小。而 $v_{\text{CGEA-10}}$ 变化较为复杂,整体呈现先迅速减小后增大然后再逐渐减小的变化规律。第 70 分钟当轴压增加到 16 MPa、围压降低到 4 MPa 后,CSL2$^\#$煤样的纵波和横波波速分别为 2 570.69 m/s 和 1 306.34 m/s,相对于初始状态下纵波波速增大了 0.64%,横波波速减小了 1.24%,而 $v_{\text{CGEA-10}}$ 减小至 11.304 mL/10 min,相对于初始状态下减小了 89.74%。此时 $v_{\text{CGEA-10}}$ 下降的主要原因是煤体瓦斯压力梯度快速衰减和煤样原生裂隙的闭合。随着轴压的增加和围压的降低,纵波和横波波速显著减小,$v_{\text{CGEA-10}}$ 开始增大。第 90 分钟当轴压增加到 18 MPa、围压降低到 2 MPa 后,CSL2$^\#$煤样的纵波和横波波速分别为 2 224.69 m/s 和 1 066.67 m/s,相对于初始状态下分别减小了 12.90% 和 19.36%,而 $v_{\text{CGEA-10}}$ 增大至 25.434 mL/10 min,相对于此前的最低点增大了 125.00%,此时煤样发生失稳破坏。CSL2$^\#$煤样失稳破坏后,$v_{\text{CGEA-10}}$ 随着瓦斯压力梯度的衰减而不断减小。

由图 4-22(b)可知,在初始轴压和围压约束下,PDS2$^\#$煤样的纵波波速、横波波速和 $v_{\text{CGEA-10}}$ 分别为 2 331.00 m/s、991.08 m/s 和 121.518 mL/10 min。随着轴压的增加和围压的降低,纵波波速先增大后减小,横波波速先基本不变后逐渐减小,而 $v_{\text{CGEA-10}}$ 整体呈现先迅速减小后迅速增大然后再迅速减小的变化规律。第 60 分钟当轴压增加到 15 MPa、围压降低到 5 MPa 后,PDS2$^\#$煤样的纵波和横波波速分别为 2 350.18 m/s 和 989.61 m/s,相对于初始状态下纵波波速增大了 0.82%,横波波速减小了 0.15%,而 $v_{\text{CGEA-10}}$ 减小至 31.086 mL/10 min,相对于初始状态下减小了 74.42%。随着轴压的增加和围压的降低,纵波和横波波速逐渐减小,$v_{\text{CGEA-10}}$ 开始增大。第 80 分钟当轴压增加到 17 MPa、围压降低到 3 MPa 后,PDS2$^\#$煤样的纵波和横波波速变化较小,而 $v_{\text{CGEA-10}}$ 增大至 339.120 mL/10 min,相对于此前的最低点增大了 990.91%,此时煤样发生失稳破坏。此后,PDS2$^\#$煤样的 $v_{\text{CGEA-10}}$ 随着瓦斯压力梯度的衰减而不断减小。

由图 4-22(c)可知,在初始轴压和围压约束下,GHS2$^\#$煤样的纵波波速、横波波速和 $v_{\text{CGEA-10}}$ 分别为 2 721.09 m/s、1 071.81 m/s 和 39.564 mL/10 min。随着轴压的增加和围压的降低,纵波波速先增大后不变然后逐渐减小,横波波速前期基本不变而后逐渐减小,而 $v_{\text{CGEA-10}}$ 变化较为复杂。第 90 分钟当轴压增加到 18 MPa、围压降低到 2 MPa 后,GHS2$^\#$煤样的纵波和横波波速变化相对较小,而 $v_{\text{CGEA-10}}$ 减小至 2.826 mL/10 min,相对于初始状态下减小了 92.86%。随着轴压的增加和围压的降低,纵波和横波波速显著减小,$v_{\text{CGEA-10}}$ 开始增

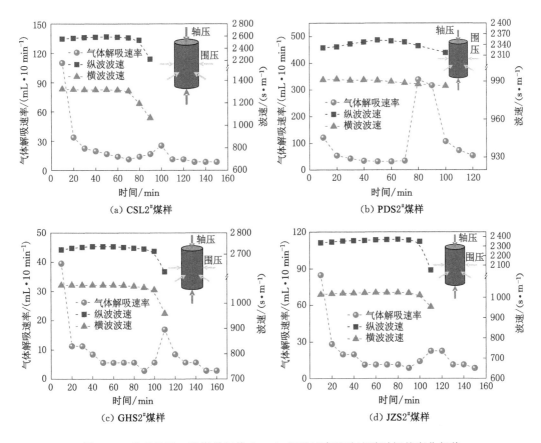

图 4-22　路径Ⅱ下 4 种煤样气体 10 min 解吸速率及波速随时间的变化规律

大。第 110 分钟当轴压增加到 20 MPa、围压降低到 0.5 MPa 后，GHS2$^{\#}$ 煤样的纵波和横波波速分别为 2 617.80 m/s 和 958.77 m/s，相对于初始状态下分别减小了 3.80% 和 10.55%，而 $v_{\mathrm{CGEA-10}}$ 增大至 16.956 mL/10 min，相对于此前的最低点增大了 500.00%，此时煤样发生失稳破坏。此后，GHS2$^{\#}$ 煤样的 $v_{\mathrm{CGEA-10}}$ 随着瓦斯压力梯度的衰减而不断减小。

由图 4-22(d) 可知，在初始轴压和围压约束下，JZS2$^{\#}$ 煤样的纵波波速、横波波速和 $v_{\mathrm{CGEA-10}}$ 分别为 2 336.45 m/s、1 014.20 m/s 和 84.780 mL/10 min。随着轴压的增加和围压的降低，纵波和横波波速均先增大后降低，$v_{\mathrm{CGEA-10}}$ 整体变化较为复杂。第 90 分钟轴压增加到 18 MPa、围压降低到 2 MPa 后，JZS2$^{\#}$ 煤样的纵波和横波波速分别为 2 364.07 m/s 和 1 021.97 m/s，相对于初始状态下分别增大了 1.18% 和 0.77%，而 $v_{\mathrm{CGEA-10}}$ 减小至 8.478 mL/10 min，相对于初始状态下减小了 90.00%。随着轴压的增加和围压的降低，纵波和横波波速显著减小，$v_{\mathrm{CGEA-10}}$ 开始增大。第 110 分钟当轴压增加到 20 MPa、围压降低到 0.5 MPa 后，JZS2$^{\#}$ 煤样的纵波和横波波速分别为 2 049.15 m/s 和 953.29 m/s，相对于初始状态下分别减小了 12.30% 和 6.01%，而 $v_{\mathrm{CGEA-10}}$ 增大至 22.608 mL/10 min，相对于此前的最低点增大了 166.67%，此时煤样发生失稳破坏。此后，JZS2$^{\#}$ 煤样的 $v_{\mathrm{CGEA-10}}$ 随着瓦斯压力梯度的衰减而不断减小。

综上所述，不同煤样在轴压加载和围压卸载前期，纵波波速呈现先增大的变化规律，表明煤样原始孔隙及裂隙逐渐闭合；随着轴压的增加和围压的降低，波速显著减小，表明煤样原始孔隙及裂隙逐渐张开并产生大量新生裂隙。不同煤样 $v_{CGEA-10}$ 前期的减小主要是由于煤样瓦斯压力梯度的快速衰减和原生裂隙的闭合，后期 $v_{CGEA-10}$ 的增大主要是因为煤样的失稳破坏，产生了大量新生裂隙，促进了气体的解吸流动。PDS2# 煤样卸载破坏后的 $v_{CGEA-10}$ 增幅最大，CSL2# 煤样卸载破坏后的 $v_{CGEA-10}$ 增幅最小；CSL2# 煤样卸载破坏后的波速降幅最大，PDS2# 煤样卸载破坏后的波速降幅最小。

4.5.2.3 路径Ⅲ下 4 种煤样瓦斯扩散规律

图 4-23 为路径Ⅲ下 4 种煤样轴压和围压随时间的变化规律。由图 4-23（a）可知，CSL3# 煤样初始轴压和围压分别为 10 MPa 和 3 MPa，围压恒定不变；前 110 min 轴压由 10 MPa 增至 20 MPa，110～120 min 轴压增加至 24 MPa，120 min 后轴压卸载至 3 MPa 并保持不变。由图 4-23（b）可知，PDS3# 煤样初始轴压和围压分别为 10 MPa 和 3 MPa，围压恒定不变；前 110 min 轴压由 10 MPa 增至 20 MPa，110～120 min 轴压增加至 22 MPa，120～130 min 轴压增加至 25 MPa，130～140 min 轴压增加至 30 MPa，140～160 min 轴压增加至 32 MPa，160 min 后轴压降低至 3 MPa 并保持不变。由图 4-23（c）可知，GHS3# 煤样初始轴压和围压分别为 10 MPa 和 3 MPa，围压恒定不变；前 110 min 轴压由 10 MPa 增

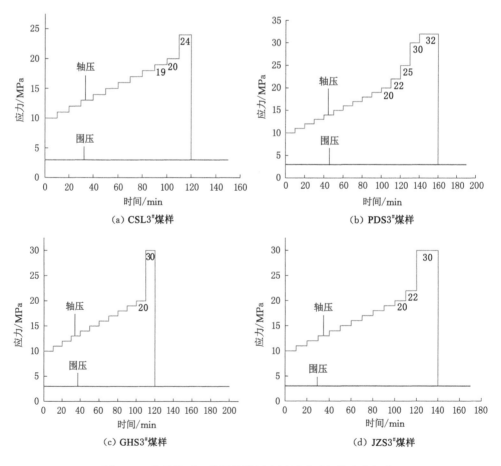

（a）CSL3# 煤样　　　　　　　　　　（b）PDS3# 煤样

（c）GHS3# 煤样　　　　　　　　　　（d）JZS3# 煤样

图 4-23　路径Ⅲ下 4 种煤样轴压和围压随时间的变化规律

至 20 MPa,110～120 min 轴压增加至 30 MPa,120 min 后轴压卸载至 3 MPa 并保持不变。由图 4-23(d)可知,JZS3#煤样初始轴压和围压分别为 10 MPa 和 3 MPa,围压恒定不变;前 110 min 轴压由 10 MPa 增至 20 MPa,110～120 min 轴压增加至 22 MPa,120～140 min 轴压增加至 30 MPa,140 min 后轴压卸载至 3 MPa 并保持不变。

　　图 4-24 为路径Ⅲ下 4 种煤样气体解吸速率和累计气体解吸量随时间的变化规律。由图 4-24 可知,4 种煤样累计气体解吸量在煤样破坏前后呈两段变化规律,累计气体解吸量随解吸时间的增加逐渐增大,15 000 s 时 CSL3#、PDS3#、GHS3# 和 JZS3# 煤样的累计气体解吸量分别为 282.600 mL、1 636.254 mL、347.598 mL 和 432.378 mL。

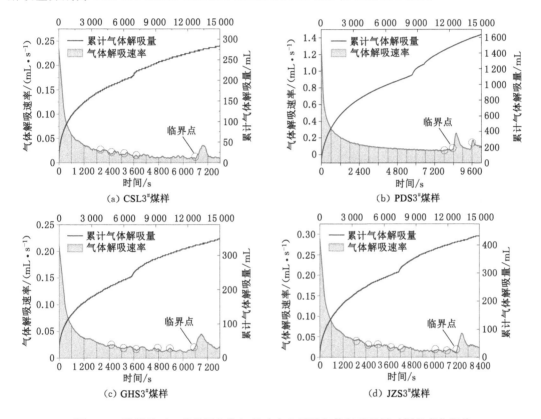

图 4-24　路径Ⅲ下 4 种煤样气体解吸速率和累计气体解吸量随时间的变化规律

　　为了探讨应力对瓦斯扩散的影响,对路径Ⅲ下 4 种煤样累计气体解吸量曲线进行了微分处理。由图 4-24(a)可以看出,CSL3# 煤样的初始气体解吸速率为 0.234 mL/s,在 1 800 s 之前,气体解吸速率随时间的增加一直呈下降趋势。从 1 800 s 开始,轴压的变化逐渐改变了气体解吸速率。在 6 600 s 对应的轴压变化后,气体解吸速率从 0.009 mL/s 迅速增大到 0.036 mL/s,增大了 3.00 倍,这是由于煤样发生失稳破坏,产生大量新裂隙,促进了煤样瓦斯的解吸。

　　由图 4-24(b)可以看出,PDS3# 煤样的初始气体解吸速率为 1.328 mL/s,在 7 800 s 之前,气体解吸速率随时间的增加一直呈下降趋势。从 7 800 s 开始,轴压的变化明显改变了气体解吸速率。在 8 400 s 对应的轴压变化后,气体解吸速率从 0.049 mL/s 迅速增加到 0.255 mL/s,增大了 4.20 倍。此后气体解吸速率随时间的增加总体呈下降变化趋势,

9 600 s 后的波动上升是由于煤样失稳破坏后将轴压卸载至较低水平导致的。

由图 4-24(c)可以看出，GHS3#煤样的初始气体解吸速率为 0.210 mL/s，在 2 400 s 之前，气体解吸速率随时间的增加一直呈下降趋势。从 2 400 s 开始，轴压的变化明显改变了气体解吸速率，在每个应力恒定的过程中，气体解吸速率基本呈现先增大后减小的变化规律。在 6 600 s 对应的轴压变化后，气体解吸速率从 0.014 mL/s 迅速增大到 0.045 mL/s，增大了 2.21 倍。

由图 4-24(d)可以看出，JZS3#煤样的初始气体解吸速率为 0.289 mL/s，在 1 800 s 之前，气体解吸速率随时间的增加一直呈下降趋势。从 1 800 s 开始，轴压的变化明显改变了气体解吸速率，在每个应力恒定的过程中，气体解吸速率基本呈现先增大后减小的变化规律。在 7 200 s 对应的应力变化后，气体解吸速率从 0.011 mL/s 迅速增大到 0.058 mL/s，增大了 4.27 倍。

综上所述，从累计气体解吸量分析，PDS3#煤样的累计气体解吸量＞JZS3#煤样的累计气体解吸量＞GHS3#煤样的累计气体解吸量＞CSL3#煤样的累计气体解吸量；而从气体解吸速率的二次增幅分析，JZS3#煤样的气体解吸速率二次增幅＞PDS3#煤样的气体解吸速率二次增幅＞CSL3#煤样的气体解吸速率二次增幅＞GHS3#煤样的气体解吸速率二次增幅。

图 4-25 为路径Ⅲ下 4 种煤样气体 10 min 解吸速率及波速随时间的变化规律。由图 4-25(a)可知，在初始轴压和围压约束下，CSL3#煤样的纵波波速、横波波速和 $v_{CGEA-10}$ 分别为 2 515.72 m/s、1 494.77 m/s 和 90.432 mL/10 min。随着轴压的增加，纵波和横波波速均先增大后减小，$v_{CGEA-10}$ 变化较为复杂。第 100 分钟当轴压增加到 19 MPa 后，CSL3#煤样的纵波和横波波速分别为 2 590.67 m/s 和 1 502.63 m/s，相对于初始状态下分别增大了 2.98% 和 0.53%，而 $v_{CGEA-10}$ 减小至 5.652 mL/10 min，相对于初始状态下减小了 93.75%。此时 $v_{CGEA-10}$ 下降的主要原因是由于煤体瓦斯压力梯度快速衰减和原生裂隙的闭合。随着轴压的进一步增加，纵波和横波波速显著减小，$v_{CGEA-10}$ 开始增大。第 120 分钟当轴压增加到 24 MPa 后，CSL3#煤样的纵波和横波波速分别为 2 352.94 m/s 和 1 353.18 m/s，相对于初始状态下分别减小了 6.47% 和 9.47%，而 $v_{CGEA-10}$ 增大至 16.956 mL/10 min，相对于第 100 分钟的增大了 200.00%，此时煤样发生失稳破坏。此后，CSL3#煤样的 $v_{CGEA-10}$ 随着瓦斯压力梯度的衰减不断减小。

由图 4-25(b)可知，在初始轴压和围压约束下，PDS3#煤样的纵波波速、横波波速和 $v_{CGEA-10}$ 分别为 2 280.50 m/s、1 003.01 m/s 和 364.554 mL/10 min。随着轴压的增加，纵波和横波波速均先增大后减小，$v_{CGEA-10}$ 变化较为复杂。第 130 分钟当轴压增加到 25 MPa 后，PDS3#煤样的纵波和横波波速分别为 2 378.12 m/s 和 1 038.42 m/s，相对于初始状态下分别增大了 4.28% 和 3.53%，而 $v_{CGEA-10}$ 减小至 28.260 mL/10 min，相对于初始状态下减小了 92.25%。随着轴压的进一步增加，纵波和横波波速逐渐减小，$v_{CGEA-10}$ 开始增大。第 150 分钟当轴压增加到 32 MPa 后，PDS3#煤样的纵波和横波波速分别为 2 209.94 m/s 和 796.81 m/s，相对于初始状态下分别减小了 3.09% 和 20.56%，而 $v_{CGEA-10}$ 增大至 98.910 mL/10 min，相对于此前的最低点增大了 250.00%。此后，PDS3#煤样的 $v_{CGEA-10}$ 在第 170 分钟出现第二个峰值，主要原因是轴压的卸载导致裂隙的进一步扩张，之后随瓦斯压力梯度的衰减不断减小。

由图 4-25(c)可知，在初始轴压和围压约束下，GHS3#煤样的纵波波速、横波波速和 $v_{CGEA-10}$ 分别为 2 710.03 m/s、1 038.96 m/s 和 101.736 mL/10 min。随着轴压的增加，纵波

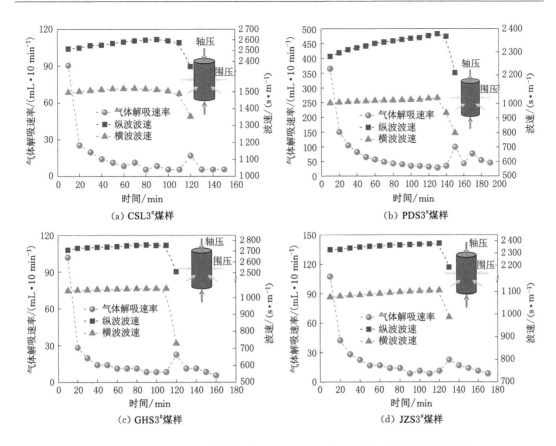

图 4-25 路径Ⅲ下 4 种煤样气体 10 min 解吸速率和波速随时间的变化规律

和横波波速均先增大后减小，而 $v_{CGEA-10}$ 整体呈先减小后增大再减小的变化规律。第 110 分钟当轴压增加到 20 MPa 后，GHS3#煤样的纵波和横波波速分别为 2 754.82 m/s 和 1 052.63 m/s，相对于初始状态下分别增大了 1.65% 和 1.32%，而 $v_{CGEA-10}$ 减小至 8.478 mL/10 min，相对于初始状态下减小了 91.67%。随着轴压的进一步增加，纵波和横波波速显著减小，$v_{CGEA-10}$ 开始增大。第 120 分钟当轴压增加到 30 MPa 后，GHS3#煤样的纵波和横波波速分别为 2 509.41 m/s 和 729.39 m/s，相对于初始状态下分别减小了 7.40% 和 29.80%，而 $v_{CGEA-10}$ 增大至 22.608 mL/10 min，相对于第 110 分钟的增大了 166.67%，此时煤样发生失稳破坏。此后，GHS3#煤样的 $v_{CGEA-10}$ 随着瓦斯压力梯度的衰减不断减小。

由图 4-25(d)可知，在初始轴压和围压约束下，JZS3#煤样的纵波波速、横波波速和 $v_{CGEA-10}$ 分别为 2 328.29 m/s、1 075.27 m/s 和 107.388 mL/10 min。随着轴压的增加，纵波和横波波速均先增大后减小，$v_{CGEA-10}$ 整体变化较为复杂。第 120 分钟当轴压增加到 22 MPa 后，JZS3#煤样的纵波和横波波速分别为 2 380.95 m/s 和 1 105.58 m/s，相对于初始状态下分别增加了 2.26% 和 2.82%，而 $v_{CGEA-10}$ 减小至 11.304 mL/10 min，相对于初始状态下减小了 89.47%。随着轴压的进一步增加，纵波和横波波速显著减小，$v_{CGEA-10}$ 开始增加。第 130 分钟当轴压增加到 30 MPa 后，JZS3#煤样的纵波和横波波速分别为 2 185.79 m/s 和 986.19 m/s，相对于初始状态下分别减小了 6.12% 和 8.28%，而 $v_{CGEA-10}$ 增大至 22.608 mL/10 min，相对于第 120 分钟的增大了 100.00%，此时煤样发生失稳破坏。此后，

JZS3#煤样的$v_{CGEA-10}$随着瓦斯压力梯度的衰减不断减小。

综上所述,不同煤样在轴压加载前期,纵波和横波波速均呈现先增大的变化规律,表明煤样原始孔隙及裂隙逐渐闭合;随着轴压的进一步增加,波速显著减小,表明煤样原始孔隙及裂隙逐渐张开并产生大量新生裂隙。不同煤样$v_{CGEA-10}$前期的减小主要是由于煤样瓦斯压力梯度的快速衰减和原生裂隙的闭合,后期$v_{CGEA-10}$的增大主要是因为煤样的失稳破坏,产生了大量新生裂隙,促进了瓦斯的解吸流动。PDS3#煤样卸载破坏后的$v_{CGEA-10}$增幅最大,JZS3#煤样卸载破坏后的$v_{CGEA-10}$增幅最小;GHS3#煤样卸载破坏后的波速降幅最大,JZS3#煤样卸载破坏后的波速降幅最小。

4.5.2.4 路径Ⅳ下4种煤样瓦斯扩散规律

图4-26为路径Ⅳ下4种煤样轴压和围压随时间的变化规律。由图4-26(a)可知,CSL4#煤样初始轴压和围压分别为20 MPa和10 MPa;前100 min围压由10 MPa至1 MPa后不变,轴压保持20 MPa不变;100 min后轴压卸载至2 MPa并保持不变。由图4-26(b)可知,PDS4#煤样初始轴压和围压分别为18 MPa和10 MPa;前90 min围压由10 MPa降至2 MPa,90~110 min围压卸载至0.5 MPa后保持不变;110 min后轴压降低至2 MPa并保持不变。由图4-26(c)可知,GHS4#煤样初始轴压和围压分别为20 MPa和

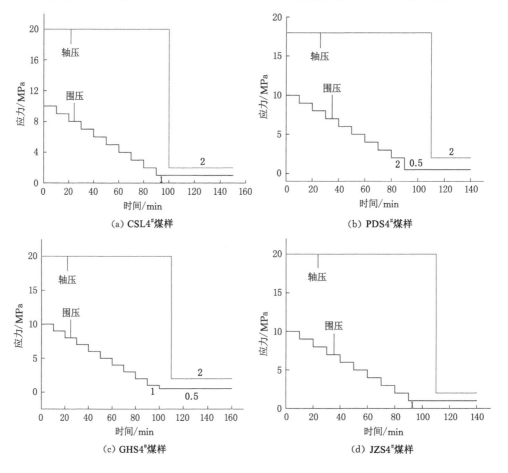

(a) CSL4#煤样 (b) PDS4#煤样

(c) GHS4#煤样 (d) JZS4#煤样

图4-26 路径Ⅳ下4种煤样轴压和围压随时间的变化规律

10 MPa;前 100 min 围压由 10 MPa 降至 1 MPa,100～110 min 围压降至 0.5 MPa 并保持不变;110 min 后轴压卸载至 2 MPa 并保持不变。由图 4-26(d)可知,JZS4#煤样初始轴压和围压分别为 20 MPa 和 10 MPa;前 100 min 围压由 10 MPa 降至 1 MPa 并保持不变;110 min 后轴压卸载至 2 MPa 并保持不变。

图 4-27 为路径Ⅳ下 4 种煤样气体解吸速率和累计气体解吸量随时间的变化规律。由图 4-27 可知,4 种煤样累计气体解吸量呈两段变化规律,累计气体解吸量随解吸时间的增加逐渐增大,15 000 s 时 CSL4#、PDS4#、GHS4# 和 JZS4# 煤样的累计气体解吸量分别为 240.21 mL、1 059.75 mL、152.604 mL 和 367.38 mL。

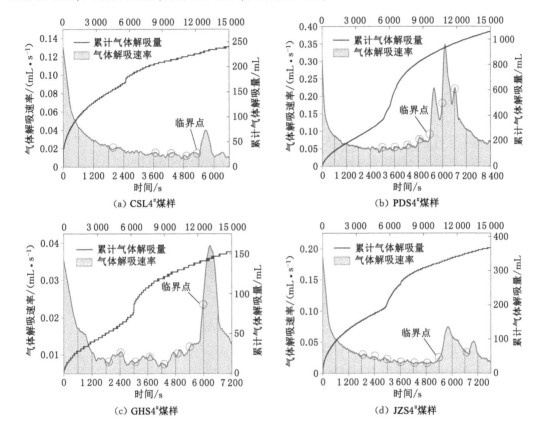

图 4-27　路径Ⅳ下 4 种煤样气体解吸速率和累计气体解吸量随时间的变化规律

为了探讨应力对瓦斯扩散的影响,对路径Ⅳ下 4 种煤样累计气体解吸量曲线进行了微分处理。由图 4-27(a)可以看出,CSL4#煤样的初始气体解吸速率为 0.13 mL/s,在 1 800 s 之前,气体解吸速率随时间的增加逐渐减小。从 1 800 s 开始,围压的变化逐渐改变了气体解吸速率。在 5 400 s 对应的应力变化后,气体解吸速率从 0.013 mL/s 迅速增大到 0.040 mL/s,增大了 2.08 倍,这是由于煤样发生失稳破坏,产生了大量新裂隙。

由图 4-27(b)可以看出,PDS4#煤样的初始气体解吸速率为 0.303 mL/s,在 2 400 s 之前围压的减小对气体解吸速率没有影响,气体解吸速率随时间的增加逐渐减小。从 2 400 s 开始,围压的变化也明显改变了气体解吸速率。在 5 400 s 对应的应力变化后,气体解吸速率从 0.070 mL/s 迅速增加到 0.223 mL/s,增大了 2.19 倍。PDS4#煤样在 6 000～6 600 s

之间出现第二个气体解吸速率峰值点,此时间段内气体解吸速率最高为 0.348 mL/s,相对于 5 400 s 的 0.070 mL/s 增大了 3.97 倍,这主要是因为该煤样在达到应力峰值后逐渐发生失稳破坏导致的。而 6 600 s 处出现了气体解吸速率的第三个峰值点,该峰值点是由于轴压的卸载导致的。

由图 4-27(c)可以看出,GHS4#煤样的初始气体解吸速率为 0.035 mL/s,在 1 800 s 之前,气体解吸速率随解吸时间的增加逐渐减小。从 1 800 s 开始,围压的变化改变了气体解吸速率,在每个应力恒定的过程中,气体解吸速率基本呈现先增大后减小的变化规律。在 6 000 s 对应的应力变化后,气体解吸速率从 0.013 mL/s 迅速增大到 0.039 mL/s,增大了 2.00 倍。

由图 4-27(d)可以看出,JZS4#煤样的初始气体解吸速率为 0.187 mL/s,在 1 800 s 之前,气体解吸速率随时间的增加逐渐减小。从 1 800 s 开始,围压的变化明显改变了气体解吸速率,在每个应力恒定的过程中,气体解吸速率基本呈现先增大后减小的变化规律。在 5 400 s 对应的应力变化后,气体解吸速率从 0.024 mL/s 迅速增大到 0.075 mL/s,增大了 2.13 倍。

综上所述,从累计气体解吸量分析,PDS4#煤样的累计气体解吸量>JZS4#煤样的累计气体解吸量>CSL4#煤样的累计气体解吸量>GHS4#煤样的累计气体解吸量;而从气体解吸速率的二次增幅分析,PDS4#煤样的气体解吸速率二次增幅>JZS4#煤样的气体解吸速率二次增幅>CSL4#煤样的气体解吸速率二次增幅>GHS4#煤样的气体解吸速率二次增幅。

图 4-28 为路径 Ⅳ 下 4 种煤样气体 10 min 解吸速率及波速随时间的变化规律。由图 4-28(a)可知,在初始轴压和围压约束下,CSL4#煤样的纵波波速、横波波速和 $v_{CGEA-10}$ 分别为 2 450.98 m/s、1 043.30 m/s 和 76.302 mL/10 min。随着围压的降低,纵波和横波波速均逐渐减小但前期变化幅度较小,而 $v_{CGEA-10}$ 变化较为复杂。第 90 分钟当围压降低到 2 MPa 后,CSL4#煤样的纵波和横波波速分别为 2 403.85 m/s 和 1 015.74 m/s,相对于初始状态下分别减小了 1.92% 和 2.64%,而 $v_{CGEA-10}$ 减小至 8.478 mL/10 min,相对于初始状态下减小了 88.89%。随着围压的进一步降低,纵波和横波波速显著减小,$v_{CGEA-10}$ 开始增大。第 100 分钟当围压降低到 1 MPa 后,CSL4#煤样的纵波和横波波速分别为 2 145.92 m/s 和 863.93 m/s,相对于初始状态下分别减小了 12.45% 和 17.19%,而 $v_{CGEA-10}$ 增大至 16.956 mL/10 min,相对于第 90 分钟的增大了 100.00%,此时煤样发生失稳破坏。此后,CSL4#煤样的 $v_{CGEA-10}$ 随着瓦斯压力梯度的衰减而不断减小。

由图 4-28(b)可知,在初始轴压和围压约束下,PDS4#煤样的纵波波速、横波波速和 $v_{CGEA-10}$ 分别为 2 418.38 m/s、1 200.48 m/s 和 84.780 mL/10 min。随着围压的降低,纵波和横波波速均逐渐减小,而 $v_{CGEA-10}$ 整体呈现先迅速减小后迅速增大然后再迅速减小的变化规律。第 60 分钟当围压降低到 5 MPa 后,PDS4#煤样的纵波和横波波速分别为 2 395.21 m/s 和 1 186.94 m/s,相对于初始状态下分别减小了 0.96% 和 1.13%,而 $v_{CGEA-10}$ 减小至 28.260 mL/10 min,相对于初始状态下减小了 66.67%。随着围压的进一步降低,纵波和横波波速显著减小,$v_{CGEA-10}$ 开始增大。第 110 分钟当围压降低到 0.5 MPa 后,PDS4#煤样的纵波和横波波速分别为 2 259.89 m/s 和 1 093.49 m/s,相对于初始状态下分别减小了 6.55% 和 8.91%,而 $v_{CGEA-10}$ 增大至 149.778 mL/10 min,相对于此前的最低点增大了 430.00%,此时煤样发生失稳破坏。PDS4#煤样失稳破坏后,$v_{CGEA-10}$ 随着瓦斯压力梯度的衰减而不断减小。

由图 4-28(c)可知,在初始轴压和围压约束下,GHS4#煤样的纵波波速、横波波速和

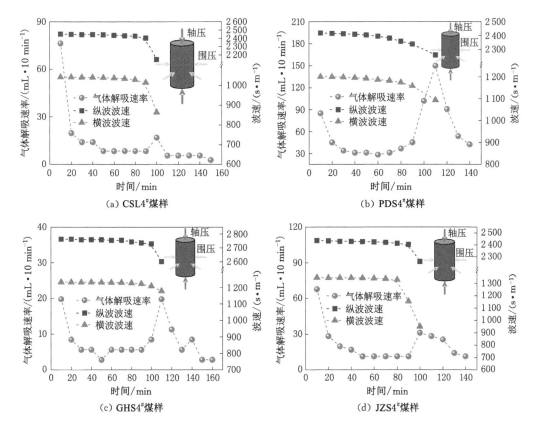

图 4-28　路径Ⅳ下 4 种煤样气体 10 min 解吸速率及波速随时间的变化规律

$v_{CGEA-10}$ 分别为 2 762.43 m/s、1 233.05 m/s 和 19.782 mL/10 min。随着围压的降低,纵波和横波波速逐渐减小但前期变化幅度较小,而 $v_{CGEA-10}$ 变化较为复杂。第 50 分钟当围压降低到 6 MPa 后,GHS4# 煤样的纵波和横波波速变化较小,而 $v_{CGEA-10}$ 减小至 2.826 mL/10 min,相对于初始状态下减小了 85.71%。随着围压的进一步降低,纵波和横波波速显著减小,$v_{CGEA-10}$ 开始增大。第 110 分钟当围压降低到 0.5 MPa 后,GHS4# 煤样的纵波和横波波速分别为 2 600.78 m/s 和 1 179.25 m/s,相对于初始状态下分别减小了 5.85% 和 4.36%,而 $v_{CGEA-10}$ 增大至 19.782 mL/10 min,相对于此前的最低点增大了 600.00%,此时煤样发生失稳破坏。GHS4# 煤样失稳破坏后,$v_{CGEA-10}$ 随着瓦斯压力梯度的衰减而不断减小。

由图 4-28(d)可知,在初始轴压和围压约束下,JZS4# 煤样的纵波波速、横波波速和 $v_{CGEA-10}$ 分别为 2 436.05 m/s、1 347.71 m/s 和 67.824 mL/10 min。随着围压的降低,纵波和横波波速均逐渐减小但前期变化幅度较小,而 $v_{CGEA-10}$ 变化较为复杂。第 90 分钟当围压降低到 2 MPa 后,JZS4# 煤样的纵波和横波波速分别为 2 403.85 m/s 和 1 154.73 m/s,相对于初始状态下分别减小了 1.32% 和 14.32%,而 $v_{CGEA-10}$ 减小至 11.304 mL/10 min,相对于初始状态下减小了 83.33%。随着围压的进一步降低,纵波和横波波速显著减小,$v_{CGEA-10}$ 开始增大。第 100 分钟当围压降低到 1 MPa 后,JZS4# 煤样的纵波和横波波速分别为 2 259.89 m/s 和 950.20 m/s,相对于初始状态下分别减小了 7.23% 和 29.50%,而 $v_{CGEA-10}$

增大至 31.086 mL/10 min,相对于第 90 分钟的增大了 175.00%,此时煤样发生失稳破坏。JZS4$^{\#}$煤样失稳破坏后,$v_{CGEA-10}$随着瓦斯压力梯度的衰减而不断减小。

综上所述,不同煤样在围压卸载前期,波速均缓慢减小,表明煤样原始孔隙及裂隙逐渐扩张;随着围压的进一步降低,波速显著减小,表明煤样原始孔隙及裂隙进一步张开并产生大量新生裂隙。不同煤样 $v_{CGEA-10}$ 前期的减小主要是由于煤样瓦斯压力梯度的快速衰减,后期 $v_{CGEA-10}$ 的增大主要是因为煤样的失稳破坏,产生了大量新生裂隙,促进了气体的解吸流动。GHS4$^{\#}$煤样卸载破坏后的 $v_{CGEA-10}$ 增幅最大,CSL4$^{\#}$煤样卸载破坏后的 $v_{CGEA-10}$ 增幅最小;JZS4$^{\#}$煤样卸载破坏后的波速降幅最大,GHS4$^{\#}$煤样卸载破坏后的波速降幅最小。

4.5.2.5 恒定轴围压下的煤体瓦斯扩散对比分析

为了分析卸压对煤体瓦斯扩散的影响,开展了 PDS 和 JZS 煤样在恒定轴压 10 MPa 和围压 10 MPa 下的扩散试验,与路径 Ⅱ 加轴压和卸围压条件下煤体扩散进行对比分析。图 4-29 为两种煤样在恒定轴围压与加轴压卸围压条件下的累计气体解吸量对比,图中失稳破坏前、失稳破坏后仅针对加轴压卸围压条件下的累计气体解吸量曲线。由图 4-29(a)可知,PDS 煤样在失稳破坏前累计气体解吸量始终小于恒定轴围压条件下的累计气体解吸量,在失稳破坏后累计气体解吸量迅速增大,远大于恒定轴围压条件下的累计气体解吸量。15 000 s 后加轴压卸围压和恒定轴围压条件下的累计气体解吸量分别为 1 633.428 mL 和 573.678 mL,加轴压卸围压条件下累计气体解吸量是恒定轴围压条件下的 2.85 倍。由图 4-29(b)可知,JZS 煤样在失稳破坏前后累计气体解吸量始终大于恒定轴围压条件下的累计气体解吸量,在失稳破坏后两种条件下的累计气体解吸量差值显著增大。15 000 s 后加轴压卸围压和恒定轴围压条件下的累计气体解吸量分别为 370.206 mL 和 262.818 mL,加轴压卸围压条件下的累计气体解吸量是恒定轴压围压条件下的 1.41 倍。综合分析可知,煤层卸压可以有效促进瓦斯解吸,显著提高煤体瓦斯解吸速率和解吸量。

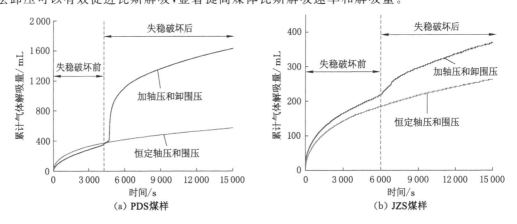

图 4-29　两种煤样在恒定轴围压与加轴压卸围压条件下的累计气体解吸量对比

表 4-2 为恒定轴围压条件下两种煤样解吸前后波速的变化规律。由表 4-2 可知,两种煤样的纵波和横波波速随着解吸时间的增加均逐渐增大,解吸前后 PDS 煤样的纵波和横波波速分别增大了 3.35% 和 3.03%,JZS 煤样的纵波和横波波速分别增大了 1.30% 和 2.43%。结果表明,在恒定轴围压条件下随着解吸时间的增加,煤样的原生裂隙逐渐闭合,进而可以推断在恒定轴围压条件下煤体渗透率随解吸时间的增加逐渐降低,导致煤体瓦斯

解吸速率逐渐衰减同时降低了瓦斯流动能力。因此,进一步说明了在钻孔瓦斯抽采过程中,为了提高煤层瓦斯抽采效率,需对煤层进行卸压增透。

表 4-2　恒定轴围压条件下两种煤样解吸前后波速的变化规律　　　单位:m/s

解吸过程	波速			
	PDS 煤样纵波	PDS 煤样横波	JZS 煤样纵波	JZS 煤样横波
解吸前	2 403.85	1 239.93	2 336.45	1 158.75
解吸 1 min	2 463.05	1 266.62	2 352.94	1 173.71
解吸 10 min	2 472.19	1 271.46	2 358.49	1 180.64
解吸后	2 484.47	1 277.51	2 366.86	1 186.94

4.5.3　扰动应力对瓦斯扩散过程的控制机制

通过对试验结果总结分析可知,应力本身及其变化对煤层瓦斯扩散影响显著。为此,本小节首先分析了应力与气体解吸速率的定量关系,然后从孔-裂隙结构变化的角度探讨了应力对煤层瓦斯扩散的控制机制。

图 4-30 和图 4-31 分别为路径 I 下 4 种煤样 $v_{CGEA-10}$ 随轴压和围压的变化规律。由图 4-30 可以看出,随着轴压的降低,4 种煤样的 $v_{CGEA-10}$ 均先减小后增大。由图 4-31 可以看

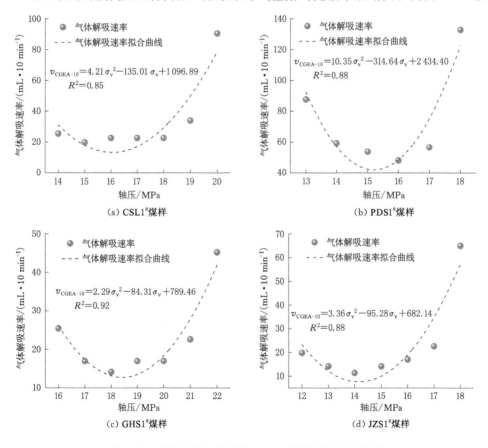

(a) CSL1# 煤样　　　(b) PDS1# 煤样

(c) GHS1# 煤样　　　(d) JZS1# 煤样

图 4-30　路径 I 下 4 种煤样 $v_{CGEA-10}$ 随轴压的变化规律

出,随着围压的降低,4 种煤样的 $v_{\text{CGEA-10}}$ 也均先减小后增大。通过对数据拟合分析可知,路径Ⅰ下 4 种煤样 $v_{\text{CGEA-10}}$ 与轴压和围压均存在明显的二次函数关系,且拟合度均不低于 0.85,说明路径Ⅰ下应力与气体解吸速率之间符合二次函数关系。

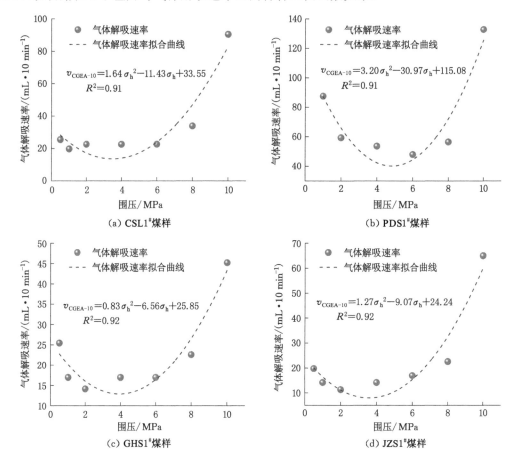

图 4-31　路径Ⅰ下 4 种煤样 $v_{\text{CGEA-10}}$ 随围压的变化规律

图 4-32 和图 4-33 分别为路径Ⅱ下 4 种煤样 $v_{\text{CGEA-10}}$ 随轴压和围压的变化规律。由图 4-32 可以看出,随着轴压的增加,CSL2#、GHS2# 和 JZS2# 煤样的 $v_{\text{CGEA-10}}$ 均先迅速减小后逐渐增大,而 PDS2# 煤样的 $v_{\text{CGEA-10}}$ 先减小后逐渐增大而后跳跃增大。由图 4-33 可以看出,随着围压的降低,CSL2#、GHS2# 和 JZS2# 煤样的 $v_{\text{CGEA-10}}$ 均先迅速减小后逐渐增大,而 PDS2# 煤样的 $v_{\text{CGEA-10}}$ 先迅速减小后逐渐增大而后跳跃增大。图中矩形区域的数据点为跳跃点,主要是由于煤样初始解吸或失稳破坏导致的气体解吸速率突变。忽略矩形区域内的数据点,对剩余数据拟合分析可知,路径Ⅱ下 4 种煤样 $v_{\text{CGEA-10}}$ 与轴压和围压也存在明显的二次函数关系,且拟合度均不低于 0.75,说明路径Ⅱ下应力与气体解吸速率之间也符合二次函数关系。

图 4-34 为路径Ⅲ下 4 种煤样 $v_{\text{CGEA-10}}$ 随轴压的变化规律。由图 4-34 可以看出,随着轴压的增加,4 种煤样的 $v_{\text{CGEA-10}}$ 均先迅速减小后逐渐增大。图中矩形区域的数据点为跳跃点,主要是由于煤样初始解吸时气体解吸速率较大。忽略矩形区域内的数据点,对剩余数据拟合分析可知,路径Ⅲ下 4 种煤样 $v_{\text{CGEA-10}}$ 与轴压也存在明显的二次函数关系,且拟合度均在

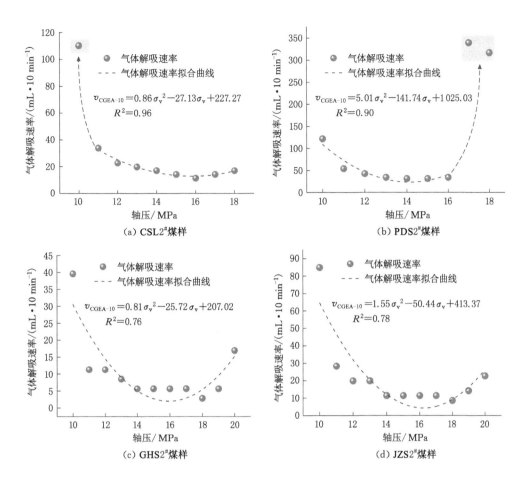

图 4-32 路径 Ⅱ 下 4 种煤样 $v_{CGEA-10}$ 随轴压的变化规律

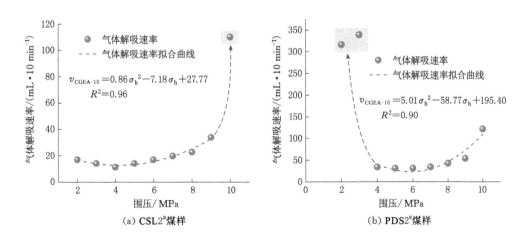

图 4-33 路径 Ⅱ 下 4 种煤样 $v_{CGEA-10}$ 随围压的变化规律

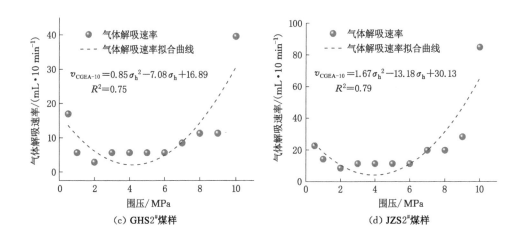

(c) GHS2#煤样   (d) JZS2#煤样

图 4-33 （续）

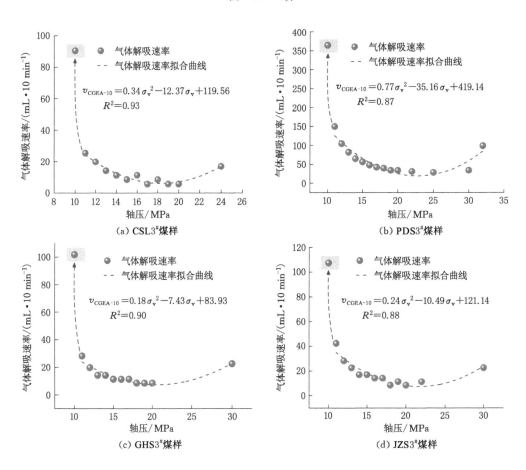

(a) CSL3#煤样   (b) PDS3#煤样

(c) GHS3#煤样   (d) JZS3#煤样

图 4-34　路径Ⅲ下 4 种煤样 $v_{CGEA-10}$ 随轴压的变化规律

0.85 以上，说明路径Ⅲ下应力与气体解吸速率之间也符合二次函数关系。

图 4-35 为路径Ⅳ下 4 种煤样 $v_{CGEA-10}$ 随围压的变化规律。由图 4-35 可以看出，随着围压

的降低，4 种煤样的 $v_{CGEA-10}$ 均先迅速减小后逐渐增大。图 4-35(a)中矩形区域的数据点为跳跃点，主要是由于 CSL4# 煤样初始解吸时气体解吸速率较大。忽略矩形区域内的数据点，对剩余数据拟合分析可知，路径 IV 下 4 种煤样 $v_{CGEA-10}$ 与围压也存在明显的二次函数关系，且拟合度均不低于 0.75，说明路径 IV 下应力与气体解吸速率之间也符合二次函数关系。

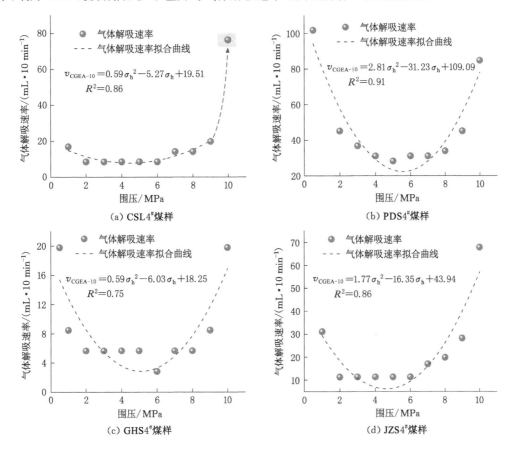

图 4-35　路径 IV 下 4 种煤样 $v_{CGEA-10}$ 随围压的变化规律

从以上分析结果可知，不同煤样在不同应力路径下，解吸初始阶段，气体解吸速率均迅速减小。随着应力的变化，气体解吸速率均呈现先减小后增大的变化规律。为此，将应力变化阶段分为三个阶段，分析了三个阶段下应力变化对煤体孔-裂隙和瓦斯扩散的影响，如图 4-36 所示。

根据不同路径下轴压和围压的变化，绘制了四种路径下的应力莫尔圆及强度包络线，如图 4-36(a)所示。由图 4-36(a)可以清晰看出不同路径下应力的变化及煤样的损伤破坏，其中 SS_0 为初始应力变化阶段、SS_1 为中期应力变化阶段、SS_2 为应力失稳变化阶段。SS_0、SS_1 和 SS_2 三种应力阶段对煤层孔-裂隙结构的影响分别对应图 4-36(b)、(c)、(d)，结合气体解吸速率随应力的变化规律可知，在 SS_0 初始应力阶段，气体解吸速率显著降低，这一阶段的瓦斯扩散主要受暴露面附近瓦斯压力梯度的控制，随着解吸时间的增加，暴露面附近瓦斯压力梯度衰减较快。其次，虽然在初始阶段发生了应力的加载或卸载，但初始阶段应力变化对煤体孔-裂隙的影响较小，同时加载过程会导致原生裂隙的闭合，因此该阶段应力对瓦斯扩

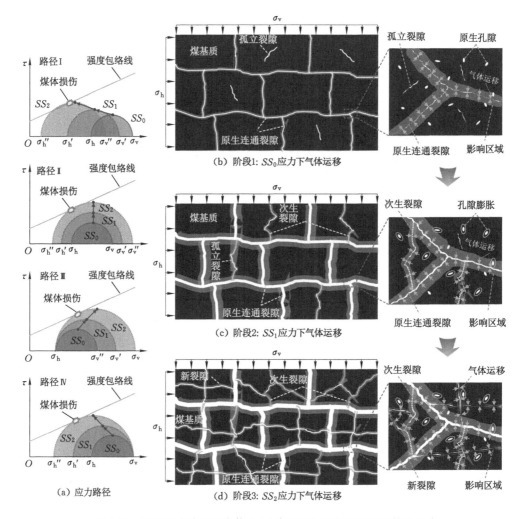

图 4-36　不同应力路径下煤体孔-裂隙的变化及其对瓦斯扩散的影响

散的影响有限,气体解吸速率的降低主要由于瓦斯压力梯度的快速衰减。

随着应力状态的进一步变化,进入 SS_1 中期应力变化阶段,如图 4-36(c)所示。随着应力的变化,煤体孔-裂隙在应力的作用下发生改变,进而影响了煤体瓦斯的扩散。例如,在路径Ⅰ和Ⅳ下,结合应力卸载过程中的超声波波速变化可知,应力的卸载导致煤体裂隙开度增大,部分封闭的原生裂隙变为张开型裂隙。此外,在路径Ⅱ和Ⅲ下,随着轴压与围压差值的增大,孤立的原生裂隙也可能会发生剪切滑移,进而产生更多的暴露面,新暴露面附近的气体向裂隙运移,进而导致气体解吸速率的增大。综上所述,这一阶段气体解吸速率的逐渐增大主要是原生裂隙的打开和扩展、孤立原生裂隙的剪切滑移产生的新暴露面所致。

随着应力状态的进一步变化,进入 SS_2 应力失稳变化阶段,如图 4-36(d)所示。在该阶段随着轴压与围压差值的进一步增大,煤样发生失稳破坏,进而产生大量暴露面,原生裂隙进一步扩张、新生裂隙大量增加,导致气体解吸速率跃变式增大。

图 4-37 为不同应力路径下 4 种煤样试验后的形态。由图 4-37 可以看出,不同煤样在不同应力路径下均发生了损伤破坏。由于煤体的非均质性和不同煤样的强度不同,导致不同

煤样最终破坏形态有所差异。结合气体解吸速率与应力的变化关系可以看出,存在一个应力转折点或临界点。当施加应力高于临界值时,卸载过程对瓦斯扩散的影响较小,而当施加应力低于临界值时,卸载可显著提高气体解吸速率。由此可知,在煤矿井下瓦斯抽采过程中可通过卸压增透强化钻孔瓦斯抽采,进而提高煤层瓦斯抽采效率。

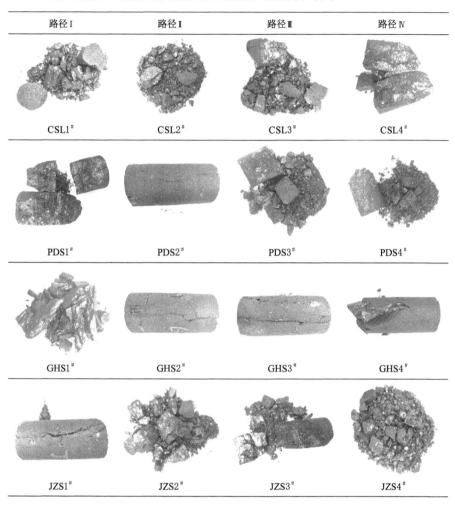

图 4-37　不同应力路径下 4 种煤样试验后的形态

4.6　时间依赖的瓦斯扩散动力学模型

4.6.1　孔隙瓦斯运移物理模型

一般认为,煤中瓦斯的运移满足 Fick 扩散定律[90]。1951 年,R. M. Barrer 在研究天然气在沸石中的扩散时提出了单孔扩散模型(UPDM)[130]。采用该模型的简化式对试验结果进行拟合即可计算出煤样的扩散系数。该情况下计算的扩散系数为一常数。采用该方法拟合的赵固二矿和新疆某矿煤样的扩散系数如图 4-38 所示[130]。假设煤粒的平均半径为 0.1 mm,则可以计算出赵固二矿和新疆长焰煤的扩散系数分别为 3.033×10^{-13} m^2/s 和

2.019×10^{-13} m^2/s。

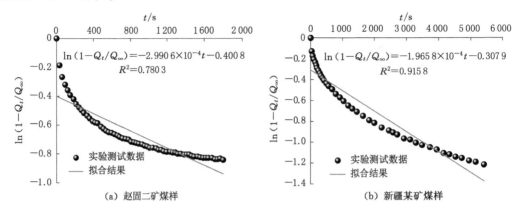

图 4-38 不同煤样扩散系数拟合

显然,图 4-38 中的线性拟合结果并不能准确反映曲线的变化规律。事实上,从图中可以看出:随着时间的增加试验结果的斜率绝对值是逐渐降低的,这说明煤样的扩散系数随时间是逐渐降低的,并非模型拟合得出的恒定值。

为了揭示煤体瓦斯扩散系数随时间逐渐衰减的内在机制,首先需要建立瓦斯在煤体孔隙中扩散的物理模型。通常认为煤体为双重孔隙介质,由煤基质和基质间的裂隙组成,基质内包含孔隙,如图 4-39(a)和(b)所示。相关研究结果表明:煤体孔隙结构非常复杂,其孔径从几纳米到几百微米均有分布[131-134]。本节假设煤基质中的孔隙由孔径不同的多级孔隙串联而成,如图 4-39(c)所示。初始时刻,瓦斯由基质表面扩散进入裂隙,扩散阻力较小,扩散

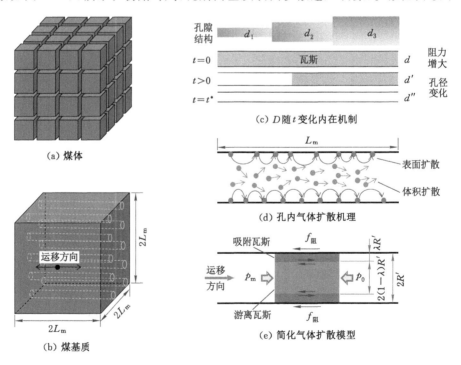

图 4-39 煤体孔隙气体扩散过程物理模型

系数相对较大;随着扩散的进行,煤基质内部的瓦斯逐渐向基质表面扩散,运移路径增加,阻力增大,从而导致扩散系数逐渐降低。此外,随着煤基质内瓦斯压力的降低,基质收缩导致基质内孔径逐渐减小,扩散系数逐渐降低。

以上分析定性解释了扩散系数随时间逐渐衰减的内在机制。为了获得煤体扩散系数与扩散时间之间的定量关系,假设煤基质中的孔隙为标准的圆柱形,其半径为 R',长度为基质宽度的 1/2,即 L_m,瓦斯自煤基质的中心位置沿垂直于基质表面的方向扩散。一般认为煤体孔隙中既存在游离瓦斯,同时也存在部分吸附瓦斯,其中游离瓦斯发生体积扩散,吸附瓦斯发生表面扩散,如图 4-39(d)所示。为了分析瓦斯在煤体孔隙中运移时的受力情况,图 4-39(e)给出了理想化的气体扩散物理模型,瓦斯运移过程中,中间的游离瓦斯始终呈标准的圆柱形分布,其半径为 $(1-\lambda)R'$,长度为 L_m,吸附瓦斯呈空心圆柱形分布,圆柱壁厚为 $\lambda R'$,长度为 L_m。当瓦斯沿着孔隙从基质向裂隙扩散时,在孔隙横截面上,分别受到瓦斯压力 p_m 以及大气压力 p_0 的作用。此外,吸附瓦斯受到孔隙表面的摩擦阻力 $f_阻$ 作用,同时由于吸附瓦斯的运移速度小于游离瓦斯的运移速度,因而吸附瓦斯还受到游离瓦斯的拉力作用。对于游离瓦斯,其在与吸附瓦斯的交界处受到吸附瓦斯的黏滞阻力作用。

以下将对瓦斯气柱在煤体孔隙内运移过程中的受力情况做定量分析,建立瓦斯扩散动力学过程与扩散时间的定量关系。

4.6.2 孔隙瓦斯运移动力学特性分析

瓦斯在煤体孔隙中运移的过程即是瓦斯气柱在外力作用下产生位移的过程。本节基于图 4-39 建立的煤体孔隙结构模型及瓦斯在煤体孔隙中扩散的物理模型,从流体力学的角度出发建立气柱受力与其运动之间的关系,并结合 Fick 扩散定律推导出扩散系数与扩散时间之间的定量关系。由于煤体孔隙中同时存在游离瓦斯和吸附瓦斯,且两者间的运动不同步,因此,需分别加以研究。

（1）游离瓦斯扩散动力学过程分析

由图 4-39(e)分析可知:游离瓦斯受到两个力的作用,即孔隙内外压力差对游离瓦斯气柱的推力以及吸附瓦斯对游离瓦斯气柱的黏滞阻力作用。其中,气柱所受的推力可由式(4-8)表示:

$$F_{p\text{-}f} = \pi(1-\lambda)^2 R'^2(p_m - p_0) \tag{4-8}$$

式中　$F_{p\text{-}f}$——游离瓦斯气柱所受的推力;

　　　λ——吸附层厚度与孔隙半径的比值,$0<\lambda<1$;

　　　R'——孔隙半径;

　　　p_m——孔隙内部瓦斯压力;

　　　p_0——孔隙外部压力。

游离瓦斯气柱所受的黏滞阻力可由牛顿内摩擦定律计算得到:

$$F_{r\text{-}f} = 2\pi(1-\lambda)R'L_m\mu\frac{\mathrm{d}v}{\mathrm{d}r}\Big|_{r=(1-\lambda)R'} \tag{4-9}$$

式中　L_m——孔隙长度;

　　　μ——瓦斯动力黏度;

　　　v——游离瓦斯运移速度;

　　　r——孔隙内某点与孔隙中线的距离。

假设煤体中的瓦斯为黏性不可压缩流体,其运移过程可由 Hagen-Poiseuille(哈根-泊肃叶)方程表示:

$$\frac{1}{r}\frac{d}{dr}\left(r\frac{dv}{dr}\right) = \frac{1}{\mu}\frac{\partial p}{\partial x} \tag{4-10}$$

式中　x——沿流体运移方向的坐标轴。

对式(4-10)积分可以得到:

$$v = \frac{r^2}{4\mu}\frac{\partial p}{\partial x} \tag{4-11}$$

$$\frac{dv}{dr} = \frac{r}{2\mu}\frac{\partial p}{\partial x} \tag{4-12}$$

对于游离瓦斯气柱,沿孔隙径向方向上流体速度不同,为了方便计算,采用截面上的平均速度 $\bar{v}$ 来表示流体运移:

$$\bar{v} = \frac{(1-\lambda)^2 R'^2}{8\mu}\frac{\partial p}{\partial x} \tag{4-13}$$

将式(4-12)和式(4-13)代入式(4-9)可得游离瓦斯气柱所受的黏滞阻力:

$$F_{r\text{-}f} = 8\pi\mu L_m \bar{v} \tag{4-14}$$

对于游离瓦斯气柱,其运移过程满足动量守恒定律,即:

$$F_{p\text{-}f} - F_{r\text{-}f} = \frac{d(m\bar{v})}{dt} \tag{4-15}$$

将式(4-8)和式(4-14)代入式(4-15)可得:

$$\frac{d\bar{v}}{dt} + a\bar{v} = b \tag{4-16}$$

式中,$a = \dfrac{8\mu}{R'^2 \rho_{游}(1-\lambda)^2}$,$b = \dfrac{p_m - p_0}{L_m \rho_{游}}$,$\rho_{游}$ 为游离瓦斯的密度。

求解式(4-16)可得:

$$\bar{v} = C_1 e^{-at} + \frac{b}{a} \tag{4-17}$$

式中　C_1——系数。

(2) 吸附瓦斯扩散动力学过程分析

由图 4-39(e)可知吸附瓦斯所受到的动力由两部分组成,分别为:孔隙内外压力差所产生的推力以及游离瓦斯气柱在游离瓦斯-吸附瓦斯界面处施加的沿运移方向的拉力。因此,吸附瓦斯所受的动力可表示为:

$$F_{p\text{-}s} = (2\lambda - \lambda^2)\pi R'^2 (p_m - p_0) + 8\pi\mu L_m \overline{v'} \tag{4-18}$$

式中　$\overline{v'}$——吸附瓦斯的平均运移速度。

吸附瓦斯所受边界的黏滞阻力可由式(4-19)计算:

$$F_{r\text{-}s} = \frac{1}{2\lambda - \lambda^2} \cdot 8\pi\mu L_m \overline{v'} \tag{4-19}$$

类似地,可以得到:

$$\frac{d\overline{v'}}{dt} + a'\overline{v'} = b' \tag{4-20}$$

式中,$a' = \dfrac{8\mu(1-\lambda)^2}{R'^2 \rho_{吸}(2\lambda - \lambda^2)^2}$,$b' = \dfrac{p_m - p_0}{L_m \rho_{吸}}$,$\rho_{吸}$ 为吸附瓦斯的密度。

求解式(4-20)可得：

$$\overrightarrow{v'} = C_2 e^{-a't} + \frac{b'}{a'} \qquad (4-21)$$

式中　C_2——系数。

4.6.3　时间依赖的瓦斯扩散动力学模型

（1）时间依赖的动态扩散系数

根据 Fick 扩散定律，在长为 l，半径为 r 的圆柱形孔隙中，气体扩散的质量流量满足如下关系：

$$q = \pi r^2 D \frac{\Delta c}{l} \qquad (4-22)$$

式中　q——质量流量；

$\quad\quad D$——气体扩散系数；

$\quad\quad \Delta c$——气体浓度差。

对于游离瓦斯有：

$$\rho_{游} \pi (1-\lambda)^2 r^2 \overrightarrow{v} = \frac{\pi(1-\lambda)^2 r^2 M}{RT} D_f \frac{p_m - p_0}{L_m} \qquad (4-23)$$

式中　D_f——游离瓦斯的扩散系数，即孔隙内瓦斯的体积扩散系数；

$\quad\quad M$——甲烷的摩尔质量；

$\quad\quad R$——气体常数；

$\quad\quad T$——温度。

将式(4-17)代入式(4-23)可得：

$$D_f = \omega_1 e^{-at} + \frac{\rho_{游} RT(1-\lambda)^2 r^2}{8\mu M} \qquad (4-24)$$

式中　ω_1——系数。

对于吸附瓦斯有：

$$\rho_{吸} \pi (2\lambda - \lambda^2) r^2 \overrightarrow{v} = \frac{\pi(2\lambda - \lambda^2) r^2 M}{RT} D_s \frac{p_m - p_0}{L_m} \qquad (4-25)$$

式中　D_s——吸附瓦斯的扩散系数，即孔隙内瓦斯的表面扩散系数。

将式(4-21)代入式(4-25)可得：

$$D_s = \omega_2 e^{-a't} + \frac{\rho_{吸} RT r^2 (2\lambda - \lambda^2)^2}{8\mu M(1-\lambda)^2} \qquad (4-26)$$

式中　ω_2——系数。

通常，实验室测得的煤体综合瓦斯扩散系数同时包括体积扩散系数和表面扩散系数，假设综合扩散系数为两者加和，则有：

$$D = D_f + D_s = \omega_1 e^{-at} + \omega_2 e^{-a't} + \frac{RT r^2 [\rho_{游}(1-\lambda)^4 + \rho_{吸}(2\lambda - \lambda^2)^2]}{8\mu M(1-\lambda)^2} \qquad (4-27)$$

由式(4-27)可以看出，扩散系数随时间呈指数衰减的趋势，为了便于计算，将上式简化为两个指数衰减函数之和的形式。此外，在初始时刻，扩散系数为初始值，则可得到时间依赖的扩散系数（TDDC）模型：

$$D = D_{f0} e^{-\xi t} + D_{s0} e^{-\gamma t} + D_r \qquad (4-28)$$

式中 D_{f0}——游离瓦斯的初始扩散系数；

D_{s0}——吸附瓦斯的初始扩散系数；

ξ——游离瓦斯扩散系数随时间的衰减系数；

γ——吸附瓦斯扩散系数随时间的衰减系数；

D_r——残余扩散系数。

煤体作为多孔介质，其内部孔隙结构非常复杂，这导致瓦斯的储存与运移具有明显的多尺度特征。一般认为煤体中的瓦斯有游离态和吸附态两种形式。其中，游离瓦斯主要存在于裂隙和大孔内，而吸附瓦斯主要存在于孔径小于 5 nm 的微小孔隙中。因此，煤体内瓦斯的扩散既包括游离瓦斯的体积扩散，同时也包含吸附瓦斯的表面扩散，这两部分对扩散的贡献率主要决定于煤基质的孔径和孔隙压力的大小。通常孔径越小，表面扩散的占比越高，体积扩散的占比越低，但是由于孔径太小，导致扩散过程非常漫长[135]。对于煤矿井下瓦斯抽采而言，由于抽采周期较短，微小孔隙内的扩散量可忽略不计，只需考虑大孔内的扩散过程。而对于大孔，表面扩散的贡献率较低，可忽略不计。因此，对于瓦斯抽采，只需考虑游离瓦斯的扩散作用，则式（4-28）可以转化为简化的时间依赖扩散系数（STDDC）模型：

$$D = D_{f0}\,e^{-\xi t} + D_r \tag{4-29}$$

从式（4-28）、式（4-29）可以看出，煤粒的瓦斯扩散系数包括两部分：时间依赖的扩散系数以及残余扩散系数。其中时间依赖的扩散系数随着扩散过程逐渐降低，而残余扩散系数不随扩散过程而变化，当时间为无穷大时，煤粒的扩散系数几乎与残余扩散系数相等。

为了验证该时间依赖的扩散系数模型的合理性，本书采用式（4-28）和式（4-29）拟合前人的试验数据，结果如图 4-40 所示[130,136-137]。其中，赵固二矿和新疆某矿的煤粒的平均半径取 0.1 mm，采用 UPDM 模型计算的平均扩散系数分别为 3.033×10^{-13} m^2/s 和 2.019×10^{-13} m^2/s；阳泉三矿的煤粒的平均半径为 0.236 5 mm，平均扩散系数为 6.913×10^{-13} m^2/s；九里山矿的煤粒的平均半径为 1 mm，平均扩散系数为 9.870×10^{-12} m^2/s。由图 4-40 可以看出，随着时间的增加，初始阶段扩散系数快速降低，后期逐渐趋缓，因而采用单一扩散系数来表示整个扩散过程是不合理的。而采用时间依赖的扩散系数模型能够很好地拟合整个过程中扩散系数的变化，说明本书建立的时间依赖扩散系数模型是合理的。比较 TDDC 模型以及 STDDC 模型的拟合结果发现，两者对试验数据的拟合度均大于 0.9，且 TDDC 模型拟合效果更好一些。在初期阶段，两者模型与试验数据均高度吻合，但后期 STDDC 模型与试验数据间出现了明显的偏差。原因是：初期阶段，扩散过程主要发生在大孔中，表面扩散的贡献率较低，可以忽略不计，因而 TDDC 模型和 STDDC 模型计算结果差别不大；后期随着大孔中瓦斯浓度的降低，扩散过程逐渐向小孔及微孔转移，此时表面扩散对整个扩散过程的贡献率明显升高，因而，导致 STDDC 模型的计算结果出现了一定的偏差。

以上分析表明：在以游离瓦斯为主的大孔隙中，可忽略表面扩散对整个扩散过程的影响，采用 STDDC 模型即可准确描述瓦斯的扩散过程；而对于以吸附瓦斯为主的微小孔隙，吸附瓦斯对扩散过程的影响很大，此时应当同时考虑吸附瓦斯的表面扩散以及游离瓦斯的体积扩散，该情况下应当采用 TDDC 模型来描述瓦斯的扩散过程。

（2）时间依赖的动态扩散模型

为了得到时间依赖的煤体瓦斯扩散模型，本书做如下定义[138]：

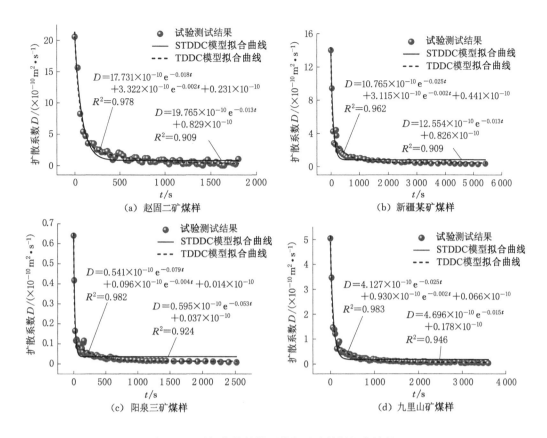

图 4-40 时间依赖扩散系数与试验数据拟合结果

$$d\theta = D(t)dt \tag{4-30}$$

则有：

$$\theta = \int D(t)dt \tag{4-31}$$

式中 θ——单位面积煤体瓦斯扩散量。

对于时间依赖的扩散系数，可以得到：

$$\frac{Q_t}{Q_\infty} = 1 - \frac{6}{\pi^2}\sum_{n=1}^{\infty}\frac{1}{n^2}\exp\left(-\frac{n^2\pi^2\theta}{r_0^2}\right) \tag{4-32}$$

式中 n——正整数。

对于瓦斯在煤体中的扩散过程，如果既考虑游离瓦斯的体积扩散，同时又考虑吸附瓦斯的表面扩散时，则有：

$$\theta = \frac{D_{f0}}{\xi}(1-e^{-\xi t}) + \frac{D_{s0}}{\gamma}(1-e^{-\gamma t}) + D_r t \tag{4-33}$$

将式(4-33)代入式(4-32)可以得到同时考虑体积扩散和表面扩散的时间依赖煤体瓦斯扩散动力学模型（TDDM）：

$$\frac{Q_t}{Q_\infty} = 1 - \frac{6}{\pi^2}\sum_{n=1}^{\infty}\frac{1}{n^2}\exp\left\{-\frac{n^2\pi^2}{r_0^2}\left[\frac{D_{f0}}{\xi}(1-e^{-\xi t}) + \frac{D_{s0}}{\gamma}(1-e^{-\gamma t}) + D_r t\right]\right\} \tag{4-34}$$

同理，如果忽略吸附瓦斯的表面扩散对整个扩散过程的影响，即只考虑游离瓦斯在煤体

孔隙中的体积扩散,则有:

$$\theta = \frac{D_{f0}}{\xi}(1 - e^{-\xi t}) + D_r t \tag{4-35}$$

将式(4-35)代入式(4-32)可以得到简化的时间依赖煤体瓦斯扩散动力学模型(STD-DM):

$$\frac{Q_t}{Q_\infty} = 1 - \frac{6}{\pi^2}\sum_{n-1}^\infty \frac{1}{n^2}\exp\left\{-\frac{n^2\pi^2}{r_0^2}\left[\frac{D_{f0}}{\xi}(1-e^{-\xi t}) + D_r t\right]\right\} \tag{4-36}$$

为了验证上述模型的合理性,本书采用 TDDM 模型、STDDM 模型以及 UPDM 模型分别与试验测试数据进行拟合,结果如图 4-41 所示。从图中可以看出,TDDM 模型以及 STDDM 模型的拟合结果明显优于 UPDM 模型的拟合效果,这说明在时间尺度上将煤粒的扩散系数视为一个常数具有一定的局限性,扩散过程中煤粒的扩散系数确实是随时间而变化的,而时间依赖的扩散模型能够很好地拟合试验结果。为了定量表示各模型与试验结果的拟合效果,本节分别计算了各模型与试验数据的方差 σ^2,结果如图 4-41 所示,可以看出 TDDM 模型和 STDDM 模型的拟合方差比经典的 UPDM 模型的拟合方差低 2~3 个数量级。此外,TDDM 模型的拟合方差略低于 STDDM 模型的拟合方差,但两者差别不大,说明同时考虑游离瓦斯与吸附瓦斯扩散的 TDDM 模型能够更准确地反映煤粒内的瓦斯扩散过程。但是由于该模型的待定参数过多,需要对其简化,从图 4-41 中可以看出简化后的 STD-DM 模型与试验数据的拟合效果较好,说明该模型同样能够准确反映煤粒瓦斯的扩散过程。因此,对于煤矿井下钻孔瓦斯抽采而言,由于抽采周期短,可忽略吸附瓦斯的扩散,因而可以

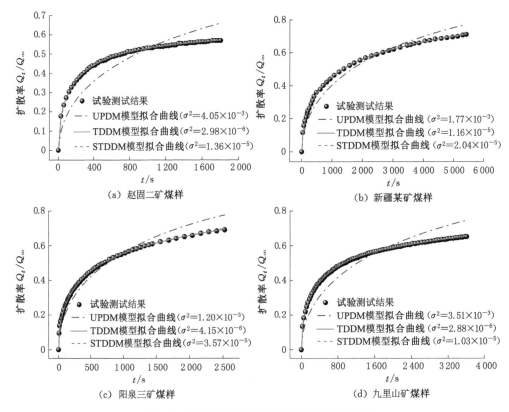

图 4-41 动态扩散模型与试验数据的拟合结果

采用 STDDM 模型表示瓦斯的扩散过程；而对于煤层气或页岩气地面开发而言,由于抽采周期长,需同时考虑游离瓦斯和吸附瓦斯的扩散,因此,需采用 TDDM 模型表示瓦斯扩散过程。

4.6.4　扩散系数时间依赖性的物理本质

煤体的扩散系数是表示气体在煤体孔隙中扩散能力的关键参数。其大小反映了气体在煤体孔隙中扩散时所受阻力的大小,扩散系数大,则阻力越小,反之亦然。在一定的温度和压力条件下,扩散阻力主要受孔隙结构的控制,孔喉的大小决定了扩散阻力的大小,从而决定了扩散系数的大小[130]。经典的单孔扩散模型(UPDM)假设煤粒为各向同性的均质球体,内部孔隙大小一致,且扩散过程中不发生变化,因而气体的扩散阻力不变,从而计算出的扩散系数为一定值。此外,该模型假设扩散过程中球心与球体表面的瓦斯浓度不发生变化,亦即瓦斯压力不变[111,139],如图 4-42(a)所示。而事实上,煤粒吸附饱和后,其内部存储的瓦斯量是有限的,随着扩散的进行,煤粒内部各点(包括球心位置)的瓦斯浓度是逐渐降低的,因而将球心处的气体浓度设为恒定值是不符合实际的,因而造成了模型与试验数据间存在较大的偏差。

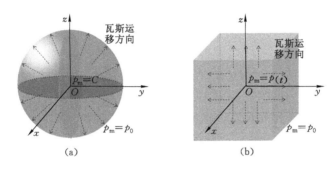

图 4-42　煤基质内瓦斯扩散示意图

前面的研究结果表明:不论是从实验室测试结果还是理论分析方面都可得到煤粒瓦斯扩散系数是随扩散时间逐渐衰减的。然而,前面所得到的扩散系数与扩散时间之间的关系是唯象的,并不涉及其物理本质。为了弄清扩散系数随扩散时间变化的物理本质,本书提出了图 4-42(b)的瓦斯扩散物理模型。该模型假设煤基质为立方体,气体沿垂直于基质面方向从中心向表面扩散,扩散过程中基质内部瓦斯浓度逐渐降低,基质表面瓦斯浓度保持不变。

前人的研究表明:煤体吸附瓦斯后会产生膨胀变形,引起基质孔隙结构的变化[140]。同理,基质瓦斯解吸扩散后同样会导致基质收缩变形,改变孔径,而孔径的改变势必会引起扩散阻力的变化,从而影响煤体的扩散系数。基于此,本书将从孔隙压力对煤基质孔隙结构的影响出发,建立扩散系数与孔隙压力之间的关系模型,从本质上解释扩散系数随扩散过程的变化机理。

煤基质孔隙结构随孔隙压力的变化可由基质孔隙率与孔隙压力之间的关系表示。前人在煤基质孔隙率建模方面已开展了大量的研究工作[39,141-142]。本书采用 J. S. Liu 等[143]在应力约束条件下建立的基质孔隙率随孔隙压力变化的理论模型:

$$\frac{\varphi_{\mathrm{m}}}{\varphi_{\mathrm{m}0}} = 1 - \frac{1}{\varphi_{\mathrm{m}0}} \frac{\Delta\sigma - \Delta p_{\mathrm{m}}}{K_{\mathrm{m}}} \tag{4-37}$$

式中　φ_{m}——基质孔隙率；

　　　$\varphi_{\mathrm{m}0}$——基质初始孔隙率；

　　　$\Delta\sigma$——围压增量；

　　　Δp_{m}——孔隙压力增量；

　　　K_{m}——基质的体积模量。

W. C. Zhu 等[144]在研究示踪剂在岩石基质中的运移过程时提出岩石的扩散系数与孔隙率间存在如下关系：

$$\frac{D}{D_0} = \left(\frac{\varphi_{\mathrm{m}}}{\varphi_{\mathrm{m}0}}\right)^{\kappa} \tag{4-38}$$

式中，κ 为扩散系数与孔隙率之间的关联指数，本书取值为 $\kappa = 3$。而相关研究结果认为对于裂隙性介质，$\kappa = 3$；对于孔隙性介质，$\kappa = 2$[145-146]。对于煤基质，通常认为其内部仅包含孔隙，因而本书中取值为 $\kappa = 2$。

通常实验室测试煤粒的瓦斯扩散时均是在无围压或恒定围压条件下进行的，因此，将式(4-37)简化并代入式(4-38)可得：

$$\frac{D}{D_0} = \left(1 - \frac{1}{\varphi_{\mathrm{m}0}} \frac{p_{\mathrm{m}0} - p_{\mathrm{m}}}{K_{\mathrm{m}}}\right)^2 \tag{4-39}$$

本书将式(4-39)称为压力依赖的扩散系数(PDDC)模型。为了验证模型的可靠性，本节采用 PDDC 模型拟合 H. Xu 等[147]试验数据，结果如图 4-43 所示，可以看出 PDDC 模型能够很好地匹配试验数据，不同煤样拟合度均大于 0.97，说明该模型能够准确反映扩散系数与孔隙压力间的关系。从图 4-43 可以看出，随着孔隙压力的降低，扩散系数逐渐减小，这与扩散系数随时间的变化规律本质上是一致的。随着扩散时间的增加，煤粒内瓦斯压力逐渐降低，从而导致扩散系数逐渐减小。此外，从图中还可以看出，当孔隙压力降低到 0（即扩散时间 t 趋于∞）时，扩散系数并没有降低为 0，这也证明了残余扩散系数的存在。残余扩散系数存在的主要原因是：随着孔隙压力的降低，煤基质孔隙率逐渐减小，导致基质孔径减小，但是当压力降低为 0 时，孔隙并没有完全闭合，而是存在残余孔径，这与煤体中裂隙随外加围压变化的规律是一致的[148-149]。

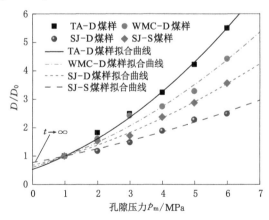

图 4-43　PDDC 模型与试验数据的拟合结果

4.6.5 煤体瓦斯扩散动力学过程数值分析

前文通过实验室试验证明煤粒的瓦斯扩散过程存在明显的尺度效应:当煤粒尺度小于完整煤基质尺度时,随着煤粒尺度的变化扩散动力学曲线存在明显的不同,当煤粒尺度大于煤基质尺度时,煤粒的扩散特性不再依赖于其尺度。此外,试验结果还表明:煤粒的扩散系数随扩散时间的增加呈指数衰减,且不同类型的煤体其衰减规律即衰减系数不同。本小节将通过数值模拟的方法检验上述试验结果的正确性,同时进一步分析不同尺度煤粒扩散过程中其内部瓦斯浓度(此处采用孔隙压力表示)分布,以及不同衰减系数下煤粒瓦斯扩散动力学曲线的差异。

(1) 瓦斯扩散动力学模型

本小节采用简化的时间依赖扩散动力学模型,并做以下假设[150]:

① 扩散系统为等温系统,不考虑瓦斯解吸导致的温度变化;

② 孔隙内瓦斯的吸附解吸满足 Langmuir 等温吸附方程;

③ 孔隙内瓦斯的扩散过程满足 Fick 扩散定律。

基于以上假设,可以得出单位质量煤基质中瓦斯含量(包括吸附态和游离态):

$$m_{\text{matrix}} = \frac{V_{\text{L}} p_{\text{m}}}{p_{\text{L}} + p_{\text{m}}} \rho_{\text{coal}} \rho_{\text{gas}} + \frac{\varphi_{\text{m}} p_{\text{m}} M}{ZRT} \tag{4-40}$$

式中　m_{matrix}——单位质量煤基质中瓦斯含量;

$\quad\quad V_{\text{L}}$——Langmuir 吸附体积常数;

$\quad\quad p_{\text{L}}$——Langmuir 吸附压力常数;

$\quad\quad p_{\text{m}}$——煤基质瓦斯压力;

$\quad\quad \rho_{\text{coal}}$——煤的密度;

$\quad\quad \rho_{\text{gas}}$——瓦斯密度;

$\quad\quad \varphi_{\text{m}}$——煤基质孔隙率;

$\quad\quad M$——CH$_4$ 分子的摩尔质量;

$\quad\quad Z$——气体压缩因子,此处取 1;

$\quad\quad R$——气体常数;

$\quad\quad T$——系统温度。

对于煤基质,其内部瓦斯含量的变化量即为通过扩散进入大气中的气体量,则由质量守恒定律可得[113]:

$$\frac{\partial m_{\text{matrix}}}{\partial t} + \nabla(-DM\,\nabla C) = 0 \tag{4-41}$$

式中　C——基质内的瓦斯浓度,可由式(4-42)式表示:

$$C = \frac{p_{\text{m}}}{ZRT} \tag{4-42}$$

将式(4-29)、式(4-40)和式(4-42)代入式(4-41)可得:

$$\left[\frac{V_0 p_{\text{L}} \rho_{\text{coal}} \rho_{\text{gas}}}{(p_{\text{m}} + p_{\text{L}})^2} + \frac{\varphi_{\text{m}} M}{ZRT} \right] \frac{\partial p_{\text{m}}}{\partial t} + \nabla\left(-\frac{(D_{\text{f0}} e^{-\xi t} + D_{\text{r}}) M}{ZRT} \nabla p_{\text{m}} \right) = 0 \tag{4-43}$$

(2) 物理模型及边界条件

双重孔隙介质假设认为煤体由立方体的煤基质以及基质间裂隙组成。为了研究煤样尺度对扩散过程的影响,本小节分别建立了边长为 0.01 mm、0.05 mm、0.1 mm、0.5 mm 和

1 mm 的立方体煤基质模型,以及由边长为 1 mm 的立方体基质组成的边长为 2 mm、3 mm 和 4 mm 的立方体裂隙煤体模型,如图 4-44 所示,其中边长 1mm 的煤粒为单一完整煤基质,小于 1mm 的煤粒模型为破碎煤基质。模拟过程中煤体的初始孔隙压力设为 2 MPa,煤基质边界以及裂隙均为狄氏边界,设置恒定压力 0.1 MPa。煤体的初始温度为 300 K,Langmuir 吸附体积常数为 0.025 m^3/kg,Langmuir 吸附压力常数为 1 MPa,基质孔隙压力为 0.05 MPa。煤基质扩散参数选用阳泉三矿煤样模型拟合参数,即 D_{f0},D_r 以及 ξ 分别为 5.95×10^{-11} m^2/s,3.7×10^{-12} m^2/s 和 0.053 s^{-1}。

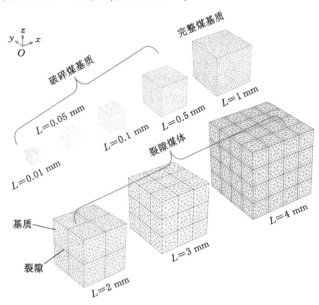

图 4-44 不同尺度煤体数值模型

(3)瓦斯扩散过程的数值模拟分析

煤粒尺度对瓦斯扩散的影响从宏观现象上看主要表现为对基质内孔隙压力的影响以及对瓦斯扩散动力学曲线的影响。

图 4-45 和图 4-46 为不同尺度煤体瓦斯扩散过程中孔隙压力空间分布云图及曲线(图 4-45 中云图横坐标为扩散时间,单位 s)。对于尺度小于 1 mm(单个完整煤基质尺度)的破碎煤基质,其孔隙压力分布存在较大差异(扩散平衡所需时间不同)。形成上述现象的原因有两个:① 尺度越小的基质,瓦斯由内部向外扩散的路径相对越短,所需时间也越少,相反,基质尺度越大,瓦斯由基质内向外扩散的路径越长,在相同扩散系数下所需时间越长,这也是导致上述现象最主要的原因;② 煤基质越小,其内部孔隙结构相对越简单,瓦斯从内部向外扩散的阻力越小,扩散时间相对较短,而对于尺度较大的煤基质,其内部孔隙结构复杂,扩散阻力较大,扩散所需时间也就越长。

对于尺度大于 1 mm(单个完整煤基质尺度)的裂隙煤体,不论其尺度多大,其达到扩散平衡所需时间相同。这是因为裂隙煤体由多个煤基质及基质间裂隙组成,假设裂隙瓦斯压力与外部环境压力相同,各基质周围环境压力保持恒定不变,则各煤基质均相当于一个独立的扩散系统。无论裂隙煤体由多少煤基质组成,扩散过程中各煤基质均保持相同的扩散特性,因此反映到宏观上则表现为含有不同基质数量的裂隙煤体扩散特性相同。如图 4-46(b)所示,不论

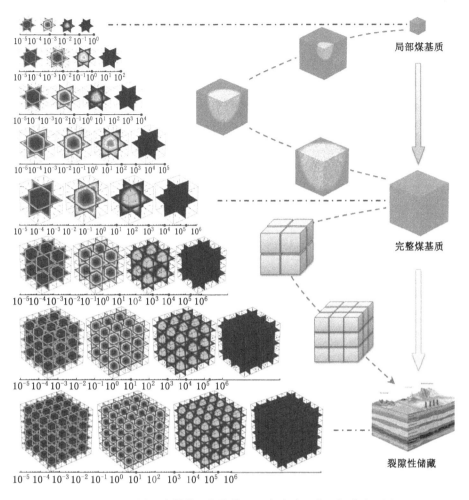

图 4-45 不同尺度煤体瓦斯扩散过程中孔隙压力空间分布云图

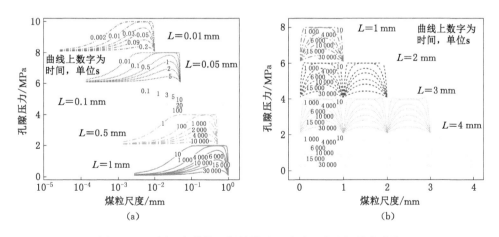

图 4-46 不同尺度煤体瓦斯扩散过程孔隙压力空间分布曲线

煤体中包含 1 个、8 个、27 个还是 64 个煤基质,各基质在扩散过程中孔隙压力均呈现出相同的变化规律。例如,当扩散时间达到 6 000 s 时,尺度为 1 mm 的煤粒中心位置的孔隙压力为 1.458 MPa,而该时刻尺度为 2 mm、3 mm 和 4 mm 的裂隙性煤粒的基质中心压力分别为 1.459 MPa、1.458 MPa 和 1.457 MPa。不同尺度煤粒基质中心孔隙压力极为接近。

上述模拟结果再次证实:当煤粒尺度小于单个完整煤基质尺度时,相同扩散时间下,煤粒尺度越大的煤基质,其中心孔隙压力越高,其达到扩散平衡所需时间越长;当煤粒尺度超过单个完整煤基质尺度时,相同扩散时间下,煤粒中心压力相同,其达到扩散平衡所需时间也相同。

图 4-47 为不同尺度煤体瓦斯扩散动力学曲线。对于尺度小于 1 mm 的破碎煤基质,从横向上看达到相同的扩散率,尺度越小的煤基质所需时间越短,且扩散达到平衡所需时间也越短;从纵向上看,相同扩散时间下,尺度越大的煤基质扩散率越低。而对于尺度大于 1 mm 的裂隙煤体,不同曲线之间差异很小,说明当煤粒尺度大于单个完整煤基质尺度时,煤粒尺度对扩散特性的影响可以忽略。此外,从图中还可以看出,不同尺度煤粒达到平衡时的极限扩散率均小于 1,这是因为模型中外部环境及裂隙压力设为 0.1 MPa,扩散平衡时,煤基质的平衡压力并不为 0,而是 0.1 MPa,从而导致平衡时煤粒中仍残存一部分瓦斯,这与实际情况是相符的。然而,数值模拟结果中不同尺度煤粒的极限扩散率相同,这与试验结果存在差异。这是因为,试验过程中考虑到达到真正的极限平衡所需时间过长,实际操作过程困难,因此,当解吸量小于一定值时即认为扩散达到平衡。

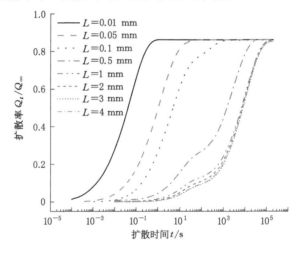

图 4-47 不同尺度煤体瓦斯扩散动力学曲线

前文的试验结果表明:随着扩散时间的增加,煤粒扩散系数逐渐衰减,且不同类型的煤体扩散系数的衰减规律不同,即不同类型煤的衰减系数不同。作者认为这主要是由不同类型煤体内部孔隙结构差异导致的。为了使研究结果具有普适性,有必要研究不同衰减系数对瓦斯扩散过程的影响。不同衰减系数下尺度为 1 mm 的煤基质内部孔隙压力的演化规律如图 4-48 所示,可以看出衰减系数越大,相同时间下煤基质中心位置的孔隙压力越高,即达到扩散平衡所需时间越长。这是因为衰减系数越大,煤粒扩散系数衰减越快,因而越到后期单位时间内的瓦斯扩散量越小,从而扩散时间相对越长。

不同衰减系数下尺度为 1 mm 的煤粒瓦斯扩散动力学曲线如图 4-49(a)所示。当衰减系数较大时(10^{-1} s^{-1}),在初期($t<100$ s)扩散率增长较慢,而衰减系数较小的两个煤样初期扩

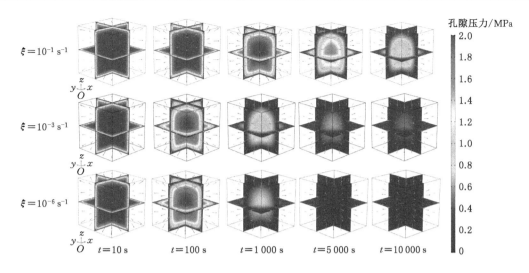

图 4-48　不同衰减系数下煤粒孔隙压力演化规律

散率增长较快。这是因为衰减系数较大的煤样对应的扩散系数快速衰减[图 4-49(b)],单位时间扩散出的瓦斯量不断减少。当时间达到 100 s 左右时,衰减系数为 10^{-1} s^{-1} 对应煤样的扩散系数衰减为残余扩散系数,因此整个扩散过程中该煤样的扩散率增长最慢。当时间大于 100 s 时,衰减系数为 10^{-3} s^{-1} 和 10^{-6} s^{-1} 对应煤样的扩散率差异逐渐显现,且越往后两者之间差异越大,但到后期差异又逐渐缩小,直至两者均达到平衡状态。这是因为从 100 s 左右开始,衰减系数为 10^{-3} s^{-1} 对应煤样扩散系数开始快速衰减,而衰减系数为 10^{-6} s^{-1} 对应煤样扩散系数仍保持缓慢衰减。当时间达到 5 000 s 左右时,衰减系数为 10^{-6} s^{-1} 对应煤样达到扩散平衡,此时两者扩散率的差值也达到最大。

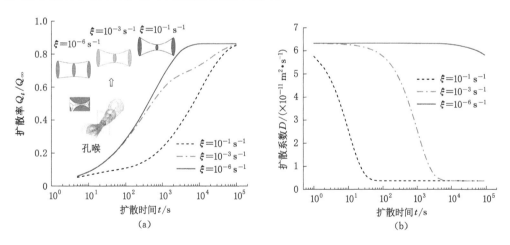

图 4-49　不同衰减系数下煤粒瓦斯扩散动力学曲线

　　导致 3 个煤样扩散系数衰减规律不同的根本原因是煤体孔隙结构的差异。而控制气体在孔隙中扩散的关键是孔喉,如图 4-49(a)所示[254]。这可以推断,衰减系数越大的煤粒对应的内部孔隙孔喉越小,反之则越大。

4.7 本章小结

（1）瓦斯在煤体内的扩散具有明显的尺度效应，该尺度效应存在临界值，当煤粒粒径小于该值时，随着粒径的增加，有效扩散系数逐渐降低；当粒径大于该临界值时，扩散系数不再发生变化。通过分析得出该临界值即为煤体的基质尺度。这一结果说明，实验室条件下测试煤的解吸、扩散特性时，只有当煤粒尺寸大于煤基质尺寸时，试验结果才能够更真实地反映现场煤储层的瓦斯储运特性。

（2）研究了不同围压、不同孔隙压力下裂隙煤体的瓦斯扩散动力学特性，结果表明：随着围压的增大、孔隙压力的减小，煤体的有效扩散系数逐渐降低。这主要因为，随着围压的升高、孔隙压力的降低，煤体有效应力增大，裂隙闭合，瓦斯在煤体内的有效扩散面积减少，因而有效扩散系数降低。通过对孔隙流体动力学过程的分析，建立了时间依赖的扩散系数模型，基于经典的单孔扩散模型构建了时间依赖的扩散动力学模型。该模型同时考虑了游离瓦斯的体积扩散以及吸附瓦斯的表面扩散。该模型与试验数据的匹配度明显高于单孔扩散模型的，从而验证了该模型的合理性。

（3）研究了不同应力路径下煤样的纵波和横波波速，分析了不同路径下气体解吸速率和累计气体解吸量，结果表明：解吸初期，随着应力的加载或卸载，纵波和横波波速呈现逐渐增大或降低的变化规律，而应力的变化对瓦斯解吸影响较小，气体解吸速率在解吸初期均逐渐降低。随着解吸时间的增加，应力的变化导致煤样的纵波和横波波速逐渐减小，气体解吸速率逐渐增大。随着应力卸载或加载至煤样峰值后，煤样发生失稳破坏，纵波和横波波速显著降低，气体解吸速率突增。随后，气体解吸速率随瓦斯压力梯度的衰减逐渐降低。应力与气体 10 min 解吸速率 $v_{CGEA-10}$ 存在显著的二次函数定量变化关系。

（4）采用数值模拟分析扩散过程中煤粒瓦斯流场的演化规律，结果表明：当煤粒尺寸小于单个完整煤基质尺度时，煤粒尺度越大，煤中孔隙压力降低越慢，达到扩散平衡所需时间越长；当煤粒尺度大于单个完整煤基质尺度时，煤粒内孔隙压力分布只与单个完整煤基质尺度有关，与煤粒的整体尺寸无关；扩散系数的衰减系数越小，煤粒内孔隙压力衰减越快，达到扩散平衡所需的时间越短。

5 瓦斯开发过程中煤层动态演化规律

煤层瓦斯开发过程中,渗透率是影响流体流动的关键参数之一。揭示煤层瓦斯抽采过程中煤体渗透率的动态演化规律对于优化抽采工艺,提高抽采效果具有重要的指导意义。但是,煤体渗透率演化是一个复杂的过程,受多种因素的影响,相关学者针对该问题开展了大量研究,并取得了一定的研究成果,但仍存在一系列亟待解决的科学问题。本书围绕原位煤层瓦斯抽采和采动煤层瓦斯抽采过程中渗透率动态演化规律开展研究,系统分析了影响煤体渗透率的主控因素及其影响规律,梳理了渗透率模型的发展历程及其存在的问题,开展了原位煤层瓦斯抽采过程中的地质力学行为及渗透率演化规律试验,建立了弹性变形煤体渗透率动态演化模型。针对采动和人工改造煤层提出了等效裂隙煤体的概念,构建了采动煤体渗透率动态演化模型。研究结果对于进一步掌握原始煤层和采动煤层瓦斯运移规律具有一定的科学意义。

5.1 煤体渗透率的主控因素及影响规律

5.1.1 煤体渗透率的主控因素

随着浅部煤炭资源的逐渐枯竭,我国煤炭开采逐步向深部延伸。进入深部以后,煤体渗透率大幅降低(相对于浅部煤层降幅可达3~4个数量级),导致煤层瓦斯抽采更加困难,瓦斯动力灾害发生频次及强度加大。图5-1中统计了鄂尔多斯及沁水盆地产煤区煤体渗透率随储层埋深的变化规律[36,151]。可以看出,整体上随着煤储层埋深的增加,煤体渗透率逐渐降低。当埋深从400 m增加到1 200 m时,煤体渗透率最大降幅达3~4个数量级。埋深的增加只是渗透率降低的间接因素,找出影响煤体渗透率变化的根本原因对于我们进一步认识煤体渗透率的变化机制、实现煤储层的改造增透有着重要意义。

为此,本书分别统计了不同矿区煤层地应力、煤层温度、煤层压力以及煤岩体的力学性质随煤层埋深的变化规律,以期初步确定影响煤体渗透率的主要影响因素,为后续煤体渗透率模型的构建提供基础支撑。

(1)地应力与煤层埋深的关系

图5-2统计了包括晋城矿区[152]、黔西地区[153]、沁南—夏店区块[154]、新汶矿区[155]、万福矿区[156]、寺河矿区[157]以及新集一矿[158]的地应力测试结果。其中 v 表示垂直主应力,H 表示最大水平主应力,h 表示最小水平主应力。可以看出不论是垂直主应力还是水平主应力均随着煤层埋深的增加而呈增大趋势。由前面的分析可以得出:煤体渗透率随着煤层埋深的增加而逐渐降低。综合以上分析,我们可以推测煤体渗透率与地应力呈负相关关系。但

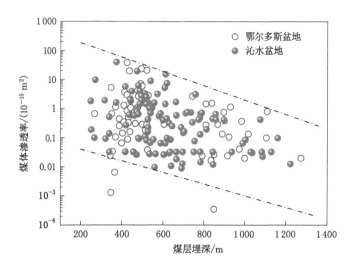

图 5-1　煤体渗透率随埋深的变化规律

是关于两者之间具体满足怎样的负相关关系还需做更加详细的测试研究与理论分析。此外,煤储层受三向应力的约束,各应力分量对煤体渗透率的控制机制及其导致的煤体渗透率的各向异性还需做更进一步的测试分析与探讨。

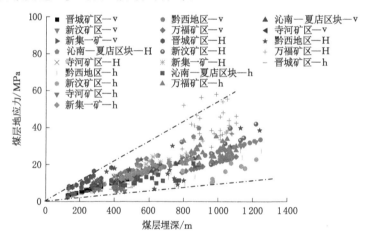

图 5-2　煤层地应力随煤层埋深的变化规律

（2）地层温度与煤层埋深的关系

图 5-3 统计了沁水盆地、涡阳矿区以及安徽丁集矿区地层温度随煤层埋深的变化规律[159-160]。可以看出,随着煤层埋深的增加,地层温度逐渐升高。当埋深从 400 m 上升到 1 200 m 时,地层温度升高约 40 ℃。由图 5-1 可知煤体渗透率与埋深呈负相关关系,因此,我们可以推测在真实地层条件下,温度的升高会导致煤体渗透率的降低。但是,关于温度与煤体渗透率间的定量关系以及温度对渗透率的影响机制还需做进一步的试验研究和理论分析。

（3）煤储层压力与煤层埋深的关系

作为煤层内瓦斯运移的驱动力,煤储层瓦斯压力必然对储层渗透率有着重要影响。为

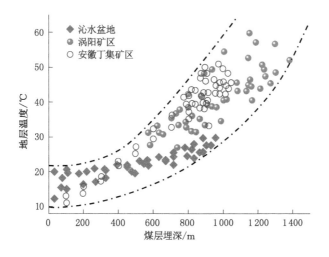

图 5-3　地层温度随煤层埋深的变化规律

此,我们统计了山西柳林、黔西地区、鄂尔多斯、安徽等地的 8 个矿区煤层瓦斯压力随埋深的变化规律[153-154,160-162],如图 5-4 所示。可以看出随着储层埋深的增加,储层瓦斯压力呈显著增大的趋势。当埋深由 400 m 增加到 1 200 m 时,煤层瓦斯压力最大增加约 10 MPa。结合图 5-1,我们可以推测煤层瓦斯压力与储层渗透率之间存在一定的相关性。两者间具体的定量关系及影响机制还需开展进一步的试验研究及理论分析。

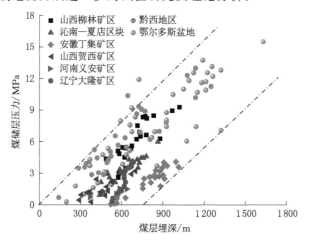

图 5-4　煤储层压力随煤层埋深的变化规律

（4）煤岩体力学性质与煤层埋深的关系

煤体渗透率的变化主要是由于煤体发生了变形,导致裂隙的开度发生了变化。因此,研究煤体的力学参数,尤其是控制煤体变形的参数,如弹性模量、泊松比等对于进一步了解煤体渗透率的变化机理有着重要意义。为此,本书统计了煤岩体的弹性模量随煤层埋深的变化规律,如图 5-5 所示。图中包括岩石和煤体弹性模量的变化规律。可以看出岩石的弹性模量随着埋深的增加逐渐增大,而煤体的弹性模量随着埋深的增加先快速增加,后趋于平缓。掌握煤岩体弹性模量随深度的变化规律,就能进一步掌握煤体进入深部以后的变形特性,为掌握深部煤体渗透率的变化规律奠定基础。

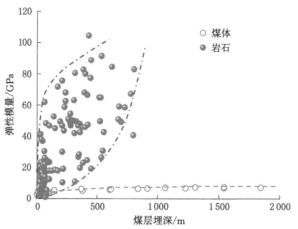

图 5-5　煤岩体弹性模量随煤层埋深的变化规律[43-44]

此外,煤岩体泊松比与地应力呈负相关关系,地应力越高,煤岩体的泊松比越小[44]。由前面的分析我们知道,煤岩体的地应力与煤岩体的埋深呈正相关关系,因而,我们可以推测出泊松比与煤层埋深呈负相关关系,即埋深越大,煤岩体的泊松比越小。然而,关于煤岩体的力学特性对煤体渗透率的影响机制及两者间的定量关系还需做进一步的研究探讨。

除了以上分析的煤体渗透率可能的影响因素外,煤体对气体的吸附能力、流体介质的种类(如 CH_4、N_2、CO_2 等)、煤体的含水量以及煤体自身的孔-裂隙结构等都可能会影响煤体渗透率。

5.1.2　煤体渗透率测试的基本原理

前文基于现场测试数据的统计结果,初步分析了影响煤体渗透率的主要因素,并推测了其可能的影响规律。但是关于这些影响因素与煤体渗透率间的定量关系尚不清楚,需要进一步开展相关的测试工作。研究煤体渗透率与其各影响因素间的定量关系的方法包括现场测试及实验室测试两种。但是,由于现场测试工程量大、成本高,且测试结果离散性大,目前较少采用。因此,实验室测试煤体渗透率与各影响因素间的定量关系成为目前开展相关研究的主要手段。

实验室测试煤体渗透率的方法主要包括瞬态法和稳态法两种。以下将重点介绍这两种测试方法的基本原理、试验设备及试验过程。

(1) 瞬态法

瞬态法是实验室测试煤体渗透率的常用方法之一。该方法由 W. F. Brace 等[163]于 1968 年提出,被广泛应用于非常规气藏岩石,尤其是低渗透煤岩(渗透率低于 1 mD,1 mD = 0.987×10^{-3} μm^2)的渗透率测试。

图 5-6 给出了瞬态法测试煤岩体渗透率设备的基本原理。该设备包括上下游两个罐体、三轴夹持器以及夹持器与罐体之间的压力传感器三部分[164]。

试验时,首先为上游罐体充气,然后打开上游罐体与夹持器之间的阀门,使上游罐体内的气体通过煤样进入下游罐体内,记录上下游罐体内的压力变化,待上下游罐体内的压力差降低到指定值以下时停止试验。上下游罐体内压力随时间变化的曲线可通过公式(5-1)进

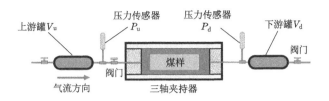

图 5-6　瞬态法基本原理

行拟合[165]：

$$P_u - P_d = e^{-\alpha t}(P_{u0} - P_{d0})\qquad(5\text{-}1)$$

式中　P_u, P_d ——t 时刻上下游罐体内的气体压力；

　　　P_{u0}, P_{d0} ——为初始时刻上下游罐体内的气体压力；

　　　α ——拟合系数，可由公式（5-2）计算：

$$\alpha = \frac{kA}{\mu\beta L}\left(\frac{1}{V_u} + \frac{1}{V_d}\right)\qquad(5\text{-}2)$$

式中　k——煤体渗透率；

　　　μ——气体动力黏度；

　　　β——气体的等温可压缩系数；

　　　A, L——煤样的截面积和高度；

　　　V_u, V_d——上下游罐体的体积。

图 5-7 为采用瞬态法测试页岩渗透率时得到的上下游罐体压力-时间曲线，采用公式（5-1）对其进行拟合可以得到拟合系数 α，然后将得到的 α 代入公式（5-2）即可计算出该条件下介质的渗透率。

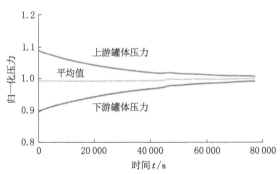

图 5-7　瞬态法测试结果[166]

（2）稳态法

稳态法是目前实验室测试煤体渗透率最常用的方法。图 5-8 给出了该方法测试煤体渗透率的基本原理。测试系统主要包括安设在进气口和出气口的压力传感器、三轴夹持器以及安设在出气口的流量计。

试验时，首先打开进气口阀门，向三维夹持器内充气，待煤样吸附饱和后，打开出气口阀门，待出气口流量稳定时读取流量，并记录此时进气口和出气口的压力传感器示数。则该条件下煤样的渗透率可由式（5-3）或式（5-4）计算得到[167-169]：

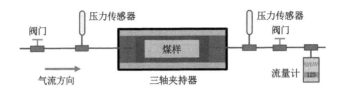

图 5-8　稳态法基本原理

$$k = \frac{\mu Q L}{A(P_{in} - P_{out})} \tag{5-3}$$

$$k = \frac{2\mu Q L P_{out}}{A(P_{in}^2 - P_{out}^2)} \tag{5-4}$$

式中　k——煤体渗透率；

　　　μ——气体动力黏度；

　　　Q——气体流量；

　　　A,L——煤样的截面积和高度；

　　　P_{in},P_{out}——进气口和出气口压力。

对比式(5-3)和式(5-4)可以发现：由于进气口压力总是大于出气口压力，因此采用公式(5-3)计算的煤体渗透率一般高于公式(5-4)的计算结果。通常公式(5-4)在相关文献中更为常见。

5.1.3　不同因素对煤体渗透率的影响规律

在5.1.1小节中，初步分析了煤体渗透率可能的影响因素，并得出了各影响因素与渗透率间初步的关系。但是，关于这些影响因素与煤体渗透率间的定量关系及其对渗透率的影响机制尚不清晰。本小节计划通过实验室测试，并结合相关的理论分析对其做进一步的研究，以期建立渗透率与各影响因素间的定量关系，厘清渗透率变化的内在机制。本小节中所有的测试结果均由稳态法获得，渗透率计算采用公式(5-4)。

为了系统研究各因素对煤体渗透率的影响规律，将影响因素分为三大类：① 煤体所处的外界环境，主要包括应力环境、孔隙压力、温度等；② 煤体自身的物理力学及结构特性，主要包括煤体对气体的吸附能力、煤体的力学变形能力、煤体的孔-裂隙结构等；③ 测试所采用的流体介质。以下将对各因素对渗透率的影响规律做进一步的分析。

（1）围压对渗透率的影响

冯增朝等[170]通过试验研究了山西晋城的无烟煤在不同孔隙压力下煤体渗透率随围压的变化规律。试验采用氮气为流体介质，分别研究了孔隙压力在 1 MPa、2 MPa、3 MPa 和 4 MPa 条件下煤体渗透率随围压的变化。试验结果如图 5-9 所示。可以看出，在恒定孔隙压力下，煤体渗透率随围压的升高呈指数降低的趋势。

袁梅[171]认为在恒定孔隙压力下，煤体的渗透率与围压之间满足以下关系：

$$k = a e^{-b(\sigma - p_0)} \tag{5-5}$$

式中　a,b——拟合系数；

　　　σ——围压；

　　　p_0——孔隙压力。

采用上述公式对图 5-9 的试验数据进行拟合，发现两者能够较好地匹配，拟合系数均在

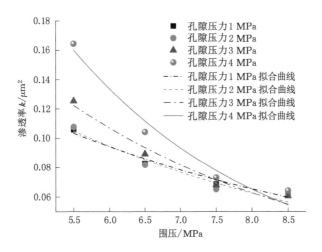

图 5-9　煤体渗透率随围压的变化规律

0.9 以上。

尽管公式(5-5)能够较好地拟合试验测试结果,但其毕竟为经验公式,其本质机理还需进一步探讨。

煤体的渗透率主要与裂隙的开度有关,而裂隙开度又是垂直于裂隙面应力的函数。根据 H. H. Liu 等[148]的研究结果,煤体裂隙总开度与其所受应力间存在如下关系:

$$b_t = b_r + b_f \exp(-C_f \sigma_f) \tag{5-6}$$

式中　b_r, b_f——残余裂隙开度和应力敏感裂隙开度;

　　　　b_t——裂隙总开度;

　　　　C_f——裂隙压缩系数;

　　　　σ_f——裂隙表面的正应力。

基于公式(5-6)及立方定律,不同应力水平下的煤体渗透率可表示为:

$$\frac{k}{k_0} = \left[\frac{\dfrac{b_r}{b_f} + e^{-C_f \sigma_f}}{\dfrac{b_r}{b_f} + e^{-C_f \sigma_0}} \right]^3 \tag{5-7}$$

式中　k_0——初始渗透率;

　　　　σ_0——初始地应力。

假设煤体残余裂隙开度为 0,则上式可简化为:

$$k = k_0 \exp[-3C_f(\sigma_f - \sigma_0)] \tag{5-8}$$

比较式(5-5)和式(5-8),发现两者在形式上是一致的,说明以上经验公式是合理的。

(2)孔隙压力对渗透率的影响

煤体为典型的多孔介质,其对特定的气体,如 CO_2、CH_4、N_2 等具有吸附性。吸附气体后,煤体会产生膨胀变形,从而改变煤体内的裂隙开度及渗透率。而煤体膨胀变形的大小与吸附平衡时的孔隙压力有着密切的关系。相关研究成果表明,煤体吸附膨胀变形量与孔隙压力间满足 Langmuir 形式的方程[21,172]。此外,煤层气排采现场经验表明,随着排采的进行(孔隙压力逐渐降低),煤体的渗透率发生显著变化。为此,有必要研究孔隙压力对渗透率的影响规律。

许江等[173]采用自主研发的含瓦斯煤热流固耦合三轴伺服渗流装置研究了赵庄矿 3# 煤层煤样在恒定有效围压下渗透率随孔隙压力的变化规律,结果如图 5-10 所示。整体上随着孔隙压力的增加,煤体渗透率逐渐降低。基于该试验结果,他们通过分析得出导致渗透率随孔隙压力降低的主要原因:孔隙压力的升高导致煤体的孔隙压力敏感性系数逐渐降低,从而改变了煤体渗透率。文章通过拟合得出:孔隙压力敏感性系数与孔隙压力间满足幂函数关系,将该结论代入渗透率方程中得到了孔隙压力与渗透率间的经验公式:

$$k = k_0 \left[1 - \frac{m}{1-n} (p^{1-n} - p_0^{1-n}) \right] \tag{5-9}$$

式中　m, n——拟合系数。

采用上述公式对图 5-10(a)的试验数据进行拟合发现两者具有很好的匹配关系。说明在该试验条件下,以上公式具有合理性。

然而,对于图 5-10(b)中的试验数据[174],该公式就无法进行合理的匹配。在低压条件下,随着孔隙压力的增加渗透率逐渐降低,上述公式能合理反映这一变化规律,但随着孔隙压力的进一步增加,渗透率出现增加的现象,此时,公式(5-9)无法反映渗透率随孔隙压力的变化规律。

相关的研究成果表明,煤体渗透率的变化主要受有效应力及吸附膨胀变形两个相互竞争的因素的控制[174-175]。形成图 5-10(b)中变化规律的原因是,在低压阶段,随着孔隙压力的增加,煤体吸附瓦斯量逐渐升高,导致膨胀变形增加,降低了煤体内裂隙的开度,从而导致渗透率逐渐降低;进入高压阶段以后,煤体的吸附膨胀变形量随孔隙压力的增加不再有明显的增加,但此时孔隙压力的增加会导致有效应力的显著降低,从而导致煤体渗透率的反弹。

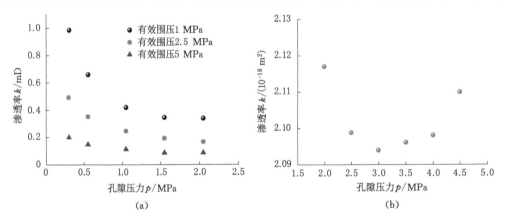

图 5-10　渗透率随孔隙压力的变化规律

（3）温度对渗透率的影响

煤体受热会产生膨胀变形,在围压约束下,部分膨胀变形用于改变煤体体积,其余膨胀变形用于改变煤体裂隙开度,从而影响煤体渗透率。此外,温度的增加会降低煤体的瓦斯吸附量,减小煤体的吸附膨胀变形,从而改变煤体渗透率。综合上述观点,我们认为温度对煤体渗透率有着一定程度的影响。

袁梅[171]研究恒定有效应力条件下煤体渗透率随温度的变化规律,研究结果如图 5-11

所示。可以看出随着温度的增加,煤体渗透率逐渐降低。基于对试验结果的分析,认为煤体渗透率与温度之间存在如下幂函数关系:

$$k = aT^{-b} \tag{5-10}$$

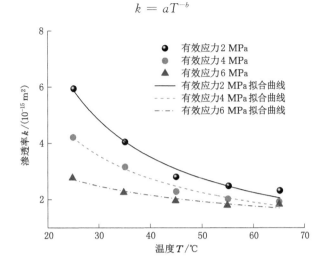

图 5-11　渗透率随温度的变化规律

采用该式对试验结果进行拟合发现两者吻合度较高,说明该条件下采用公式(5-10)描述渗透率与温度之间的关系具有一定的合理性。但是,该公式毕竟是基于唯象理论提出的,无法解释温度对渗透率的影响机制。

为了揭示温度对渗透率影响的本质,需从温度对煤体物理力学性质影响的角度建立两者的关系模型。在建立模型时应当同时考虑以下两个方面:

① 温度的变化会改变煤体对气体的吸附量,从而改变煤体的膨胀变形。关于温度对吸附膨胀变形的影响可由以下公式表示[67]:

$$\Delta\varepsilon_m^S = \varepsilon_L \left(\frac{p_m}{p_L + p_m} - \frac{p_{m0}}{p_L + p_{m0}} \right) \exp\left[-\frac{d_2}{1 + d_1 p_m}(T - T_0) \right] \tag{5-11}$$

式中　$\Delta\varepsilon_m^S$——吸附膨胀应变;

　　　d_1, d_2——系数。

② 煤体受热发生的膨胀变形,这部分的变形量可由公式(5-12)计算[176]:

$$\Delta\varepsilon_m^T = \alpha_T(T - T_0) \tag{5-12}$$

式中　$\Delta\varepsilon_m^T$——热膨胀应变。

将上述两个因温度变化而引起的煤体变形耦合到孔隙率方程中,结合立方定律即可建立渗透率与温度间的定量关系。

（4）含水率对渗透率的影响

排水降压法是煤层气开采最常用的方法之一,通过排出煤层中的水,实现储层压力的降低,促进煤层中 CH_4 气体的流动[177]。此外,煤矿井下实施煤层注水、水力压裂、水力割缝等水力化措施后,通常会存在"水锁效应",阻碍瓦斯流动[121]。因此,有必要研究煤层的含水率对其渗透率的影响规律。

魏建平等[178]以平煤集团方山矿二$_1$煤层的煤样为研究对象,获得了恒定围压下煤体渗透率随含水率的变化规律,结果如图 5-12 所示。可以看出:随着含水率的增加,煤体渗透率

逐渐降低。基于试验现象,作者对所得数据进行了拟合,得出煤体渗透率与含水率间满足以下负指数关系:

$$k = ae^{-bs}$$ (5-13)

式中 a,b——拟合系数;

      s——含水率。

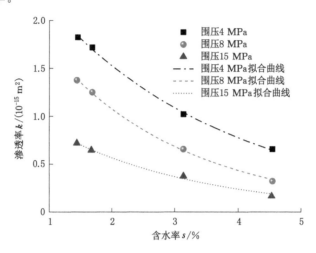

图 5-12 渗透率随含水率的变化规律

魏建平等[178]认为渗透率之所以随着含水率的增加而逐渐降低是因为:煤对水的吸附性要强于对 CH_4 的吸附性,随着煤中含水率的增加,煤体孔隙优先被水分子占据,导致 CH_4 在煤中的有效渗流通道变窄甚至完全闭合,从而导致渗透率降低。

上述原因诚然会导致煤体渗透率的降低。但通常,煤体的渗透率主要取决于裂隙开度的大小,孔隙对渗透率的贡献相对较小。本书认为导致煤体渗透率随水率逐渐降低的原因有两个:

① 随着含水率的增加,水分逐渐占据了裂隙表面,导致裂隙开度相对减小,瓦斯运移阻力增加,渗透率降低;

② 煤体吸附水分子后同样会发生膨胀变形,且含水率越高,煤体吸附的水量越大,则煤体的膨胀变形也就越大,从而导致煤体裂隙开度减小,降低煤体的渗透率,该情况下含水率增加对煤体渗透率的影响与孔隙压力增加对煤体渗透率的影响具有相似性。

（5）孔-裂隙结构对渗透率的影响

煤储层为典型的双重孔隙介质,其渗透率的大小受孔-裂隙结构参数的控制。但目前关于孔-裂隙参数对渗透率的影响规律尚不清晰。

刘永茜等[145]测试了神华乌海能源公司平沟煤矿原煤样(PG-1、PG-2)、天地科技公司王坡煤矿原煤样(WP-1、WP-2)和晋煤集团寺河煤矿原煤样(SH-1、SH-2)渗透率随有效应力的变化规律。测试结果如图 5-13 所示,可以看出随着有效应力的增加,渗透率整体上呈降低趋势,并且不同煤样其渗透率大小存在明显差异。

为了分析煤样结构对渗透率的控制机制,文章对每个煤样的裂隙产状进行了统计,统计结果如表 5-1 所列。其中 Ⅰ 型裂隙指长度大于 $1\,000\,\mu m$、开度大于 $1\,\mu m$ 的裂隙;Ⅱ 型裂隙

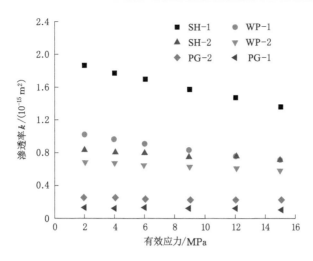

图 5-13 渗透率随有效应力的变化规律

指长度 100～1 000 μm、开度大于 1 μm 或长度大于 1 000 μm、开度小于或等于 1 μm 的裂隙；Ⅲ型裂隙指开度小于 1 000 μm、开度小于或等于 1 μm 的裂隙。

表 5-1 不同煤体孔-裂隙统计参数

煤样编号	裂隙密度/[条·(9 cm²)⁻¹]				裂隙平均长度/μm	孔隙率/%
	Ⅰ型裂隙	Ⅱ型裂隙	Ⅲ型裂隙	合计		
PG-1	28	45	56	129	282.48	3.26
PG-2	32	46	49	127	362.36	4.73
WP-1	42	78	77	197	926.91	5.67
WP-2	39	37	66	142	695.89	4.32
SH-1	65	63	48	176	1 013.39	7.55
SH-2	47	35	53	135	889.58	4.54

采用该论文中的统计数据及试验测试结果,我们尝试对不同煤体的孔-裂隙参数与煤体的渗透率进行关联分析,试图找出各参数与渗透率间的相关关系。分析结果如图 5-14 所示。

从图中可以看出煤体渗透率与Ⅰ型裂隙密度呈正相关关系,而与Ⅱ型、Ⅲ型裂隙密度间的关系较为复杂,这说明裂隙的长度越长,开度越大,其对煤体的渗透率影响越显著。

总体上看,随着裂隙总密度的增加,煤体渗透率先升高后降低。分析认为:当煤体内的裂隙总密度水平较低时,随着裂隙总密度的增加,煤体内流体运移的通道增加,导致煤体渗透率升高,当煤体内的裂隙总密度达到一定程度时,煤体在围压作用下很容易被压实,导致渗透率出现降低的现象。

图 5-14(e)为煤体裂隙平均长度与渗透率的关系。可以看出两者呈正相关关系,即随着裂隙平均长度的增加,煤体渗透率逐渐升高。这是因为,煤体内的裂隙平均长度长,说明煤体含有相对较多的贯通裂隙,其对渗透率的贡献较大;此外,裂隙平均长度长,说明该煤体内部裂隙连通性好,因而渗透率高。

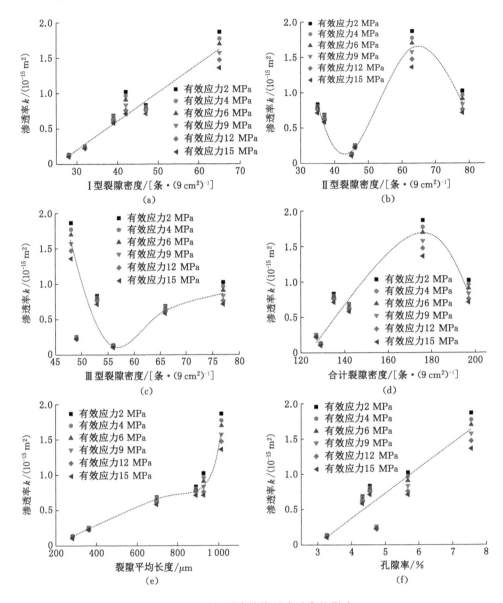

图 5-14 孔-裂隙结构对渗透率的影响

图 5-14(f)为煤体孔隙率与渗透率间的关系。可以看出,随着煤体孔隙率的增加,煤体渗透率也逐渐升高。这是因为,煤体孔隙率高,说明其内部含有更多的流体运移通道,流体运移阻力低,渗透率高。

(6) 流体介质对渗透率的影响

为了研究不同流体介质对煤体渗透率的影响,袁梅[171]开展流体介质为 He、CH_4 以及 CO_2 时煤体渗透率随孔隙压力的变化规律。测试结果如图 5-15 所示。可以看出随着孔隙压力的增加,渗透率逐渐降低,这与图 5-10(a)的测试结果一致。此外,发现相同条件下,流体介质为 He 时煤体的渗透率最高,CH_4 时的次之,CO_2 时的最低。

在相同条件下,煤体对 CO_2 的吸附量最高,对 CH_4 的次之,对 He 几乎不吸附。从而我们可以得出：造成上述试验现象的原因是同样条件下，煤体对 CO_2 的吸附量最高，导致煤体吸附膨胀变形量最大，则裂隙开度降低也最大，从而导致渗透率最低，CH_4 同理，对于 He，煤体对其几乎不吸附，因此充气后，煤体裂隙开度不会因为吸附而降低，因而其渗透率最高。

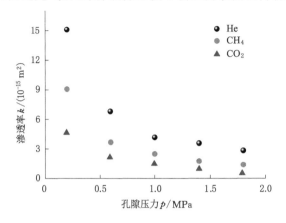

图 5-15　渗透率随含水率的变化规律

5.2　经典渗透率模型及发展过程

5.2.1　渗透率模型发展过程

渗透率是定量评估煤层气开发以及煤矿瓦斯抽采效果的关键参数之一，定量研究煤体渗透率的动态演化规律对于煤层气产能预测、瓦斯抽采钻孔的优化布置以及瓦斯动力灾害防治等具有重要意义[121,177]。构建煤体渗透率模型的关键在于建立煤体的物理结构模型[178]。通常认为煤体为双重孔隙介质，由煤基质及裂隙组成，其中，煤基质又包含基质孔隙和煤体骨架。为了简化建模过程，相关学者提出了立方模型、火柴杆模型、球形模型、毛细管模型，如图 5-16 所示，其中火柴杆模型和立方模型是目前研究渗透率模型最常用的煤体物理结构模型[145]。基于以上煤体物理结构模型，相关学者建立了大量的渗透率模型。

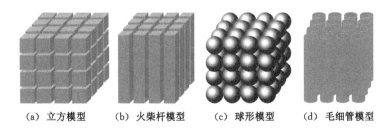

（a）立方模型　　（b）火柴杆模型　　（c）球形模型　　（d）毛细管模型

图 5-16　煤体简化物理结构模型

20 世纪 60 年代，周世宁认为瓦斯的流动基本符合 Darcy 定律，在我国首次提出了瓦斯渗流理论[179]。研究认为裂隙系统对煤层瓦斯流动起控制作用[180]。这些研究成果奠定了我国煤层瓦斯渗流研究的理论基础[17,181]。此后，众多学者对上述瓦斯流动理论模型进行了修正和完善。郭勇义等[182]结合相似理论,引入 Langmuir 等温吸附方程,建立了修正的瓦斯流动方程。孙培德[183]建立了可压缩瓦斯非线性渗流模型,认为幂定律更符合煤层内的瓦斯流动。余楚新等[184]假设煤体瓦斯吸附解吸完全可逆,建立了瓦斯渗流控制方程。周军平等[185]共同探讨了地应力、孔隙压力、温度等对煤的渗透率的影响,建立了相关理论模型。林柏泉等[186]通过试验研究了恒定围压下含瓦斯煤体孔隙压力对渗透率和吸附变形的影响,得出渗透率和煤样变形与孔隙压力之间呈指数关系。胡耀青[187]、赵阳升等[188]通过试验揭示了气体吸附作用和变形作用对渗流的影响,得出煤样渗透率随孔隙压力呈抛物线形变化。傅雪海等[189]研究了恒定有效应力和孔隙压力下,煤体渗透率随围压的变化规律,并建立了煤体渗透率随裂隙面密度、裂隙产状和裂隙宽度演化的预测数学模型。

W. K. Sawyer 等[190]于 1990 年提出了第一个半经验性的渗透率模型,从此各国学者开始探索通过理论模型描述煤体渗透率变化的途径。1998 年 I. Palmer 和 J. Mansoori[191]提出了经典的 P&M 渗透率模型,此后煤体渗透率模型研究更是进入了快车道,不断有新的模型面世。J. S. Liu 等[23]以及 Z. J. Pan 等[192]分别于 2011 年和 2012 年在《International Journal of Coal Geology》发表综述文章总结煤体渗透率模型的研究成果。需要说明的是,本节列举的煤体渗透率模型都是绝对渗透率模型,水-气两相流的相对渗透率模型不在本节的讨论范围之内。按模型推导的出发点不同,目前的煤体渗透率模型大致可划分为两类:一类是基于应力变化推导的渗透率模型,另一类是基于孔隙率变化推导的渗透率模型。本书将前者称为应力型渗透率模型,将后者称为孔隙率型渗透率模型。应力型渗透率模型的雏形如下式所示[193-194]:

$$\frac{k}{k_0} = e^{-3C_{\text{cleat}}(\sigma-\sigma_0)} \tag{5-14}$$

式中　k_0——煤层初始渗透率;

　　　C_{cleat}——节理的压缩系数;

　　　σ——应力,在不同模型中 σ 的定义不同;

　　　σ_0——σ 的初始值。

孔隙率型渗透率模型的雏形如下式所示[195]:

$$\frac{k}{k_0} = \left(\frac{\varphi}{\varphi_0}\right)^{\beta} \tag{5-15}$$

式中　φ——孔隙率;

　　　φ_0——初始孔隙率;

　　　β——常数。

在各向同性假设下,式(5-15)中的孔隙率是体孔隙率。

按边界条件划分,目前的煤体渗透率模型可以划分为三类:第一类是单轴应变边界条件下的渗透率模型,此类模型主要用于模拟和预测煤层气开采过程中煤体渗透率的变化;第二类是恒定围压边界条件下的渗透率模型,此类模型主要用于模拟和预测煤体渗透率室内试验过程中煤样渗透率的变化;第三类是无特定边界条件的渗透率模型,此类模型不局限于特定的边界条件,而是可以根据不同的边界条件展开成不同的形式,与前两类渗透率模型相比,此类模型的应用范围更广,但模型表达式也更复杂。部分有代表性的煤体渗透率模型如表 5-2 所列。

表 5-2 部分有代表性的煤体渗透率模型

发表时间	模型名称	作者	边界条件	类型
1990	ARI 模型	W. K. Sawyer G. W. Paul R. A. Schraufnagel	—	孔隙率型
1996	Levine 模型	J. R. Levine	—	孔隙率型
1998	P&M 模型	I. Palmer J. Mansoori	单轴应变	孔隙率型
2004	S&D 模型	J. Q. Shi S. Durucan	单轴应变	应力型
2005	C&B 模型	X. J. Cui R. M. Bustin	单轴应变	应力型和孔隙率型
2008	Z&L&E 模型	H. B. Zhang J. S. Liu D. Elsworth	无特定边界条件	孔隙率型
2010	L&R 模型	H. H. Liu J. Rutqvist	单轴应变 和恒定围压	应力型
2010	C&L&P 模型	L. D. Connell M. Lu Z. J. Pan	无特定边界条件	孔隙率型

注:—表示文中没有说明。

表 5-2 中列举了目前有代表性的煤体渗透率模型,基本涵盖了目前各边界条件下主流的渗透率模型,其中三个(P&M 模型、S&D 模型和 C&B 模型)专门针对单轴应变边界条件推导,H. H. Liu 和 J. Rutqvist[148]也针对单轴应变边界条件推导了相应的渗透率模型,说明单轴应变条件下的渗透率模型是煤体渗透率模型家族中最重要的一类。此外,除了表 5-2 中列举的渗透率模型,有的学者还对这些模型进行了改进,使模型的计算结果更合理、更接近实际情况。

5.2.2 经典渗透率模型及其对比

（1）ARI 模型[190]

ARI 模型由 W. K. Sawyer 等人于 1990 年提出,该模型没有明确的边界条件。ARI 模型的表达式为:

$$\frac{k}{k_0} = \left[1 + C_{cleat}(p - p_0) - C_{matrix}\frac{1-\varphi_0}{\varphi_0}\frac{\Delta p_0}{\Delta C_0}(C - C_0)\right]^3 \tag{5-16}$$

$$C = \frac{V_L p}{p_L + p} \tag{5-17}$$

式中 C_{matrix}——煤基质的压缩系数;

p——孔隙压力;

p_0——初始孔隙压力;

C——煤中的 CH_4 含量；

C_0——初始状态下煤中的 CH_4 含量；

$\Delta p_0, \Delta C_0$——初始解吸压力下的最大孔隙压力变化和最大 CH_4 含量变化；

V_L, p_L——Langmuir 吸附常数，其中 V_L 表示单位体积或单位质量可燃基对 CH_4 的极限吸附量，p_L 表示吸附量等于 V_L 的二分之一时对应的孔隙压力。

将式(5-17)代入式(5-16)得：

$$\frac{k}{k_0} = \left[1 + C_{\text{cleat}}(p - p_0) - C_{\text{matrix}} \frac{1-\varphi_0}{\varphi_0} \frac{\Delta p_0}{\Delta C_0} \left(\frac{V_L p}{p_L + p} - \frac{V_L p_0}{p_L + p_0} \right) \right]^3 \tag{5-18}$$

式(5-18)即为 ARI 模型的最终形态。ARI 模型只是半经验的渗透率模型，因为该模型并没有明确的边界条件，也没有严格的推导过程。但是该模型却是第一个可查的同时考虑力学作用和气体吸附对渗透率综合影响的煤体渗透率模型，因此该模型在整个煤体渗透率模型家族中拥有举足轻重的地位。

（2）Levine 模型[196]

Levine 模型由 J. R. Levine 于 1996 年提出，该模型没有明确的边界条件。Levine 模型的表达式为：

$$k = \frac{b^3}{12a} \tag{5-19}$$

式中　a——裂隙间距；

b——裂隙开度。

裂隙开度的变化可由下式表示：

$$\frac{b}{a} = \frac{b_0}{a} + \frac{1-2\nu}{E}(p - p_0) - \Delta\varepsilon_s \tag{5-20}$$

式中　ν——泊松比；

E——弹性模量；

$\Delta\varepsilon_s$——煤基质吸附瓦斯产生的体积应变增量。

在式(5-20)中，裂隙开度与裂隙间距之比即为孔隙率，所以式(5-20)可进一步整理为：

$$\varphi = \varphi_0 + \frac{1-2\nu}{E}(p - p_0) - \Delta\varepsilon_s \tag{5-21}$$

煤基质的吸附应变 ε_s 可由 Langmuir 形式的吸附应变方程表示[33]：

$$\varepsilon_s = \frac{\varepsilon_L p}{p_\varepsilon + p} \tag{5-22}$$

式中，ε_L 和 p_ε 为 Langmuir 式吸附常数，其中 ε_L 表示煤基质的极限吸附体积应变；p_ε 表示吸附应变等于 ε_L 的二分之一时对应的孔隙压力。

结合式(5-19)、式(5-21)和式(5-22)可以得到：

$$\frac{k}{k_0} = \left\{ 1 + \frac{1}{\varphi_0} \left[\frac{1-2\nu}{E}(p - p_0) - \left(\frac{\varepsilon_L p}{p_\varepsilon + p} - \frac{\varepsilon_L p_0}{p_\varepsilon + p_0} \right) \right] \right\}^3 \tag{5-23}$$

从严格意义上讲，Levine 模型也不是真正的理论模型，因为该模型也没有明确的边界条件和严格的推导过程。但是 J. R. Levine[196] 通过吸附试验首次发现煤的吸附膨胀变形与孔隙压力的关系也符合 Langmuir 方程，从此吸附对渗透率的影响可以直接通过应变的形式表示，而无需由吸附量间接表示。自 Levine 模型之后，众多煤体渗透率模型在模型推导时都采用式(5-22)表示气体吸附对渗透率的影响,所以 Levine 模型在整个煤体渗透率模型家族中也具有举足轻重的地位。

（3）P&M 模型[195]

P&M 模型由 I. Palmer 和 J. Mansoori 于 1998 年提出,该模型的边界条件为单轴应变条件。P&M 模型的表达式为:

$$\frac{k}{k_0} = \left\{1 + \frac{1}{\varphi_0}\left[C_{\text{matrix}}(p - p_0) + (\frac{K}{M} - 1)(\frac{\varepsilon_L p}{p_\varepsilon + p} - \frac{\varepsilon_L p_0}{p_\varepsilon + p_0})\right]\right\}^3 \tag{5-24}$$

式中　K——煤的体积模量;

　　　M——煤的轴向约束模量;这两个参数可由弹性模量和泊松比表示:

$$K = \frac{E}{3(1 - 2\nu)} \tag{5-25}$$

$$M = \frac{E(1 - \nu)}{(1 + \nu)(1 - 2\nu)} \tag{5-26}$$

C_{matrix}可由下式计算:

$$C_{\text{matrix}} = \frac{1}{M} + (\frac{K}{M} + f - 1)C_{\text{grain}} \tag{5-27}$$

式中　f——从 0 到 1 的系数;

　　　C_{grain}——煤粒的压缩系数。

P&M 模型具有明确的边界条件(单轴应变边界条件)和严格的理论推导过程,是第一个真正意义上的煤体渗透率理论模型。以 P&M 模型的提出为分水岭,整个煤体渗透率模型的研究历史被划分成两个时代。在 P&M 模型提出以前,煤体渗透率模型以经验和半经验模型为主,这些模型在理论的严谨性上有一定缺陷。自 P&M 模型提出以后,煤体渗透率模型的研究才真正进入严格的理论研究时代,模型的推导在明确的边界条件下进行,推导过程也追求准确性和严谨性。

（4）S&D 模型[72]

S&D 模型由 J. Q. Shi 和 S. Durucan 于 2004 年提出,该模型的边界条件为单轴应变条件。S&D 模型的表达式为:

$$\frac{k}{k_0} = e^{-3C_{\text{cleat}}\left[-\frac{\nu}{1 - \nu}(p - p_0) + \frac{E}{3(1 - 2\nu)}(\frac{\varepsilon_L p}{p_\varepsilon + p} - \frac{\varepsilon_L p_0}{p_\varepsilon + p_0})\right]} \tag{5-28}$$

S&D 模型是以水平应力为出发点推导的,该模型是应力型煤体渗透率模型的代表。S&D 模型在煤层气开采数值模拟和产能预测中的应用比较广泛,在学术界和工业界具有相当的知名度。

（5）C&B 模型[21]

C&B 模型由 X. J. Cui 和 R. M. Bustin 于 2005 年提出,该模型的边界条件是单轴应变条件。C&B 模型有应力型和孔隙率型两个版本,其中应力型模型的表达式为:

$$\frac{k}{k_0} = e^{-3C_{\text{cleat}}\left[-\frac{(1 + \nu)}{3(1 - \nu)}(p - p_0) + \frac{2E}{9(1 - \nu)}(\frac{\varepsilon_L p}{p_\varepsilon + p} - \frac{\varepsilon_L p_0}{p_\varepsilon + p_0})\right]} \tag{5-29}$$

孔隙率型模型的表达式为:

$$\frac{k}{k_0} = \left\{1 + \frac{1}{\varphi_0}\left[-\frac{(1 - 2\nu)(1 + \nu)}{E(1 - \nu)}(p - p_0) - \frac{2(1 - 2\nu)}{3(1 - \nu)}(\frac{\varepsilon_L p}{p_\varepsilon + p} - \frac{\varepsilon_L p_0}{p_\varepsilon + p_0})\right]\right\}^3$$

$$\tag{5-30}$$

需要说明的是,式(5-29)是以平均应力为出发点推导的,而不是式(5-28)中的水平应力。若将式(5-29)中的平均应力替换为水平应力,则该式与 S&D 模型的表达式一致。若假设 $C_{matrix}=1/M$[197],则式(5-30)与 P&M 模型一致。由于提出的时间较早,C&B 模型也是知名度较高的煤体渗透率模型。

(6) Z&L&E 模型[198]

Z&L&E 模型由 H. B. Zhang、J. S. Liu 和 D. Elsworth 于 2008 年提出,该模型在模型推导过程中没有限定边界条件。Z&L&E 模型的表达式为:

$$\frac{k}{k_0} = \left\{ \frac{1}{1+S}\left[1+S_0-\frac{\alpha}{\varphi_0}(S-S_0)\right]\right\}^3 \tag{5-31}$$

式中 α——比奥系数。

S 和 S_0 可由如下两式表示:

$$S = \varepsilon_V + \frac{p}{K_s} - \frac{\varepsilon_L p}{p_\varepsilon + p} \tag{5-32}$$

$$S_0 = \frac{p_0}{K_s} - \frac{\varepsilon_L p}{p_\varepsilon + p} \tag{5-33}$$

式中 ε_V——煤体的体积应变;

K_s——煤基质的体积模量。

若假设 $S \ll 1$,$S_0 \ll 1$ 和 $K_s \gg K$,模型边界为单轴应变条件,此时式(5-31)等同于 P&M 模型。

(7) L&R 模型[148]

L&R 模型由 H. H. Liu 和 J. Rutqvist 于 2010 年提出。此前的煤体渗透率模型通常将煤体的吸附膨胀变形等同于煤基质的吸附膨胀变形,但这种假设导致渗透率模型无法拟合渗透率试验数据,尤其是无法拟合恒定围压边界条件下的渗透率试验数据。H. H. Liu 和 J. Rutqvist 通过分析发现,由于煤基质之间存在岩桥,煤基质吸附气体后的膨胀变形可划分为两个部分:一部分向内膨胀压缩裂隙,减小渗透率;另一部分向外膨胀,转化为煤体变形。于是 H. H. Liu 和 J. Rutqvist 通过引入内膨胀应力和内膨胀应变的概念对煤基质吸附膨胀与渗透率的关系进行了修正,并分别推导了单轴应变边界条件和恒定围压边界条件下的渗透率模型,两个模型可分别由如下两式表示:

$$\frac{k}{k_0} = e^{-3C_{cleat}}\left\{-\frac{1}{1-\nu}(p-p_0)+\frac{E}{1-\nu}\left(\frac{\varepsilon_L p}{p_\varepsilon+p}-\frac{\varepsilon_L p_0}{p_\varepsilon+p_0}\right)-\frac{1}{2}\varphi_0\left[1-e^{-C_{cleat}(\sigma-\sigma_0)}\right]\right\} \tag{5-34}$$

$$\frac{k}{k_0} = e^{-3C_{cleat}}\left\{-(p-p_0)+\frac{E}{1-\nu}\left[f_{in}\left(\frac{\varepsilon_L p}{p_\varepsilon+p}-\frac{\varepsilon_L p_0}{p_\varepsilon+p_0}\right)-\frac{1}{2}\varphi_0\left(1-e^{-C_{cleat}(\sigma-\sigma_0)}\right)\right]\right\} \tag{5-35}$$

式中 f_{in}——内膨胀应变与煤基质总膨胀应变之比的系数。

在恒定围压边界条件下有[143,199]:

$$\sigma_{eI} - \sigma_{eI0} = \sigma_e - \sigma_{e0} + p - p_0 \tag{5-36}$$

式中 σ_e——有效应力;

σ_{e0}——初始有效应力;

σ_{eI}——有效内膨胀应力;

σ_{eI0}——初始有效内膨胀应力。

式(5-34)是单轴应变边界条件下的模型表达式,式(5-35)是恒定围压边界条件下的模型表达式。L&R 模型无法直接求得解析解,需要应用迭代法求解,这就使得该模型比其他可以直接求得解析解的渗透率模型更复杂。但是由于 L&R 模型首次引入了内膨胀应力和内膨胀应变的概念,将学术界对煤基质吸附膨胀与渗透率关系的认识提高至一个新的层次,所以该模型在煤体渗透率模型家族中也有重要地位。该模型提出以后,众多学者[200-201]在研究煤体渗透率模型时开始将煤基质吸附膨胀划分成向内膨胀和向外膨胀两部分。

(8) C&L&P 模型[202]

C&L&P 模型由 L. D. Connell、M. Lu 和 Z. J. Pan 于 2010 年提出,该模型是为数不多的专门针对室内试验条件推导的渗透率模型。C&L&P 模型在推导过程中也没有限定边界条件,该模型是孔隙率型模型,但是有指数型和立方型两种表达式。指数型模型表达式为:

$$\frac{k}{k_0} = e^{-3\left\{\frac{1}{K}\left[(\sigma_t-\sigma_{t0})-(p-p_0)\right]+(1-\gamma)\Delta\varepsilon_{sblock}\right\}} \tag{5-37}$$

立方型模型表达式为:

$$\frac{k}{k_0} = \left\{1-\frac{1}{\varphi_0}\left[\frac{(\sigma_t-\sigma_{t0})-(p-p_0)}{K}+(1-\gamma)\Delta\varepsilon_{sblock}\right]\right\}^3 \tag{5-38}$$

式中　σ_t——总应力;

　　　σ_{t0}——初始总应力;

　　　ε_{sblock}——煤基质吸附膨胀产生的煤体应变;

　　　γ——煤基质吸附膨胀产生的节理变形与煤基质吸附膨胀产生的煤体变形之比。

L. D. Connell 等将式(5-37)按一阶 Taylor 级数展开发现结果与式(5-38)完全相同,说明两个表达式在本质上是一致的。与 L&R 模型类似,C&L&P 模型也对煤基质的吸附膨胀变形进行了划分。由于 C&L&P 模型在推导过程中没有限定边界条件,L. D. Connell 等根据渗透率试验中的各种边界条件,在柱坐标系下对式(5-37)进行了展开。

以上研究表明:煤体的渗透率主要受有效应力和吸附膨胀变形的影响(图 5-17a)[203],这些成果为认识煤层气抽采过程中渗透率的动态演化规律做出了重要贡献。但同时也看到,即使在相同的地质力学参数下,不同模型间变化规律也可能存在明显差异。为此,有必要对不同的模型做对比分析,探讨引起各模型差异的原因。本节将着重研究 P&M 模型、修正的 P&M 模型、S&D 模型以及 C&B 模型在相同工况下变化规律的差异性及其主要原因。

图 5-17(b)为各模型预测的煤层气抽采过程中的渗透率演化规律,所取参数中弹性模量 2.902 GPa,泊松比 0.35,Langmuir 吸附压力常数 4.3 MPa,最大吸附应变取 0.012 6。煤层初始裂隙率取 0.1%,裂隙压缩系数取 0.139 2 MPa^{-1}。假设初始时刻储层的孔隙压力为 10 MPa,抽采过程中,P&M 模型、C&B 模型的渗透率随孔隙压力的降低先降低后逐渐反弹,并且 P&M 模型的下降幅度明显大于 C&B 模型,这是因为 P&M 模型高估了煤基质的压缩系数,导致有效应力对煤体渗透率的负效应被放大。为此,I. Palmer[204]通过引入表示煤层节理方向的系数 g 来修正煤基质的压缩系数,弱化有效应力的影响。可以看出,当 $g=0.1$ 和 $g=0.5$ 时,渗透率随着孔隙压力的降低逐渐升高,且 $g=0.1$ 时的渗透率明显高

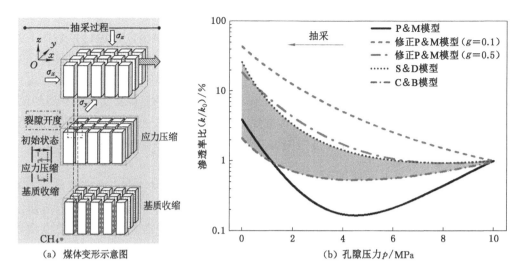

图 5-17　经典渗透率模型对比分析

于 $g=0.5$ 时的渗透率。此外,S&D 模型和修正后的 P&M 模型($g=0.1$,$g=0.5$)预测的渗透率随孔隙压力的降低而逐渐升高,随着抽采过程的进行基质收缩对渗透率的贡献占据主导地位。从图中还可以看出,在相同工况下 S&D 模型预测的渗透率总是高于 C&B 模型。这是因为 C&B 模型中应力项对渗透率的贡献要大于 S&D 模型中应力项对渗透率的贡献,而应变项对渗透率的贡献要小于 S&D 模型[205]中应变项对渗透率的贡献。

造成不同模型预测结果存在差异的原因:不同模型中有效应力的负效应与基质收缩的正效应对渗透率的贡献比例不同,如 P&M 模型高估了有效应力的影响,导致抽采初期,煤体渗透率预测值大幅降低。而在 S&D 模型中基质收缩作用对渗透率的影响被高估,导致抽采后渗透率预测值快速升高。上述分析表明:准确表示有效应力及基质收缩对渗透率的贡献是建立合理的渗透率模型的关键。

尽管不同的渗透率模型考虑的影响因素及侧重点不同,但有一个共同点:这些模型均是基于弹性变形的假设建立起来的,这也是目前建立煤体渗透率模型的重要理论基础。因而,这些模型仅能用于表征小变形煤体的渗透率演化规律,无法应用于塑性大变形煤体。因此,如果忽略煤层气井及瓦斯抽采钻孔周围小范围的塑性区,则这些模型能够用于表示煤层气开发及井下瓦斯抽采过程中煤体渗透率的演化规律。但对于煤矿井下开采而言(尤其是深井开采),煤体受强烈的采掘扰动影响,表现出大范围的塑性破坏,该情况下的煤体渗透率演化更加复杂,基于弹性变形建立的渗透率模型则无法进行准确表示。

基于以上存在的问题,D. Chen 等[206]基于对试验数据的分析,通过引入修正的 logistic(罗吉斯蒂克)函数并结合经典的指数渗透率模型建立了弹-塑性变形条件下的煤体渗透率模型。薛熠等[207]基于对峰后渗透率数据的分析,在经典的指数渗透率模型的基础上引入了损伤系数 D_f,用于强化峰后渗透率随应力的增长趋势。Z. J. Pan 等[192]在总结已有渗透率模型的基础上得出煤体的破坏会导致渗透率的反弹,这一现象在实验室及现场煤层气抽采过程中均有发现,而如何在建模过程中考虑煤体损伤破坏的影响是目前渗透率建模面临的一个重要挑战,需要开展深入的研究,以弥补该领域的缺失。

5.3　原位煤体渗透率动态演化规律

5.3.1　原位煤储层的应力边界条件

研究煤层气开发过程中[图 5-18(a)]煤体力学行为的演化规律及其对气体渗流的控制机制,关键是要掌握煤储层所处的力学边界。由于煤层具有垂直高度 L_z 远小于水平方向尺寸 L_x 的特点,因此可以将其简化为垂直方向具有一定高度、水平方向无限延伸的平板模型[图 5-18(b)]。分别给定垂直和水平方向上一个位移,则水平方向上的应变可忽略不计,认为是零应变边界;此外,由于煤层垂直方向上的应力主要来自上覆岩层自重,而原位煤层气开发过程中覆岩自重不变,因此,煤层垂直方向上可视为恒定应力边界。综合垂直和水平方向上的力学特性,可以得到原位煤储层处于单轴应变边界条件[图 5-18(c)]。

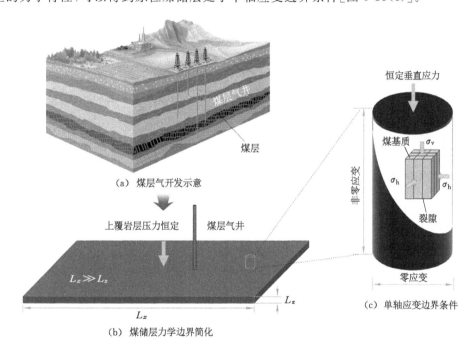

图 5-18　煤层气开发示意及煤储层力学边界条件

5.3.2　试验设备及研究方法

5.3.2.1　样品采集及制备

本节煤样取自山西省红柳林煤矿,利用岩石钻孔机钻取直径 50 mm、长度 100 mm 的圆柱体煤柱,对其进行基本力学性能试验和单轴应变条件下的地质力学研究。切取 1/4 煤柱,测试静水压力条件下注入不同气体后的体积变化。并将部分碎煤磨成 60～80 目的煤粉,进行等温吸附试验。

表 5-3 为煤的工业分析,其中水分、灰分、挥发分和固定碳含量分别为 8.68%、10.60%、35.36%,和 57.79%。镜质体最大反射率为 0.54%,说明该煤为低变质烟煤。

表 5-3　煤的工业分析结果和镜质体反射率

工业分析结果/%				镜质体最大
水分 M_{ad}	灰分 A_d	挥发分 V_{daf}	固定碳 FC_d	反射率 $R_{o,max}$/%
8.68	10.60	35.36	57.79	0.54

图 5-19 为煤样核磁共振 T_2 图谱分布及孔隙-微裂隙结构。可以看出,该煤主要以微孔为主;此外,还有一些大孔隙和微裂缝。

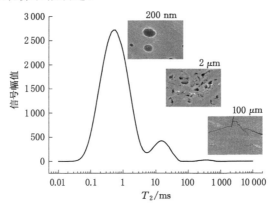

图 5-19　样 T_2 图谱及孔隙-微裂隙结构

煤样平均单轴抗压强度、平均弹性模量和平均泊松比分别为 27.8 MPa、1200 MPa 和 0.24。

5.3.2.2　试验设备及方法

（1）等温吸附试验

本节根据《煤的甲烷吸附量测定方法（高压容量法）》（MT/T 752—1997）进行等温吸附试验,用 60～80 目煤粉进行试验,绘制吸附等温曲线。本试验采用 Quantachrome（康塔克默）仪器贸易（上海）有限公司生产的高压吸附分析仪（美国 iSorbHP1）。以 CO_2、CH_4 和 N_2 为吸附气体,测定煤样的吸附量。每次试验称量 0.2～0.3 g 煤样放入试样罐,温度设置为 30 ℃。Y.N.Zheng 等[208]详细介绍了操作步骤。

试验测得的数据用式（5-39）所示的 Langmuir 方程进行拟合。通过该方程得到了不同气体的 Langmuir 吸附压力和 Langmuir 吸附体积常数。这些参数将用于分析单轴应变条件下吸附特性对煤岩体地质力学性质的影响。

$$n = \frac{V_L p}{p_L + p} \tag{5-39}$$

式中　n——在压力为 p 时气体吸附量;

　　　V_L——Langmuir 吸附体积常数;

　　　p_L——Langmuir 吸附压力常数。

（2）吸附膨胀变形试验

取 1/4 煤柱测试静水压力条件下基质的膨胀/收缩,试验装置如图 5-20 所示。试验过程中,样品罐和参比罐均置于恒温 30 ℃ 的水浴中。向样品中逐步注入 He,测量煤样 x、y、z

方向的尺寸变化。利用这些数据,计算体积的变化。由于 He 是不吸附的,所以测量的应变是固体煤力学压缩的结果。然后在同一样品中注入 N_2、CH_4 和 CO_2,并对应变进行连续监测。由于基质应变与等温线具有相同的趋势,我们用式(5-22)计算了三种气体的 Langmuir 式吸附常数 ε_L 和 p_ε。

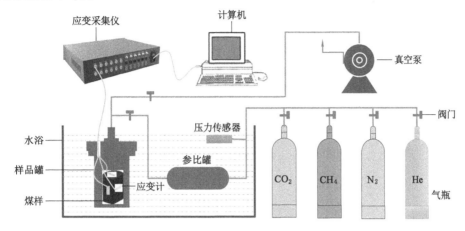

图 5-20　煤样吸附变形试验装置

（3）应力和渗透率测试

为了揭示单轴应变条件下水平应力的变化及其对煤体渗透率的影响,在宾夕法尼亚州立大学非常规地质力学实验室进行了模拟煤层气排采试验。该试验虽然既复杂又耗时,但能够提供一些重要的结果和关系,比如在 $He/N_2/CH_4/CO_2$ 吸附过程中,随压力变化的应力和渗透率演化路径。

该试验使用的装置包括经过改装允许流体进出的三轴压力室和用于施加垂直载荷以模拟原位力学条件的加载系统(图 5-21)。该装置可以独立控制垂直和水平应力、进口和出口压力,也可以测量应变和流体流量。采用环形应变计监测/控制试样的水平应变。试验开始时,将煤样连同上下压头放入热缩管内。采用沿煤芯径向安置的环形应变计和沿试样轴向安置的线性可变差动变压器来测量径向应变和轴向应变。然后,整个组件被放置在三轴压力室内,并连接到压力和流量测量系统。最后将三轴压力室置于压力加流体载系统内施加垂直应力。

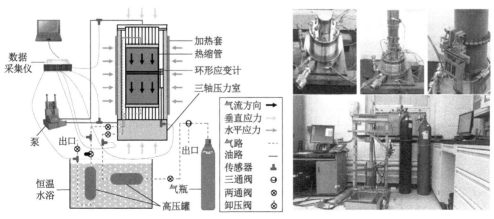

图 5-21　单轴应变条件下煤芯地质力学及瓦斯流动模拟试验系统

首先,对煤芯施加垂直和水平应力以模拟原位力学条件,并在给定压力下注入 He 以达到饱和状态。在达到应力应变平衡后,记录径向应变。然后,将压力逐步降低到 1 MPa 以下。单轴应变条件要求所施加的垂直应力保持恒定,水平应变为 0。为了补偿因孔隙压力降低而引发的煤的径向收缩,试验过程中逐步调节水平应力,以保持径向应变为 0,具体操作方法如图 5-22 所示。在 He 排采结束后,重复以上步骤开展 N_2、CH_4 和 CO_2 的排采试验。

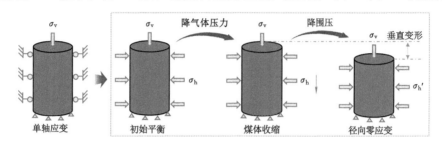

图 5-22　实验室条件下再现单轴应变边界条件的方法

利用每个加载步下测得的气体流量,可计算出煤样的渗透率。由此可以建立气体压力-渗透率的关系曲线。此外,整个试验过程中还记录了煤样的水平应力的变化规律,并以此建立了水平应力的演化路径。

5.3.3　原位煤体力学响应及渗透率动态演化规律

5.3.3.1　煤样的吸附量与吸附变形

图 5-23(a)描述了不同气体的等温吸附曲线。试验数据由式(5-39)进行拟合,得到的 V_L 和 p_L 如表 5-4 所列。从图中可以看出,CO_2 的吸附量要远大于 CH_4 和 N_2 的。图 5-23(b)描述了在无约束条件下注气期间煤样的变形,从图中可以看出,He 注入过程煤的变形为负值,表明煤样处于压缩状态,压缩变形随气体压力的增大呈线性增加的趋势。当注入 N_2、CH_4 和 CO_2 时,煤的变形为正,表明煤样膨胀。因此,一般认为 He 是一种非吸附性气体,注入 He 对煤只有压缩作用。而对于 N_2、CH_4 和 CO_2 等吸附性气体,注入这些气体对煤既有压缩作用,又有膨胀作用。考虑到图 5-23(b)中 N_2、CH_4 和 CO_2 的变形是由吸附膨胀和压缩共同作用的结果,可以认为压缩变形已经考虑在内,然后用式(5-22)对上述数据进行拟合,得到 ε_L 和 p_ε 的值见表 5-4。

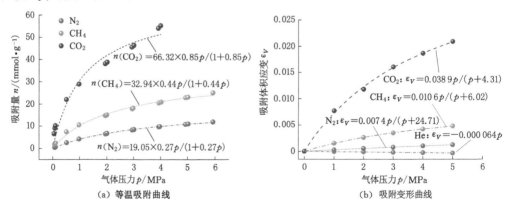

图 5-23　不同气体条件下煤样的吸附曲线

表 5-4   不同气体的吸附常数与膨胀常数

气体类型	$V_L/(mmol \cdot g^{-1})$	p_L/MPa	ε_L	p_ε/MPa
N_2	19.05	3.70	0.007 4	24.71
CH_4	32.94	2.27	0.010 6	6.02
CO_2	66.32	1.18	0.038 9	4.31

5.3.3.2   水平应力演化

煤样所设垂直应力和初始水平应力分别为 14 MPa 和 9 MPa,然后向煤样中注入 He,当达到平衡后,采用逐步卸压的方式对该煤样内部残余瓦斯进行排采,卸压的步长为 1.4 MPa。每一次进行卸压的过程中均需对煤样施加的水平应力进行调整,保证该煤样在水平方向上的应变为 0,从而达到应力平衡的状态。图 5-24(a)为煤样内 He 排采过程中的应力变化曲线,分析该过程可以发现,垂直应力基本保持不变,而水平应力则呈线性下降的趋势,斜率为 0.581。He 排采完成后,分别将垂直应力和水平应力增加至 15.0 MPa 和 10.5 MPa,然后进行排采 N_2 的试验。图 5-24(b)表明水平应力随气体压力的降低呈现出线性下降的趋势,斜率为 0.944,比 He 拟合曲线的斜率大很多。考虑到试验的安全性,排采 CH_4 和 CO_2 两种情况下的初始气体压力仅为 5.5 MPa。CH_4 和 CO_2 排采过程中的应力曲线如图 5-24(c)和(d)所示,结果表明 CH_4 和 CO_2 排采过程水平应力变化的斜率分别为

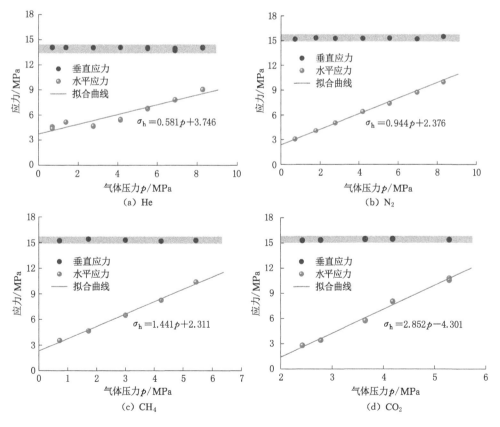

图 5-24   排采不同种类气体过程中的水平应力变化规律

1.441 和 2.852。

上述分析结果表明,对所有种类的气体(He、N_2、CH_4 以及 CO_2)而言,在单轴应变条件下排采气体的过程中水平应力呈减小趋势,但是不同种类的气体水平应力下降速率是不同的。排采 He 和 N_2 两种气体时水平应力下降的斜率小于 1,排采 CH_4 和 CO_2 两种气体时下降的斜率则大于 1,4 种气体水平应力随气体压力下降斜率的顺序依次为:$k(He) < k(N_2) < k(CH_4) < k(CO_2)$。通过上述规律我们可以得出,气体排采过程中水平应力的损失与气体的吸附特性及煤本身的特性相关,这可通过水平应力损失与 Langmuir 式吸附常数之间的关系得到初步认证。图 5-25 为水平应力损失与煤吸附特性的关系[图中水平应力损失梯度仅由气体的解吸造成,$k - k(He)$ 表示不同气体水平应力下降斜率与 $k(He)$ 的差值]。从图中我们可以看出,V_L 和 ε_L 与 $k - k(He)$ 之间呈正相关关系,而 p_L 和 p_ε 则和 $k - k(He)$ 之间呈负相关关系。那么这些参数如何定量地影响气体排采过程中水平应力的损失呢?还有其他因素会影响水平应力的损失吗?为了解决这些问题,需要建立水平应力变化的定量模型。

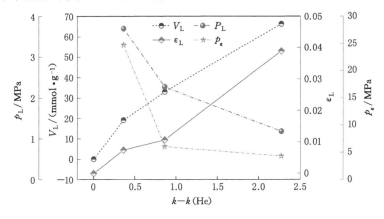

图 5-25　水平应力损失与煤吸附特性的关系

对于弹性变形煤体而言,其力学行为可用线弹性本构方程进行描述。考虑到孔隙压力和解吸吸附过程引起的收缩变形与基质膨胀,各向同性多孔介质的应力-应变关系可由下式表示[209]:

$$\Delta\sigma_{ij} = 2G\Delta\varepsilon_{ij} + \lambda\Delta\varepsilon_V\delta_{ij} + \alpha\Delta p\delta_{ij} + K\Delta\varepsilon_s\delta_{ij}, (i,j = x,y,z) \tag{5-40}$$

式中　σ_{ij}——总应力;

$\quad G, K$——煤的剪切模量和体积模量;

$\quad \lambda$——拉梅常数;

$\quad \alpha$——比奥系数;

$\quad \varepsilon_{ij}$——线性应变;

$\quad \varepsilon_V$——总体积应变 $\varepsilon_V = (\varepsilon_{xx} + \varepsilon_{yy} + \varepsilon_{zz})$;

$\quad p$——孔隙压力(气体压力);

$\quad \varepsilon_s$——气体吸附和解吸引起的体积应变;

$\quad \delta_{ij}$——Kronecker(克罗内克)符号;

$\quad \Delta$——增量;

注:压应力为正。

则水平方向和垂直方向的法向应力-应变可由式(5-41)进行表示：

$$\begin{cases} \Delta\sigma_{xx} = 2G\Delta\varepsilon_{xx} + \lambda\Delta\varepsilon_V + \alpha\Delta p + K\Delta\varepsilon_s \\ \Delta\sigma_{yy} = 2G\Delta\varepsilon_{yy} + \lambda\Delta\varepsilon_V + \alpha\Delta p + K\Delta\varepsilon_s \\ \Delta\sigma_{zz} = 2G\Delta\varepsilon_{zz} + \lambda\Delta\varepsilon_V + \alpha\Delta p + K\Delta\varepsilon_s \end{cases} \tag{5-41}$$

在单轴应变条件下，试样水平方向上应变为 0，即 $\Delta\varepsilon_{xx} = \Delta\varepsilon_{yy} = 0$，所以，水平方向的应力可以表述为：

$$\Delta\sigma_{xx} = \Delta\sigma_{yy} = \lambda\Delta\varepsilon_{zz} + \alpha\Delta p + K\Delta\varepsilon_s \tag{5-42}$$

而垂直方向上的应力始终保持常数（$\Delta\sigma_{zz} = 0$），因此，垂直方向上的应变可以表述为：

$$\Delta\varepsilon_{zz} = \frac{1}{2G+\lambda}(\Delta\sigma_{zz} - \alpha\Delta p - K\Delta\varepsilon_s) = -\frac{1}{2G+\lambda}(\alpha\Delta p + K\Delta\varepsilon_s) \tag{5-43}$$

将式(5-43)代入式(5-42)，则可推导出水平方向上的应力变化：

$$\Delta\sigma_{xx} = \Delta\sigma_{yy} = \frac{2G}{2G+\lambda}(\alpha\Delta p + K\Delta\varepsilon_s) = \frac{1-2\nu}{1-\nu}\alpha\Delta p + \frac{E}{3(1-\nu)}\Delta\varepsilon_s \tag{5-44}$$

从式(5-44)中可以看出，煤层气排采过程中，储层水平方向上的应力损失主要受力学性质（弹性模量和泊松比）、比奥系数、初始孔隙压力、吸附参数（ε_L，p_ε）等因素的影响。通过单轴压缩试验获得试验煤样的泊松比为 0.19～0.27，平均值为 0.24。通过匹配式(5-44)和图 5-26(a)，可确定 α 的值为 0.85，据此可得出气体排采过程中有效应力的变化曲线，如图 5-26所示。从图中可以看出，无论是何种气体，垂直有效应力均是随着气体压力的下降呈现出上升

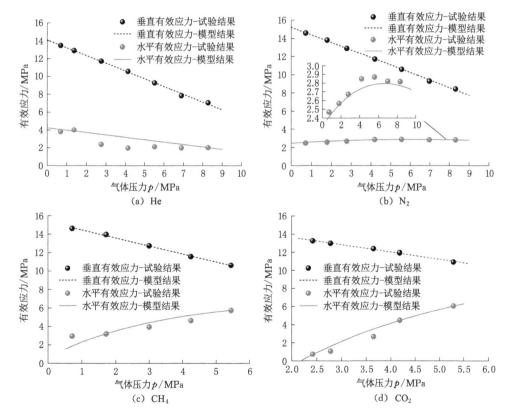

图 5-26　气体排采过程中有效应力变化趋势及模型拟合结果

趋势;对于水平有效应力而言,在 He 排采过程中其是逐渐上升的,排采 CH_4 和 CO_2 的过程中是逐渐下降的,排采 N_2 的过程中则是先略微上升后缓慢下降。利用式(5-44)所建立的模型可以很好地拟合出 4 种气体排采过程中的水平有效应力变化趋势。

5.3.3.3 煤样渗透率演化

在气体排采的过程中,每一步都需要记录气体的流量,从而可以计算出煤体的渗透率。由于我们的目标是研究渗透率的变化趋势,因此所有测试的渗透率都除以初始渗透率进行了归一化处理。

图 5-27(a)描述的是 He 排采过程中渗透率比的变化规律,从图中可以看出,随着气体压力的下降,渗透率比值呈现出下降的趋势,当气体压力从 8.3 MPa 下降到 0.7 MPa 时,渗透率下降到初始值的 33%,该阶段渗透率主要由有效应力和基质收缩两者共同决定。由于 He 是非吸附性气体,排采气体的过程中不会发生基质收缩的现象,因此渗透率仅受有效应力控制。从图 5-26(a)可以看出,排采 He 的过程中水平有效应力是增加的,因此,渗透率持续下降。排采 N_2 的过程中,渗透率先下降然后小幅度上升,这种变化趋势在单轴应变条件下的试验中还没有发现过。当气体压力从 8.3 MPa 下降至 1.8 MPa 时,渗透率下降到初始值的 75%,当气体压力从 1.8 MPa 下降至 0.7 MPa 时,渗透率略有上升。通过对比图 5-26(b)和图 5-27(b)可以发现,虽然水平有效应力先上升后下降,但渗透率的上升明显滞后于水平有效应力的下降,因此,排采 N_2 测试煤体渗透率的试验应该进行更多次。在 CH_4 和 CO_2 排采的过程中,由于水平有效应力的下降,渗透率不断上升,但是排采两种气体

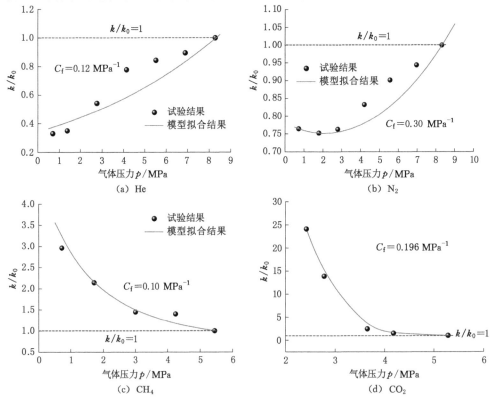

图 5-27 排采过程中渗透率演化及模型拟合结果

煤样的渗透率上升幅度不同。当气体压力从 5.4 MPa 下降至 0.7 MPa 时,CH_4 气体排采过程中的渗透率增加至初始值的 2.96 倍。而 CO_2 气体的压力从 5.4 MPa 下降至 2.4 MPa 时,渗透率增加至初始值的 24.00 倍。这种差异是由基质收缩引起的水平有效应力损失不同造成的[图 5-27(c)和(d)]。

假设煤体结构满足火柴杆模型,则煤体渗透率可以表示为[72]:

$$\frac{k}{k_0} = e^{-3C_f(\sigma - \sigma_0)} \tag{5-45}$$

式中　C_f——裂隙的压缩系数。

将式(5-44)代入式(5-45),则渗透率模型可以表示为:

$$\frac{k}{k_0} = e^{-3C_f\left[\frac{-\nu}{1-\nu}a\Delta p + \frac{E}{3(1-\nu)}\Delta\varepsilon_s\right]} \tag{5-46}$$

图 5-27 展示了通过调节裂隙的压缩系数,得到的模型拟合结果。对于不同种类的气体而言,裂隙压缩系数的取值范围是 $0.1\sim0.3$ MPa^{-1}。S. M. Liu 等[210] 的文献中指出在用 S&D 模型对试验数据进行拟合时单一的裂隙压缩系数并不能够满足要求[211],但是可以通过调整裂隙的压缩系数来改善拟合的结果,这种情况通常会被认为缺乏一定的科学性。此外,先前的研究结果表明裂隙的压缩系数与有效应力之间存在指数函数关系[22]。而在本书的研究中,单一的裂隙压缩系数能够满足试验的精度需求。

5.3.3.4　煤层气排采诱发煤体失稳机制

试验结果表明,随着煤层气的排采,储层水平应力不断下降。先前的研究结果表明,解吸引起的水平应力大幅下降可能会导致煤层的剪切失稳[212-213]。这可能是造成水平井塌孔及煤层气生产过程中煤粉产量增大的原因之一[214-215]。但是,排采过程中导致的失稳机制尚不明确,储层的地质力学性质对煤粉产量的影响机理尚不清楚。本书假设煤层处于正断层应力状态,垂直应力大于水平应力[216],且水平应力在 x、y 两个方向上相等。根据 Mohr-Coulomb 准则,施加在煤层上的剪切应力和法向应力可以通过下式进行表达[217]:

$$\begin{cases} \left[\sigma - \left(\dfrac{\sigma_v + \sigma_h}{2} - \alpha p\right)\right]^2 + \tau^2 = \left(\dfrac{\sigma_v - \sigma_h}{2}\right)^2 \\ \tau = c + \sigma\tan\varphi \end{cases} \tag{5-47}$$

式中　σ——法向应力;

$\quad\quad\sigma_v$——最大主应力(垂直应力);

$\quad\quad\sigma_h$——最小主应力(水平应力);

$\quad\quad\tau$——剪切应力;

$\quad\quad p$——孔隙压力;

$\quad\quad\alpha$——比奥系数;

$\quad\quad c$——内聚力;

$\quad\quad\varphi'$——内摩擦角。

公式(5-47)中所描述的关系可通过莫尔圆的笛卡尔坐标系进行展示,如图 5-28 所示。对于孔隙压力为 p 的煤层气储层,相应的莫尔圆半径可用式(5-48)表示:

$$R = \frac{\sigma_v - \sigma_h}{2} \tag{5-48}$$

莫尔圆半径的增量可以表示为:

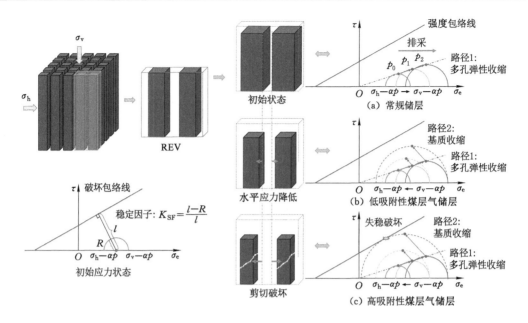

图 5-28　煤层气排采过程中应力演化路径

$$\Delta R = R - R_0 = -\frac{\sigma_h - \sigma_{h0}}{2} = -\left[\underbrace{\frac{1-2\nu}{2(1-\nu)}\alpha\Delta p}_{\text{多孔弹性收缩变形}} + \underbrace{\frac{E}{6(1-\nu)}\Delta\varepsilon_s}_{\text{基质收缩变形}}\right] \tag{5-49}$$

从公式(5-49)中可以看出,排采过程中莫尔圆半径的增量与泊松比之间呈正相关关系,对于煤岩介质而言泊松比取值范围为 $0\sim0.5$,这意味着排采过程中,莫尔圆逐渐扩张。这种莫尔圆的扩张主要由两方面的原因造成:多孔弹性收缩和基质收缩[212]。考虑到储层为非吸附性储层(常规储层)的情况下,莫尔圆半径的扩张仅由多孔弹性收缩引起,沿着路径 1 发展。对于吸附性储层,比如煤层气储层,莫尔圆首先沿路径 1 扩展,然后由于基质收缩而沿路径 2 扩展。储层的吸附性越高,对应的莫尔圆半径就越大,这就意味着煤层气排采过程伴随着较高的失稳概率,详细情况如图 5-28(b)和(c)所示。

莫尔圆的中心(即中心点对应的横坐标数值,下同)可由式(5-50)进行描述:

$$O' = \frac{\sigma_v + \sigma_h}{2} - \alpha p \tag{5-50}$$

莫尔圆的中心的增量可由式(5-51)进行描述:

$$\Delta O' = O' - O_0' = \frac{\Delta\sigma_h}{2} - \alpha\Delta p = \underbrace{-\frac{1}{2(1-\nu)}\alpha\Delta p}_{\text{多孔弹性收缩变形}} + \underbrace{\frac{E}{6(1-\nu)}\Delta\varepsilon_s}_{\text{基质收缩变形}} \tag{5-51}$$

在排采的过程中,莫尔圆中心坐标的增量可由多孔弹性收缩和基质收缩共同决定。当 $\Delta O' = 0$ 时,可以得到 $3\nu\alpha\Delta p = E\Delta\varepsilon_s$,莫尔圆中心坐标保持不变;当 $\Delta O' > 0$ 时,$3\nu\alpha\Delta p < E\Delta\varepsilon_s$,莫尔圆中心坐标位置向右移动,这种情况下,多孔介质的弹性收缩起主导作用,当莫尔圆远离失稳包络线时,煤体将不会发生失稳;当 $\Delta O' < 0$ 时,$3\nu\alpha\Delta p > E\Delta\varepsilon_s$,莫尔圆中心位置向左移动,这种情况下基质收缩起主导作用,莫尔圆向失稳包络线移动,随着吸附性的增强,煤体失稳的可能性变大。

上述分析结果表明,煤层气排采过程中可能存在煤体失稳现象,失稳概率随水平应力下降幅度的增大而增大,并随储层吸附能力的变化而变化。本部分通过稳定因子 K_{SF} 定量评价煤层气储层的稳定性,K_{SF} 表示失稳包络线和莫尔圆之间的最小距离与失稳包络线和莫尔圆中心之间的最小距离之比,如图 5-28 所示,此处假设内聚力和内摩擦角在排采期间保持不变。这意味着,在不考虑孔隙压力和气体吸附对地质力学参数影响的情况下,可能会导致煤层气排采过程中稳定性被高估。

$$K_{SF} = \frac{l-R}{l} = 1 - \frac{\sigma_v - \sigma_h}{(\sigma_v + \sigma_h - 2\alpha p)\sin\varphi' + 2c\cos\varphi'}$$

$$= 1 - \frac{\sigma_v - \sigma_{h0} - \frac{1-2\nu}{1-\nu}\alpha\Delta p - \frac{E\varepsilon_L}{3(1-\nu)}\left(\frac{p}{p+p_\varepsilon} - \frac{p_0}{p_0+p_\varepsilon}\right)}{\left[\sigma_v + \sigma_{h0} + \frac{1-2\nu}{1-\nu}\alpha\Delta p - 2\alpha p + \frac{E\varepsilon_L}{3(1-v)}\left(\frac{p}{p+p_\varepsilon} - \frac{p_0}{p_0+p_\varepsilon}\right)\right]\sin\varphi' + 2c\cos\varphi'} \quad (5\text{-}52)$$

式中 l——失稳包络线与莫尔圆中心的最小距离。

当 $K_{SF} > 0$,煤体比较稳定;当 $K_{SF} < 0$,煤体出现失稳现象。$K_{SF} = 0$ 则表示煤体失稳的临界状态,因此,通过式(5-52)可以计算出煤体发生失稳的临界失稳压力。

从公式(5-52)可以看出,储层的稳定性受到初始应力状态(σ_v,σ_{h0})、力学性质(E,ν,c,φ',α)、初始孔隙压力(p_0)、吸附导致的膨胀变形(ε_L,p_ε)等多个因素的影响。本节将通过具体的实例说明不同因素对煤层气储层稳定性的影响。表 5-5 列出了本实例中使用的参数。

表 5-5 模型中煤的输入参数

参数	取值	数据来源
垂直应力 σ_v/MPa	14.5	S. M. Liu 等[218]
初始水平应力 σ_{h0}/MPa	9.7	S. M. Liu 等[218]
泊松比 ν	0.35	J. Q. Shi 等[72]
比奥系数 α	0.93	S. Saurabh 等[219]
初始孔隙压力 p_0/MPa	7.60	S. M. Liu 等[218]
弹性模量 E/MPa	3 600	J. Q. Shi 等[72]
Langmuir 式吸附应变常数 ε_L	0.012 66	J. Q. Shi 等[72]
Langmuir 式吸附压力常数 p_ε/MPa	4.31	J. Q. Shi 等[72]
内聚力 c/MPa	1.01	试验测试
内摩擦角 φ'/(°)	33	试验测试

图 5-29 描述了各参数对煤层气储层稳定性的影响。从图中可以看出,当 $K_{SF} = 1$ 时储层处于绝对安全的状态,当 $K_{SF} = 0$ 时对应的储层压力为临界失稳压力,即在煤层气排采过程中当储层压力降低至临界失稳压力后煤层将发生失稳。

图 5-29(a)描述了垂直应力对储层稳定性的影响。随着垂直应力的增大,储层的初始稳定性逐渐减小。例如:当垂直应力分别为 10 MPa 和 18 MPa 时,初始 K_{SF} 分别为 0.94 和 0.09,这表明垂直应力为 10 MPa 时储层非常稳定,当垂直应力达到 18 MPa 时储层则接近临界失稳状态。此外,临界失稳压力随着垂直应力的增大而增大,这就意味着对于一个垂直

应力较高的储层,在较高的气体压力条件下才有可能发生失稳,而垂直应力较低的储层在较低的气体压力条件下就会发生失稳。比如,当垂直应力分别为 10 MPa 和 18 MPa 时,对应的临界失稳压力分别为 4.0 MPa 和 6.7 MPa。综上,垂直应力较高的储层由于存在较大的偏应力,更加容易出现失稳的现象。

图 5-29(b)描述了初始水平应力对储层稳定性的影响。从图中可以看出,储层的初始稳定性随初始水平应力的增大而增大,临界失稳压力随初始水平应力的增大而减小。例如,当初始水平应力分别为 9 MPa 和 13 MPa 时,初始 K_{SF} 分别为 0.19 和 0.83,对应的临界失稳压力分别为 6.2 MPa 和 2.7 MPa。因此,我们可以得出当初始水平应力较低时储层更不稳定,且在煤层气排采过程中更加容易发生失稳。

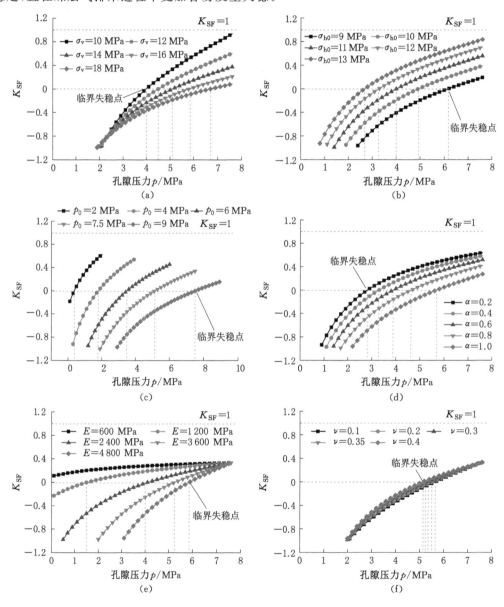

图 5-29　储层物性参数对其稳定性的影响

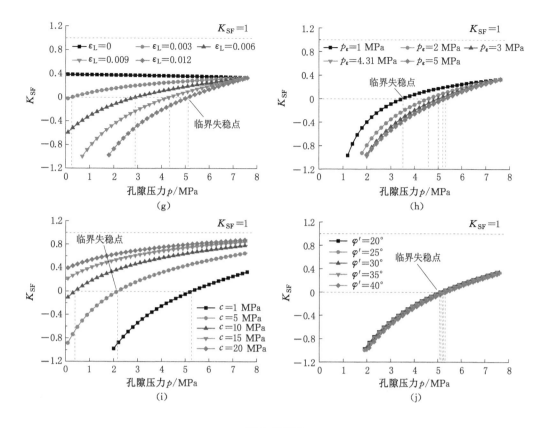

图 5-29（续）

图 5-29（c）和（d）分别描述了初始气体压力和比奥系数对储层稳定性的影响。分析图中变化曲线趋势可以看出，随着初始气体压力和比奥系数的增大，储层稳定性逐渐减小。例如，当初始气体压力从 2 MPa 增大至 9 MPa 时，初始 K_{SF} 从 0.63 减小至 0.17，比奥系数由 0.2 增大至 1.0 时，初始 K_{SF} 由 0.64 减小至 0.27。此外，随着比奥系数的增大，临界失稳压力也呈增大趋势。因此可以得出，储层压力和比奥系数增大后不利于储层的稳定性提升。这是因为尽管储层压力和比奥系数增加后不影响莫尔圆的半径，但会将莫尔圆移动至失稳包络线。

图 5-29（e）和（f）分别描述了弹性模量和泊松比对储层稳定性的影响。结果表明，弹性模量和泊松比的变化不会影响储层的初始稳定性，但会改变储层的临界失稳压力。从图 5-29（e）中可以看出，随着弹性模量的增大，临界失稳压力逐渐增大。当弹性模量 $E=4\,800$ MPa 时，对应的临界失稳压力为 5.9 MPa，但是当弹性模量 $E \leqslant 600$ MPa 时，储层排采过程中不再发生失稳。这是由于随着弹性模量的增大，水平应力的下降幅度增加。对于给定压力下降幅度的情况下，较高弹性模量的储层水平应力降低幅度明显大于较低弹性模量储层的。分析图 5-29（f）可以看出，临界失稳压力随着泊松比的增大而减小，说明泊松比较高的情况下储层更加容易发生失稳。

图 5-29（g）和（h）分别描述了吸附导致的膨胀变形参数 ε_L 和 p_ε 对储层稳定性的影响。总的来看，随着 ε_L 和 p_ε 的增大，初始稳定性没有发生变化，但临界失稳压力增大，说明储层

稳定性降低。在图 5-29(g)中，当 ε_L 值相对较大时($\varepsilon_L = 0.003, 0.006, 0.009, 0.012$)，排采过程中 K_{SF} 呈现出单调下降的趋势。当 $\varepsilon_L = 0$ 时，K_{SF} 随着气体压力的下降呈现出单调上升的趋势，表明非吸附性常规储层在排采过程中不会发生失稳的现象。通过图 5-29(h)可以看出，p_ε 为 1 MPa 和 5 MPa 时对应的临界失稳压力分别为 3.6 MPa 和 5.4 MPa，表明基质快速收缩更容易引起储层的失稳。

图 5-29(i)和(j)分别描述了内聚力和内摩擦角对储层稳定性的影响。内聚力和内摩擦角主要是通过影响储层的失稳包络线，且在排采的过程中通常假定为常数。从图中可以看出，随着内聚力的增大，初始稳定性得到改善，而临界失稳压力却呈现出减小的状态。这表明较大的内聚力有利于储层稳定性的提升，这是由于内聚力增加后，煤体的抗剪变形能力得到提升。图 5-29(j)曲线变化趋势表明，内摩擦角对储层稳定性的影响可以忽略不计。

5.4 双重卸压下煤体渗透率动态演化规律

5.4.1 试验设备及研究方法

为了研究煤层气排采过程中煤体力学行为的演化规律及其对储层渗透率的控制机制，研发了煤层气原位开发力学及渗流试验平台，如图 5-30 所示。该试验系统包括三轴压力室（岩芯夹持器）、应力加载模块（恒压恒流泵）、供气模块（高压气瓶）和数据采集模块（超声波采集系统、气体压力传感器、流量计和计算机）。其中，三轴压力室最大耐压 60 MPa，内部可安装直径 50 mm、高 80～105 mm 的圆柱体试样；2 个恒压恒流泵分别用于施加轴压和围压，最大加载压力 60 MPa；背压阀可控制出口气体压力，保持气体入口和出口压力差在较小的范围内，保证试样内气体压力分布相对均匀；数据采集仪可采集试验过程的气体入口和出口压力、轴压、围压及流量等参数（流量监测系统由 3 种量程流量计串联构成，量程分别为 3 000 mL/min、500 mL/min、10 mL/min，可根据实时流量自动切换，提高测试精度）；超声

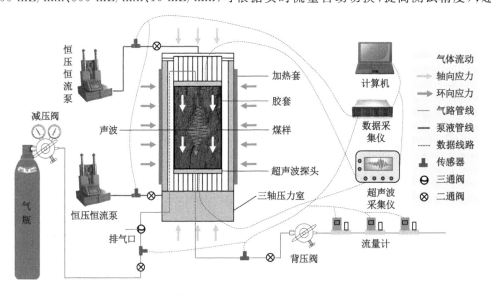

图 5-30　煤层气原位开发力学及渗流试验平台

波采集系统可采集不同应力环境下试样的横波和纵波波速,同步获取煤岩体力学参数变化特性和损伤演化规律。试验过程中超声波探头的发射端和接收端与超声波采集仪连接,并与夹持器的 2 个压头嵌合为一体,然后探头端面分别与煤样的两个端面紧密贴合。

5.4.2　试验样品及方法

本次试验采用 2 种煤样,分别取自永煤煤电(集团)有限责任公司陈四楼煤矿(CSL)和贵州豫能投资有限公司轿子山矿(JZS),2 个矿井均为煤与瓦斯突出矿井。表 5-6 所列的镜质体反射率测试结果表明 2 种煤样均为无烟煤,工业分析结果表明两者的各组分含量较为接近。通过三轴压缩试验测得 CSL 和 JZS 煤样的内聚力分别为 0.59 MPa 和 0.97 MPa,内摩擦角分别为 29.37° 和 32.16°。采集的大块煤样经过钻取、切割和打磨制备成直径 50 mm、高 100 mm 的圆柱体试样,试样表面不平行度小于 0.02 mm。

表 5-6　试验样品工业分析结果及镜质体反射率

煤样编号	水分/%	灰分/%	挥发分/%	固定碳/%	镜质体反射率/%
CSL	1.70	7.67	8.33	84.64	2.59
JZS	1.72	12.92	7.83	80.26	2.81

在实验室条件下直接实现单轴应变边界条件是一大挑战,为了保证水平方向上不发生变形,通常采用如图 5-22 所示的间接方法。该方法中随着气体压力的降低,煤样在垂直方向和水平方向上均发生收缩变形。为了保证水平方向上应变为 0,试验过程需准确测试煤样的径向位移,并通过多次调节恒压恒流泵降低围压使煤样水平方向恢复到初始位置,这一过程保持煤样垂直方向上应力不变,如此循环直到试验结束。

从上述试验方法可以看出,在降气体压力过程中煤样的水平应力持续降低。根据前人的试验结果可知[218,220-222]:该边界条件下,随着气体压力的降低煤样的水平应力呈线性降低趋势,但不同气体对应的应力降低梯度($d\sigma_h/dp$)不同。图 5-31 为前人研究的水平应力随气体压力的变化规律。试验气体 He、N_2、CH_4 和 CO_2 对应的应力降低梯度范围分别为 0.58~0.80、0.94~1.51、1.44~1.72 和 2.19~2.85,对应的平均应力降低梯度分别为 0.73、1.22、1.54 和 2.52。从前人的研究结果可知不同气体类型对卸压过程水平应力的变化影响不同,这反映了气体吸附性对煤体卸压路径的影响。

由于实验室条件下实现单轴应变难度极大且耗时长,本书采用设定应力路径的替代方法研究同时降气体压力和卸围压下(双重卸压路径)煤样的力学行为和渗透率演化规律。该方法通过设定不同的应力路径以反映不同吸附能力煤体的力学行为差异,研究结果更具普遍性。图 5-32 为本次试验所采用的应力路径,应力降低梯度($d\sigma_h/dp$)分别为 0.5、1、0、1.5 和 2.0。初始时刻给煤样分别施加 18 MPa 的垂直应力和 12 MPa 的水平应力,充入 6 MPa 的 N_2 至平衡,然后开始卸压,当气体压力降到 1 MPa 时结束试验。

5.4.3　煤体渗透率演化规律

表 5-7 为不同应力路径下煤体渗透率的绝对值。为了便于比较分析,以气体压力 6 MPa 左右时对应的气体压力为初始值,对表 5-7 中的渗透率绝对值进行了比例化处理,结果如图 5-33 所示。图 5-33(a)显示,CSL 煤样的渗透率在路径 1 和路径 2 下变化较小。在

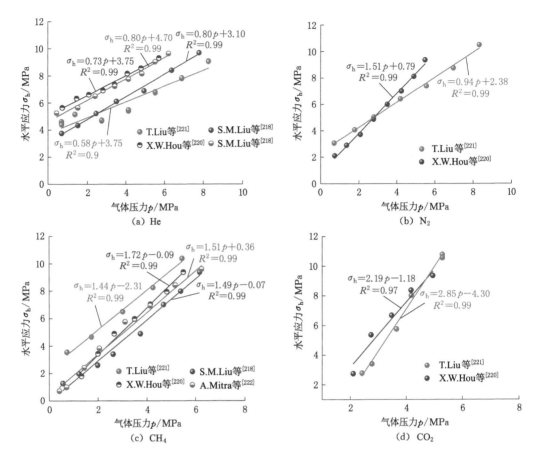

图 5-31　水平应力随气体压力的变化规律

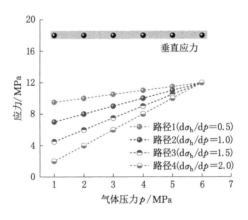

图 5-32　试验应力路径

路径 1 下随着气体压力的降低,煤样渗透率逐渐降低,气体压力从 5.980 MPa 降低到 0.965 MPa 时,渗透率降低约 29%,这是因为该路径下煤样水平方向有效应力逐渐升高,因而渗透率有所降低。路径 2 下,煤样水平方向的有效应力保持不变,理论上渗透率应当不变,但试验结果显示煤样的渗透率随气体压力的降低在波动中略有升高(小于5%)。这可能是由于垂直方向有效应力增大,煤体内垂向裂隙受拉开度增大导致的;也可能是低压下气体流动的Klinkenberg效应增强导致的,具体原因将在下文进行分析。路径3中,随着气体压力的降低,煤体渗透率整体上呈上升趋势,当气体压力大于3.005 MPa时渗透率增幅较小;气体压力小于3.005 MPa时,渗透率显著升高,这是由于该路径下煤体水平有效应力逐渐降低导致的。路径4下,气体压力从6.040 MPa降低到2.975 MPa时,渗透率升高到初始值的2.8倍左右;随着气体压力的进一步降低,渗透率快速升高,气体压力降低到1.940 MPa时,渗透率升高到初始值的1 260.4倍,气体压力降低到0.955 MPa时,渗透率升高到初始值的2 537.7倍,说明煤体发生了损伤破坏,内部产生了大量新裂隙。

图5-33(b)为JZS煤样在不同应力路径下的渗透率演化规律,总体上该煤样渗透率随气体压力的变化规律与CSL煤样较为一致,数值上有所差异。在路径1下,当气体压力由5.980 MPa降低到0.975 MPa时,煤体渗透率降低约25%。路径2下,相比于CSL煤样,JZS煤样渗透率随着气体压力的降低出现了较大幅度的升高,气体压力由5.970 MPa降低到1.005 MPa时,煤体渗透率增幅达90%。在路径3下,当气体压力大于2.960 MPa时,煤样渗透率增幅较小,当气体压力降低到1.010 MPa时,渗透率升高到初始值的16.4倍,此时煤样内部可能已经产生了少量新裂隙。在路径4下,当气体压力大于3.950 MPa时,煤样渗透率增幅较小,当气体压力降低到1.945 MPa时,煤体渗透率增加到初始值的87.1倍,此时煤体内部已经产生了一些新裂隙,当气体压力降低到0.945 MPa时,渗透率升高到初始值的7 109.4倍,表明此时煤体内部产生了大量新裂隙。

表5-7 不同应力路径下煤体渗透率的绝对值

应力路径	气体压力/MPa		渗透率/10^{-3} μm^2	
	CSL煤样	JZS煤样	CSL煤样	JZS煤样
路径1	5.980	5.980	0.021 9	0.013 4
	4.970	4.970	0.021 0	0.013 2
	3.990	3.955	0.019 8	0.012 3
	2.975	2.950	0.017 8	0.012 3
	2.000	1.955	0.016 7	0.011 1
	0.965	0.975	0.015 6	0.010 1
路径2	5.990	5.970	0.020 2	0.011 8
	5.010	4.990	0.020 6	0.013 1
	3.970	3.970	0.020 4	0.015 6
	2.965	2.945	0.020 5	0.015 3
	1.985	1.965	0.020 3	0.020 6
	0.975	1.005	0.021 0	0.022 4

表 5-7(续)

应力路径	气体压力/MPa		渗透率/10^{-3} μm^2	
	CSL 煤样	JZS 煤样	CSL 煤样	JZS 煤样
路径 3	5.985	6.000	0.019 1	0.010 2
	5.000	4.970	0.021 8	0.013 6
	3.990	4.015	0.022 8	0.015 8
	3.005	2.960	0.028 5	0.022 8
	2.000	1.955	0.046 1	0.048 0
	0.960	1.010	0.121 8	0.166 8
路径 4	6.040	5.955	0.034 1	0.037 7
	4.980	5.000	0.044 9	0.048 1
	3.970	3.950	0.058 4	0.071 8
	2.975	2.965	0.095 9	0.143 1
	1.940	1.945	42.981 0	3.282 4
	0.955	0.945	86.534 6	268.023 0

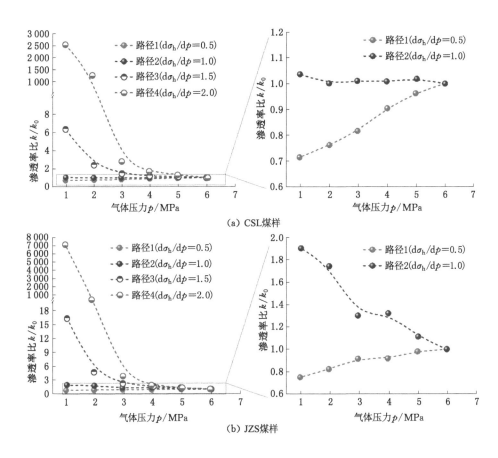

图 5-33 渗透率随气体压力的变化规律

5.4.4 煤体超声波波速演化规律

为了探究双重卸压过程中煤样内部结构演化及其对渗透率变化的控制机制,同步监测了卸压过程中煤体超声波波速的变化规律,结果如图 5-34 所示。图 5-34(a)和(b)分别为 CSL 和 JZS 煤样的纵波(P 波)波速变化,图 5-34(c)和(d)分别为 CSL 和 JZS 煤样的横波(S 波)波速变化,总体上两者的变化趋势较为一致。在路径 1 下,横波波速变化不明显,2 种煤样的纵波波速均随着气体压力的降低呈升高趋势,当气体压力由 6 MPa 降低到 1 MPa 时,CSL 煤样纵波波速由 2 498.9 m/s 升高到 2 521.0 m/s,增幅为 0.88%;JZS 煤样纵波波速由 2 545.9 m/s 升高到 2 568.9 m/s,增幅为 0.90%。这是因为该路径下煤样水平有效应力逐渐升高,导致原生裂隙闭合,因而超声波波速有所升高,这与 2 种煤样在该路径下渗透率降低的结论吻合。路径 2 下两种煤样的纵波和横波波速几乎都保持不变,这说明该条件下煤样内部的裂隙结构无明显变化,间接证明该路径下煤体渗透率升高是由于 Klinkenberg 效应增强导致的,而不是因为垂直有效应力升高导致裂隙开度增大引起的。路径 3 下,煤样的纵波波速随气体压力的降低逐渐降低。当气体压力由 6 MPa 降低到 1 MPa 时,CSL 煤样的纵波波速降低了 1.48%,JZS 煤样的纵波波速降低了 1.63%。该路径下 2 种煤样的横波波速变化更加明显,尤其是 JZS 煤样,其横波波速降幅达 27.66%。路径 4 的初始波速小于前 3 种路径(尤其是 JZS 煤样的横波波速),说明在路径 3 下煤样已经发生了损伤破坏。因此,路径 3 下煤样渗透率升高的原因包括 2 个:一是有效应力降低导致裂隙开度增大,二

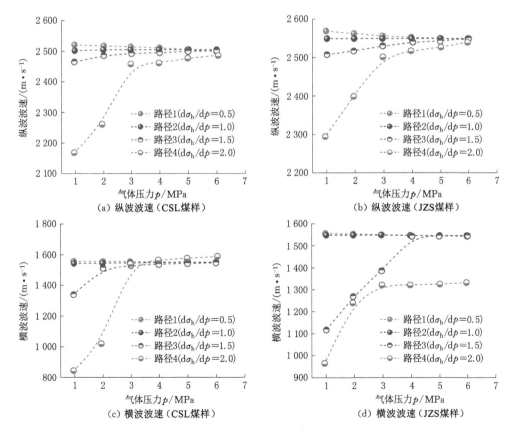

图 5-34　卸压过程中煤体超声波波速演化规律

是煤样内部产生了新裂隙。路径 4 下,当气体压力由 6 MPa 降低到 3 MPa 时,煤样内波速降低较为平缓,该阶段渗透率的升高主要是由于有效应力降低引起的;当气体压力由 3 MPa 降低到 1 MPa 时,超声波波速大幅降低,表明该阶段煤样内产生了大量新裂隙,从而导致煤体渗透率出现了大幅升高的现象。

5.4.5 煤体力学参数演化规律

煤体超声波波速的测试结果表明在双重卸压过程中煤体内部裂隙结构处于动态变化过程,包括裂隙开度的变化以及新裂隙产生等过程。这些现象的出现势必会改变煤体的力学特性,并进一步影响煤体的渗透率。为此,笔者基于同步超声波波速反演双重卸压过程中煤样力学参数的变化规律。

工程实践中,假设煤岩体为胡克介质无限体,则可通过所测试的纵波和横波波速反演煤岩体的力学参数,其计算公式如式(5-53)所示[223]:

$$
\begin{cases}
E_d = \dfrac{\rho v_s^2 (3v_p^2 - 4v_s^2)}{v_p^2 - v_s^2} \\
\nu_d = \dfrac{0.5 v_p^2 - v_s^2}{v_p^2 - v_s^2} \\
G_d = \rho v_s^2 \\
K_d = \dfrac{1}{3} \rho (3v_p^2 - 4v_s^2)
\end{cases}
\tag{5-53}
$$

式中 E_d, ν_d, G_d, K_d——煤体动态弹性模量、动态泊松比、动态剪切模量和动态体积模量;

v_p, v_s——煤体内纵波和横波波速;

ρ——煤体密度。

试验测得的 CSL 和 JZS 煤样的密度分别为 1 441 kg/m³ 和 1 460 kg/m³,将其代入式(5-53),可以计算得到双重卸压过程中煤样动态弹性模量、动态泊松比、动态剪切模量和动态体积模量随气体压力的变化规律,结果如图 5-35 所示。需要说明的是,式(5-53)仅适用于各向同性弹性介质。试验过程中,煤体发生破坏前满足以上假设,可以采用式(5-53)计算弹性参数;而当煤体发生损伤破坏后不再满足弹性各向同性假设,作者仅用式(5-53)的计算结果反映煤体力学参数的劣化趋势。

图 5-35(a)和(b)为双重卸压过程中煤体动态弹性模量随气体压力的变化规律。在路径 1 下 2 种煤样的动态弹性模量随气体压力的降低逐渐升高,当气体压力由 6 MPa 降低到 1 MPa 时,CSL 煤样的 E_d 由 8.21 GPa 升高到 8.33 GPa;JZS 煤样的 E_d 则由 8.41 GPa 升高到 8.55 GPa。这是因为该路径下水平有效应力升高导致煤样抵抗轴向变形的能力增强。路径 2 下 2 种煤样的 E_d 随气体压力降低无明显变化,这与波速的变化规律一致。在路径 3 下,CSL 煤样在气体压力高于 3 MPa 时,E_d 降幅并不明显,从 3 MPa 降低到 1 MPa 时,E_d 降低了 17.3%;JZS 煤样在气体压力高于 4 MPa 时,E_d 无明显变化,从 4 MPa 降低到 1 MPa 时,E_d 降低了 40.2%,从超声波分析得出此时煤样内部已经出现了局部损伤。路径 4 下,CSL 煤样在气体压力小于 3 MPa 后,E_d 出现了大幅降低,表明煤体内部发生了损伤破坏;JZS 煤样在路径 4 下的初始 E_d 明显低于路径 3 下的初始值,说明煤体内部存在初始损伤,当气体压力降低到 3 MPa 以下时,E_d 再次明显降低,说明煤体内出现了新的损伤。

图 5-35(c)和(d)为双重卸压过程中煤体动态泊松比随气体压力的变化规律。在路径 1

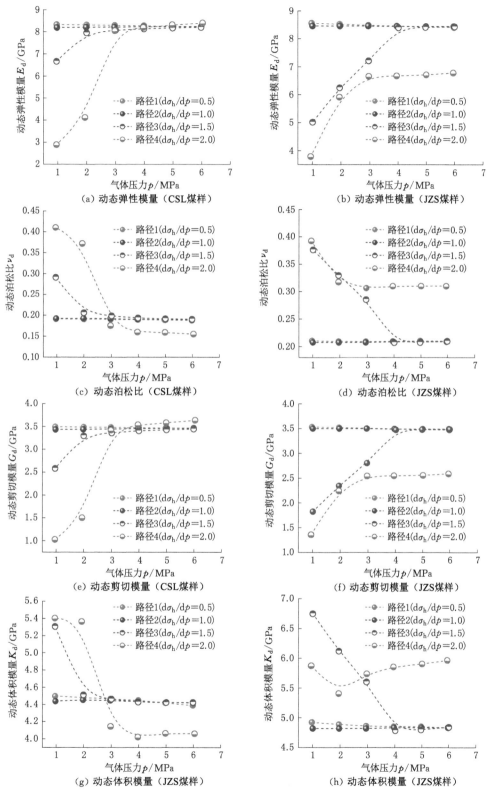

图 5-35 煤体力学参数随气体压力的演化规律

和 2 下,2 种煤样的 ν_d 均无明显变化。在路径 3 下,CSL 煤样的 ν_d 整体上呈上升趋势,但在气体压力高于 3 MPa 时增幅不明显,当气体压力从 3 MPa 降低到 1 MPa 时,ν_d 增加了 46.4%;JZS 煤样在气体压力高于 5 MPa 时无明显变化,当气体压力从 4 MPa 降低到 1 MPa 时,ν_d 增加了 81.1%,该条件下 ν_d 的增加是由水平方向卸压和新裂隙产生双重效应导致的。路径 4 下,CSL 煤样的 ν_d 在气体压力大于 4 MPa 时缓慢增加,从 4 MPa 降低到 1 MPa 时,ν_d 增加了 1.56 倍,说明煤样径向出现了大幅扩容现象,煤样内部出现了损伤破坏;JZS 煤样在路径 4 下的初始 ν_d 明显高于路径 3,说明该情况下煤样存在初始损伤,当气体压力大于 3 MPa 时,ν_d 无明显变化,气体压力从 3 MPa 降低到 1 MPa 时,ν_d 升高了 28.0%。

图 5-35(e)和(f)为双重卸压过程中煤体动态剪切模量随气体压力的变化规律。由于煤体的剪切模量与弹性模量成正比,与泊松比成反比,而双重卸压过程中煤体的弹性模量和泊松比呈相反的变化趋势,因此,该过程中煤体的剪切模量与弹性模量的变化趋势基本一致,此处不再赘述。

图 5-35(g)和(h)为双重卸压过程中煤体动态体积模量随气体压力的变化规律。由于煤体的体积模量与弹性模量和泊松比均成正比关系,而双重卸压过程中煤体的弹性模量和泊松比呈相反的变化趋势,因此,该过程中煤体的体积模量如何变化具有不确定性。对于 CSL 煤样,煤样的动态弹性模量总体上与动态泊松比的变化趋势较为相似,说明该煤样的动态体积模量主要受动态泊松比的影响。而对于 JZS 煤样,在路径 4 下的动态弹性模量整体上呈降低趋势,但存在一定程度的波动,说明该条件下的动态体积模量同时受到动态弹性模量和动态泊松比的影响。

5.4.6 煤体力学参数变化对水平应力的影响

在前期的研究中,作者基于孔弹性假设并结合广义胡克定律构建了单轴应变条件下降气体压力过程煤体水平应力动态演化控制方程[221]:

$$\sigma_h = \sigma_{h0} + \frac{1-2\nu}{1-\nu}\alpha(p-p_0) + \frac{E}{3(1-\nu)}\varepsilon_L\left(\frac{p}{p_\varepsilon+p} - \frac{p_0}{p_\varepsilon+p_0}\right) \tag{5-54}$$

式中　σ_h ——水平应力;

　　　ν ——煤体泊松比;

　　　α ——比奥系数;

　　　p ——气体压力;

　　　E ——煤体弹性模量;

　　　ε_L ——Langmuir 式吸附应变常数;

　　　p_ε ——Langmuir 式吸附压力常数;

　　　下标"0"——初始值。

从式(5-54)可以看出,等式右侧第 1 项为常数,第 2 项与气体压力之间呈线性关系,而第 3 项与气体压力之间呈非线性关系。因此根据该模型,单轴应变条件下煤体水平应力与气体压力之间呈非线性变化关系。图 5-36 为典型煤体单轴应变条件下水平应力随气体压力变化的理论曲线,煤体的基本力学参数见表 5-8。可以看出:卸压初期,煤体水平应力近似线性降低,但后期呈现明显的非线性,在相同气体压力降幅下,水平应力降幅更大。但是,现有的实验室测试结果表明:单轴应变条件下,煤体水平应力与气体压力之间呈高度的线性关系。以上分析表明:理论建模和试验测试结果存在一定的偏差。作者基于此次的试验结果,尝试对以上偏差形成的原因做出分析,并对今后的建模提出建议。

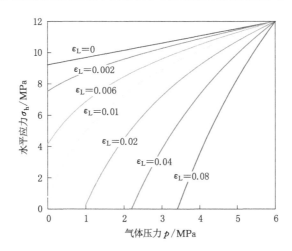

图 5-36　单轴应变条件下煤体水平应力随气体压力演化理论曲线

表 5-8　煤体基本力学参数

σ_{h0}/MPa	ν	α	p_0/MPa	E/GPa	p_ϵ/MPa
12.0	0.35	1.0	6.0	2.2	2.0

已有研究指出:煤岩体的静态弹性模量和动态弹性模量之间存在很大差异,后者与前者之比为 1~10[223]。这说明本书通过声波法测得的煤体弹性模量和泊松比无法直接用于公式(5-54)中分析水平应力的变化规律,但是动态弹性模量和动态泊松比可以反映静态参数的整体变化趋势,因此,本书测试结果可用于定性分析水平应力的演化趋势。从式(5-54)可以看出:水平应力变化的非线性主要来自等式右侧的第 3 项,即由于后期相同气体压力降幅下,煤体基质收缩效应更加明显,因而出现后期水平应力降幅更加明显的现象。但是,从前面的研究结果可以看出:随着气体压力的降低,煤体的弹性模量是逐渐降低的,尤其是后期,弹性模量降幅更加明显,这弱化了基质收缩效应的影响,因而出现了理论模型中后期水平应力降幅明显高于试验测试结果的现象。后续建模时应当充分考虑双重卸压对煤体主要力学参数的影响,构建更加接近试验结果的理论模型。

5.4.7　双重卸压过程中煤体屈服破坏机制

前文渗透率测试结果表明:在路径 1 和 2 条件下,随着气体压力的降低,煤体的渗透率出现小幅度降低或升高的现象,分析认为这 2 种条件下煤样在整个卸压过程中处于弹性变形状态,渗透率的变化主要是由裂隙开度的变化导致的。而在路径 3 和 4 条件下,煤体的渗透率在后期出现了较大幅度的升高,在路径 4 条件下增幅甚至达数千倍,这些现象均表明,该条件下煤体内部出现了损伤破坏。而这些结论均被超声波波速的测试结果所证实。图 5-37 为按照路径 4 卸压前后煤体的破坏形貌特征,可以看出该过程中煤体以剪切破坏为主,存在明显的剪切破坏面。

为了分析双重卸压过程中煤体屈服破坏的力学机制,作者以 Mohr-Coulomb 准则为基础并结合煤体力学强度的弱化(假设破坏后煤体内摩擦角不变,仅考虑内聚力劣化的影

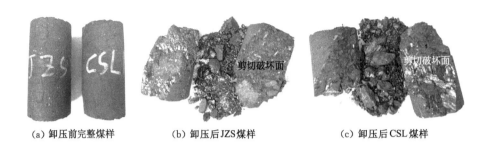

（a）卸压前完整煤样　　　（b）卸压后JZS煤样　　　（c）卸压后CSL煤样

图 5-37　双重卸压前后煤样破坏面的形貌特征

响)[224]，分析了双重卸压下煤体应力路径的演化规律，结果如图 5-38 所示。

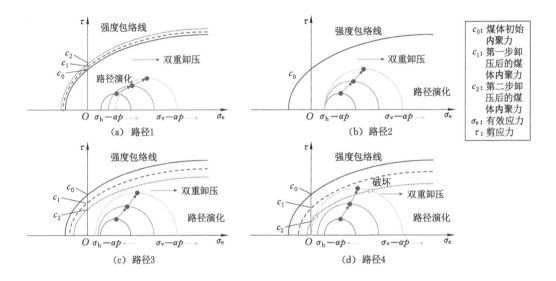

图 5-38　双重卸压过程中煤体应力路径演化规律

在路径 1 下，煤体的水平有效应力和垂直有效应力均逐渐增大，但是，由于水平应力在降低，所以水平有效应力的增幅要小于垂直有效应力的，因而莫尔圆在逐渐向右移动的同时，半径缓慢增大。此外，该过程由于水平有效应力增大，裂隙闭合，煤体的内聚力略有增强，因此卸压过程中莫尔圆与强度包络线之间的距离逐渐增大，煤体不会发生破坏。

在路径 2 下，煤体垂直有效应力逐渐升高，但由于水平应力和气体压力降幅相等，因此，水平有效应力在卸压过程中保持不变。卸压过程中莫尔圆圆心向右移动，半径逐渐增大。此外，由于煤体水平有效应力在卸压过程中保持不变，因此，认为该情况下煤体的内聚力不发生变化，整个过程莫尔圆逐渐向强度包络线靠近，但较为缓慢，因此，煤体发生破坏的概率较低。

在路径 3 下，煤体垂直有效应力逐渐增大，而由于水平应力降幅大于气体压力降幅，因而煤体的水平有效应力是逐渐降低的。莫尔圆圆心向右缓慢移动，半径持续扩大。此外，由于卸压过程中水平有效应力持续降低，导致煤体内部裂隙持续张开，煤体内聚力逐渐降低，因此卸压过程中莫尔圆与强度包络线之间的间距逐渐减小，煤体可能发生破坏。

在路径 4 下，煤体的有效应力演化与路径 3 较为相似，但水平应力降幅更大，莫尔圆半径增幅更加显著,莫尔圆以更快的速度向强度包络线靠近。此外,路径 4 下煤体内聚力的衰减程度更高,因而该情况下煤体发生屈服破坏的概率更高。

为了进一步分析双重卸压过程中煤体的屈服破坏过程,作者以损伤系数 D 为指标,分析该过程中煤体损伤演化规律。

$$D = 1 - \frac{E_{d}}{E_{d0}} \qquad (5\text{-}55)$$

式中　D——煤体的损伤系数;

　　　E_{d}——煤体的动态弹性模量;

　　　E_{d0}——煤体的动态弹性模量初始值。

双重卸压过程中 2 种煤样的损伤系数演化规律如图 5-39 所示。在路径 1 下,随着气体压力的降低,2 种煤样的损伤系数均有所降低,且低于 0,这是因为该情况下随着水平有效应力的升高,煤样内部裂隙闭合,力学性能有所增强。在路径 2 下,随着气体压力的降低,煤样的损伤系数几乎不发生变化。在路径 3 和 4 下,煤体的损伤系数随着气体压力的降低逐渐升高。在初期,损伤系数缓慢升高,这主要是由卸压导致的裂隙张开引起的;后期损伤系数快速升高,主要是由于煤体内发生了损伤破坏并产生新裂隙而引起的。需要指出的是,鉴于声波法在测试煤样破坏阶段力学性质的局限性,图 5-39 的结果仅是为了反映煤体的整体损伤趋势,更为准确的损伤演化需采用其他更为先进的测试手段获取。

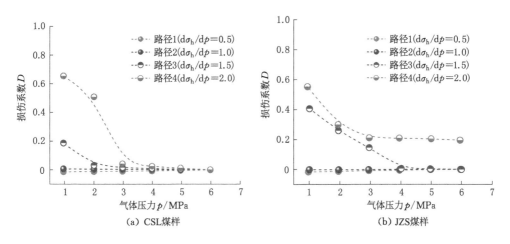

图 5-39　双重卸压过程中煤体损伤系数演化规律

5.5　基于基质-裂隙相互作用的煤体渗透率模型

5.5.1　煤体物理结构模型的改进

建立储层渗透率模型的关键是确定煤体的物理结构。一般认为煤体为双重孔隙介质,由煤基质与裂隙组成。由于裂隙表面粗糙不平以及大量矿物的存在,裂隙壁间存在部分接触,如图 5-40(c)所示。本节将裂隙面接触点及矿物充填处统一抽象为"煤基质岩桥"[148,169]。图 5-40 为简化的煤体物理结构模型及其基本组成单元。该结构模型假设煤储层由边长为 L_{m} 的煤基质以及开度为 L_{f} 的裂隙组成,其中煤基质间通过煤基质岩桥岩桥连接［图 5-40(a)］。图 5-40(b)为煤储层的代表性表征单元体(REV)，图中实线圈闭的浅灰色区域为变形前的基本单元，虚线圈闭区域(包括深色和浅色区域)为变形后的基本单元。本节将基于该物理模型研究煤基质与裂隙间的相互作用规律，并以此构建含瓦斯煤体气-固耦合渗透率模型。

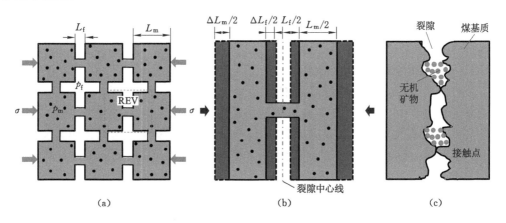

图 5-40　煤体物理结构模型及基本单元

5.5.2　煤体吸附变形定量表征

　　煤基质吸附瓦斯或温度变化后会产生膨胀变形，改变煤体裂隙开度。根据图 5-40，煤基质岩桥的存在会阻碍基质向煤体内部膨胀，减小裂隙变形。因此，由于气体吸附及温度变化引起的煤基质变形只有部分用于改变裂隙开度，其余部分用于改变煤体总体积，其概念模型如图 5-41 所示。为了定量表征基质膨胀引起的裂隙变形，本书引入内膨胀系数 f ($0<f<1$)，该值表示吸附及温度变化引起的裂隙开度增量与基质尺度增量的比值，即：

$$f = \frac{\Delta L_f^{S+T}}{\Delta L_m^S + \Delta L_m^T} = 1 - \frac{\Delta L_b^{S+T}}{\Delta L_m^S + \Delta L_m^T} \tag{5-56}$$

式中　f——内膨胀系数；

　　　　ΔL_f^{S+T}——吸附及温度变化引起的裂隙开度增量；

　　　　ΔL_m^S——吸附引起的基质尺度增量；

　　　　ΔL_m^T——温度变化引起的基质尺度增量；

　　　　ΔL_b^{S+T}——吸附及温度变化引起的煤体尺度增量。

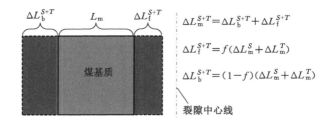

$$\Delta L_m^{S+T} = \Delta L_b^{S+T} + \Delta L_f^{S+T}$$

$$\Delta L_f^{S+T} = f(\Delta L_m^S + \Delta L_m^T)$$

$$\Delta L_b^{S+T} = (1-f)(\Delta L_m^S + \Delta L_m^T)$$

图 5-41　基质吸附及温度引起的变形对裂隙开度的影响概念图

　　煤基质因温度变化而产生的膨胀应变可由式(5-57)表示[36]：

$$\Delta\varepsilon_m^T = \alpha_T(T - T_0) \tag{5-57}$$

式中　α_T——煤体热膨胀系数；

　　　T——煤体温度；

　　　T_0——煤体的初始温度。

在无约束条件下，煤体吸附瓦斯后发生膨胀变形，假设吸附膨胀应变正比于煤基质吸附瓦斯量，则基质吸附膨胀应变可由 Langmuir 形式的方程表示。考虑初始变形及温度变化的影响，则煤基质吸附膨胀应变可由式(5-58)表示[33]：

$$\Delta\varepsilon_m^S = \varepsilon_L\left(\frac{p_m}{p_\varepsilon + p_m} - \frac{p_{m0}}{p_\varepsilon + p_{m0}}\right)\exp\left[-\frac{d_2}{1 + d_1 p_m}(T - T_0)\right] \tag{5-58}$$

式中　d_1——压力系数；

　　　d_2——温度系数；

　　　p_m——基质瓦斯压力；

　　　p_{m0}——基质初始瓦斯压力；

　　　ε_L——Langmuir 式吸附应变常数；

　　　p_ε——Langmuir 式吸附压力常数。

基于以上分析，可知煤基质因气体吸附及温度变化而引起的膨胀变形可分为两部分：一部分向内膨胀，用于改变裂隙的体积，称之为内膨胀变形；另一部分向外膨胀，改变煤体体积，称为外膨胀变形。考虑到 $L_f \ll L_m$，因气体吸附及温度变化而引起的裂隙体积应变及煤体总体积应变可分别由式(5-59)和式(5-60)表示(压为负)：

$$\Delta\varepsilon_f^{S+T} = -\frac{3\Delta L_f^{S+T}}{L_f} = -\frac{3f(\Delta L_m^S + \Delta L_m^T)}{L_f} = -\frac{L_m}{L_f}f(\Delta\varepsilon_m^S + \Delta\varepsilon_m^T) \tag{5-59}$$

$$\Delta\varepsilon_b^{S+T} = -\frac{3\Delta L_b^{S+T}}{L_b} = -\frac{3(1-f)(\Delta L_m^S + \Delta L_m^T)}{L_m + L_f} = (1-f)(\Delta\varepsilon_m^S + \Delta\varepsilon_m^T) \tag{5-60}$$

如果能够分别测出煤体以及煤基质因吸附及温度变化引起的膨胀应变，则由公式(5-60)即可计算出该条件下煤体的内膨胀系数。

5.5.3　煤体内膨胀系数的影响因素及变化规律

为了探索煤基质与煤体裂隙间的相互作用机制，本小节通过渗透率公式反演，研究了煤基质内膨胀系数的影响因素及其影响规律[169]。

5.5.3.1　边界条件对内膨胀系数的影响

（1）单轴应变条件

图 5-42 为单轴应变条件下煤基质内膨胀系数随煤储层孔隙压力的变化情况。图中用于反演内膨胀系数的原始数据来源于 S. M. Liu 等[205]的研究。从图中可以看出，对于煤层气井 A-1 和 A-2，随着孔隙压力的降低，基质内膨胀系数整体上呈降低趋势。对于 A-1 井，当孔隙压力从 5.50 MPa 下降到 3.50 MPa，f 下降了 52.6%；当孔隙压力从 3.50 MPa 到 2.00 MPa，f 仅发生小幅波动；当孔隙压力从 2.00 MPa 降低到 0.35 MPa，f 又快速降低。对于 A-2 井，在排采初期，其内膨胀系数迅速降低，孔隙压力从 4.70 MPa 下降到 3.80 MPa，f 出现了较大幅度的反弹，随后又快速降低。煤基质的内膨胀系数随孔隙压力降低并不是呈现出单调下降的趋势，甚至出现较大幅度的波动，说明该情况下，f 还受到其他因素的影响。

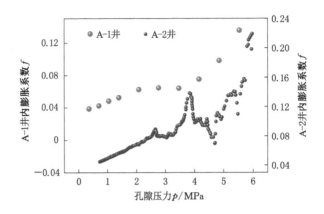

图 5-42　单轴应变条件下煤基质内膨胀系数变化规律

（2）恒定围压条件

图 5-43 为恒定围压条件下煤基质内膨胀系数随孔隙压力的变化规律。图中用于反演内膨胀系数的原始数据来源于 R. Pini 等[225] 以及 E. P. Robertson 等[226] 的研究。从图中可以看出，该条件下，内膨胀系数总体上随着孔隙压力的降低而升高，且围压越高，内膨胀系数也就越大。这是因为高围压约束了煤体向外膨胀，因而该条件下更高比例的基质膨胀被用于改变裂隙开度。当围压为 6.9 MPa 时，随着孔隙压力的升高，初始时刻 f 迅速降低，孔隙压力从 2.0 MPa 升高到 3.5 MPa，f 略有升高，随后快速降低。围压为 10.0 MPa 时的变化趋势与之类似。

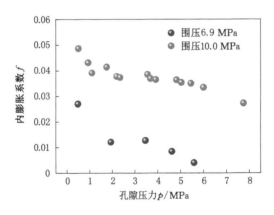

图 5-43　恒定围压条件下煤基质内膨胀系数变化规律

（3）恒定有效应力条件

图 5-44 为恒定有效应力条件下基质内膨胀系数随孔隙压力的变化规律。图中用于反演内膨胀系数的原始数据来源于 L. D. Connell 等[202] 的研究。从图中可以看出，随着孔隙压力的降低，f 逐渐降低，且有效应力越大，基质的内膨胀系数越小。例如，有效应力从 4 MPa 增加到 6 MPa，f 平均降低 11.28%。此外，在相同有效应力下，煤体的初始裂隙率越大，煤基质的内膨胀系数也就相对越高，例如，当初始裂隙率 φ_{f0} 从 0.012 增加到 0.015 时，f 平均增加 25.00%。

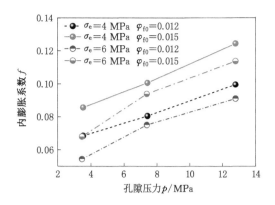

图 5-44　恒定有效应力条件下煤基质内膨胀系数变化规律

5.5.3.2　气体类型对内膨胀系数的影响

上文研究发现不同边界条件下的内膨胀系数随孔隙压力并非呈严格的单调变化，而是存在一定程度的波动，说明还可能有其他因素的影响。基于此，本小节进一步探讨了不同气体类型对煤基质内膨胀系数的影响。

图 5-45 为恒定围压下煤体吸附不同类型气体后的内膨胀系数随孔隙压力的变化规律。用于反演图中煤基质内膨胀系数的原始数据来源于 J. Q. Shi 等[227] 的研究，试验测试了恒定围压为 6.9 MPa 条件下，流体介质分别为 N_2、CH_4 和 CO_2 时煤芯渗透率随孔隙压力的变化情况。从图中可以看出煤中的流体介质不论是 N_2、CH_4 还是 CO_2，其内膨胀系数随孔隙压力降低整体上都呈增大趋势。进一步分析可以发现：在相同条件下，流体介质为 N_2 时煤基质的内膨胀系数最大，流体介质为 CH_4 时煤基质的内膨胀系数次之，流体介质为 CO_2 时煤基质的内膨胀系数最小。关于不同气体导致煤基质内膨胀系数存在较大差异的具体原因将在下文做进一步讨论。

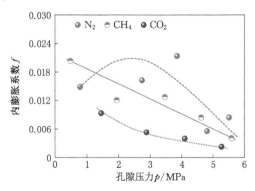

图 5-45　气体类型对煤基质内膨胀系数的影响

5.5.3.3　煤的变质程度对内膨胀系数的影响

图 5-46 给出了不同变质程度煤体吸附不同类型气体后的内膨胀系数。用于反演图中内膨胀系数的原始数据来源于 J. Q. Shi 等[227] 的研究。试验在相同的围压下（6.9 MPa），采

用不同类型的气体介质(N_2、CH_4和CO_2)测试了不同变质程度煤体(煤 A 和煤 G)的渗透率随孔隙压力的变化规律。其中,煤 A 为亚烟煤,固定碳含量为 36.23%,煤 G 为高挥发分烟煤,固定碳含量为 52.07%。

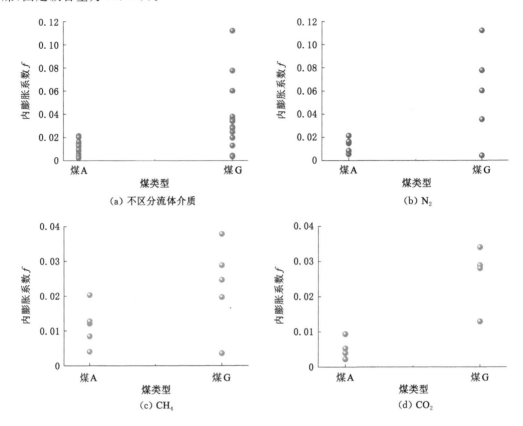

图 5-46　煤的类型对煤基质内膨胀系数的影响

从图中可以看出,整体上煤 G 的内膨胀系数明显高于煤 A 的。为排除气体类型对内膨胀系数的影响,单独绘制了单一气体对应的煤体内膨胀系数,从图中可以看出,不论试验介质是 N_2、CH_4 还是 CO_2,煤 G 的内膨胀系数均明显高于煤 A 的,这与整体规律一致。上述分析说明,煤体变质程度同样对内膨胀系数有较大影响,且变质程度越高,内膨胀系数越大。

5.5.4　内膨胀系数的主控因素及其影响机制

基于上述分析,可以得出:影响煤体内膨胀系数的主要因素包括煤体的宏观力学特性、煤体裂隙结构及其力学特性、煤基质的吸附变形特性以及煤体所处的应力环境四个方面。其中煤体的宏观力学特性主要指煤的弹性模量和泊松比;裂隙结构及其力学特性主要包括煤中裂隙开度、裂隙率以及裂隙刚度等;煤基质的吸附变形特性主要受基质孔隙压力、吸附气体的类型、煤的变质程度以及煤基质的弹性模量等的影响;煤体所处的应力环境主要指煤体的有效应力,主要涉及煤体的围压、基质孔隙压力以及裂隙内的气体压力。本节基于已发表的现场及实验室测试数据反演了不同条件下煤体的内膨胀系数,并分析了边界条件、流体介质、孔隙压力以及煤的变质程度等对煤的内膨胀系数的影响规律。

关于边界条件的研究结果表明:在单轴应变条件下,煤体的内膨胀系数随着孔隙压力的降低而逐渐降低;在恒定围压条件下,随着孔隙压力的降低内膨胀系数总体上呈升高趋势,而在恒定有效应力条件下,随孔隙压力的降低内膨胀系数逐渐降低。在单轴应变条件下,随着煤层气排采的进行,煤层孔隙压力降低,导致有效应力增加,煤基质收缩;在恒定围压条件下,随着孔隙压力的降低,有效应力增加,煤基质收缩;而在恒定有效应力条件下,随着孔隙压力的降低,有效应力不变,煤基质收缩。通过分析可以发现基质膨胀导致内膨胀系数增加,而有效应力降低会引起内膨胀系数减小,内膨胀系数的最终变化趋势是这两种因素竞争作用的结果。因此,可以认为边界条件对煤体内膨胀系数影响的实质是通过改变煤体有效应力及引起煤基质膨胀或收缩而导致内膨胀系数发生变化。需要说明的是,由于在恒定孔隙压力下煤体不发生膨胀变形,在此条件下讨论内膨胀系数没有意义。

煤体作为双重孔隙介质,其内部既含有基质孔隙,同时也含有裂隙。当煤体未受扰动时,基质内孔隙压力和裂隙内气体压力相等,此时两者可看作同一个值;但是,当煤体受到扰动时,如煤层气开采或瓦斯抽采过程中,裂隙内气体压力一般低于基质孔隙压力,此时两者需区别对待。因此,在计算煤体有效应力时也需同时考虑基质孔隙压力和裂隙气体压力。目前,也有一些学者在建立渗透率模型时考虑了内膨胀变形对渗透率演化的影响,但模型中将基质孔隙压力和裂隙气体压力视为相等,这就导致模型低估了煤体所受到的有效应力,从而低估了煤体的内膨胀系数及其对煤体渗透率演化规律的影响[228]。

图 5-46 的结果表明:流体介质类型对内膨胀系数有较大影响,且呈现出如下规律:$f(N_2) > f(CH_4) > f(CO_2)$。由于测试过程所采用的煤芯以及煤芯所处的边界条件相同,因此,导致上述结果的原因可归结为:同一煤体对不同气体的吸附变形特性不同。为此,本书分析了相同条件下,煤体对 N_2、CH_4 和 CO_2 的吸附变形特性(具体参数如表 5-9 所列),发现煤体的 Langmuir 式吸附应变常数与气体种类密切相关:N_2 的 Langmuir 式吸附应变常数最小,为 0.003 05;CH_4 的次之,为 0.009 31;CO_2 的最大,为 0.035 27。这主要是因为:相同条件下煤体对 CO_2 的吸附量最大,CH_4 次之,对 N_2 的吸附量最小。此外,煤体吸附不同气体时的 Langmuir 式吸附压力常数表现出如下规律:$p_\varepsilon(N_2) > p_\varepsilon(CH_4) > p_\varepsilon(CO_2)$,这一参数反映了煤体对不同气体的吸附难易程度。通过上述分析可以得出:相同条件下,煤体对某一气体的吸附量越大,越容易吸附,则该气体所对应的基质内膨胀应变越小,反之亦然。进一步的分析认为:气体类型通过改变煤体 Langmuir 式吸附应变常数 ε_L 及 Langmuir 式吸附压力常数 p_ε,进而改变 f 值,其本质是煤体吸附不同的气体后基质膨胀应变发生了变化,进而改变了煤体的内膨胀系数,且基质膨胀应变越大,其对应的内膨胀系数越低。

表 5-9　煤 A 吸附常数[227]

吸附常数	气体类型		
	N_2	CH_4	CO_2
ε_L	0.003 05	0.009 31	0.035 27
p_ε/MPa	7.72	6.11	3.83

图 5-46 的结果表明:煤体类型对内膨胀系数也有较大影响。为了弄清变质程度对煤体内膨胀系数的影响机制,本书进一步分析了两种煤之间的差异,认为导致两种煤体内膨胀系数不同的可能原因主要包括:吸附变形的差异以及煤体结构、力学性质间的差异。表 5-10

为两种变质程度煤吸附不同气体时的最大吸附膨胀应变。分析发现不论测试流体为何种气体,煤 G 的最大吸附膨胀应变均小于煤 A 的,而一般认为煤体的最大吸附膨胀应变正比于煤体对气体的吸附量,因此可以认为导致煤 G 的内膨胀系数明显较高的主要原因是煤 G 对气体的吸附能力较低。同样,煤体类型对内膨胀系数影响的机制是:煤体对气体的吸附能力不同,其膨胀变形能力也就不同,进而导致煤基质膨胀变形量的不同,最终影响内膨胀系数。

表 5-10　不同类型煤体的最大吸附膨胀应变[227]

煤体类型	最大吸附膨胀应变		
	N_2	CH_4	CO_2
煤 A	0.003 05	0.009 31	0.035 27
煤 G	0.001 96	0.007 65	0.015 59

虽然整体上煤 G 的内膨胀系数较高,但也存在奇点,这说明煤体结构及其导致的力学性质的差异也是影响内膨胀系数的因素。结合图 5-44 的结果,此处分析了煤体结构及其力学特性对内膨胀系数的影响机制。从图 5-44 中可以看出:在有效应力相同的条件下,煤体初始裂隙率越高,其内膨胀系数也就越大,这主要与煤体的内部结构及裂隙的力学特性有关。由煤体的物理结构模型可知:煤体初始裂隙率正比于 L_f/L_m,这说明裂隙开度越大,基质宽度越小,则煤体内膨胀系数越大。原因是:裂隙开度越大,则裂隙的刚度也就越低,导致裂隙的体积模量越小,裂隙更容易被压缩,基质的吸附变形对裂隙开度的贡献率更高,从而导致内膨胀系数增加。

综合以上分析可以得出:煤体内膨胀系数主要受煤体有效应力及吸附膨胀的影响,其余影响因素如边界条件、气体类型、煤的变质程度、力学特性及内部结构等均是通过改变煤体的有效应力以及吸附膨胀间接影响内膨胀系数的。

5.5.5　内膨胀系数对煤体渗透率的影响机制

研究煤基质与煤体裂隙间相互作用关系(内膨胀系数)的最终目的是探索这一作用对煤体渗透率的影响机理。本小节将基于试验数据及反演得到的内膨胀系数分析两者之间的对应关系以及基质-裂隙相互作用对煤体渗透率的影响机制。

在单轴应变条件下,随着煤层气的排采,煤体渗透率逐渐升高,而计算得到的内膨胀系数整体上呈降低趋势;实验室条件下,不论测试条件是恒定围压还是恒定有效应力,渗透率的演化规律均与内膨胀系数的变化相反。据此可以得出:随着内膨胀系数的增加,煤体的渗透率逐渐降低。图 5-47 为煤体有效应力及吸附膨胀对内膨胀系数的影响机制概念图。从图 5-47(a)中可以看出:在相同的孔隙压力下,煤基质吸附膨胀变形相等。有效应力的增加导致因吸附而引起的煤体变形量减小,从而导致裂隙因吸附引起的膨胀变形量增加,最终导致内膨胀系数增大。而煤体裂隙的内膨胀变形量增加会引起裂隙开度的降低,从而导致裂隙渗透率降低。图 5-47(b)说明了吸附膨胀对内膨胀系数的影响:当煤体有效应力保持不变时,随着孔隙压力的增加,煤基质吸附膨胀变形量增加,导致裂隙内膨胀变形量增加,最终引起内膨胀系数增大。同样道理,裂隙内膨胀变形量的增加会导致其开度减小,降低煤体渗透率。因此,可以得出煤体的内膨胀系数与煤体渗透率间成反比关系,内膨胀系数增加,煤体渗透率降低。

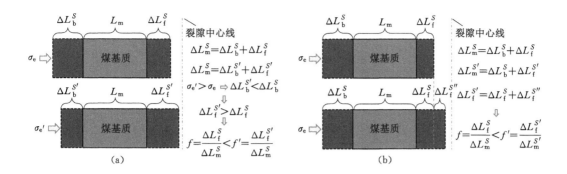

图 5-47 煤体有效应力及吸附膨胀对内膨胀系数的影响机制

从图 5-42～图 5-46 可以看出,不论是实验室条件下还是现场煤层气开采过程中,煤体的内膨胀系数多集中在 0～0.1 之间,一般不超过 0.2。因此,在构建实验室条件及现场煤层气生产过程中煤体渗透率演化模型时,内膨胀系数的合理取值范围在 0～0.2 之间。

5.5.6 渗透率模型构建及验证

前人在煤层气排采或煤矿井下瓦斯抽采过程中煤体渗透率演化这一科学问题上已开展了大量的研究工作,并取得了一系列重要的研究成果,这些研究成果对于揭示含瓦斯煤体气-固耦合机制、优化钻孔及煤层气井布置以及气井产能预测等有着重要意义[229]。但目前人们对基质-裂隙作用规律仍认识不清,通常会高估吸附膨胀对煤体渗透率的贡献,构建的渗透率模型无法准确预测实验室及现场条件下渗透率的动态演化过程。针对以上问题,本节将以前文的研究为基础,引入双重孔隙介质有效应力原理,构建弹性变形煤体渗透率模型。

5.5.6.1 煤基质的变形特征

煤体为双重孔隙介质,内部含有大量的基质孔隙和裂隙。通常认为瓦斯主要以吸附态的形式存在于基质孔隙中,以游离态的形式存在于裂隙系统中[23]。煤体未受扰动时,孔隙系统与裂隙系统处于动态平衡状态,两者瓦斯压力相等;煤体受到扰动后,平衡被打破,基质与裂隙内的瓦斯压力发生变化。由于煤基质的渗透率要远小于裂隙的渗透率,因而基质中的瓦斯压力一般情况下高于裂隙瓦斯压力。因此,对于含有孔隙与裂隙系统的煤储层,同时考虑孔隙压力与裂隙压力的双重孔隙介质有效应力原理更适合描述其力学状态[78]:

$$\sigma_e = \sigma - (\alpha p_f + \beta p_m)\delta_{ij} \tag{5-61}$$

$$\Delta\sigma_e = \sigma - \sigma_0 - \alpha(p_f - p_{f0}) - \beta(p_m - p_{m0}) \tag{5-62}$$

式中　σ_e——有效应力;

　　　σ——外加应力;

　　　p_f——裂隙瓦斯压力;

　　　δ_{ij}——Kronecker 符号;

　　　α,β——比奥系数,$\alpha = 1 - K/K_m$,$\beta = K/K_m - K/K_s$,其中 K 为煤体的体积模量,$K = E/3(1-2\nu)$,K_m 为煤基质的体积模量,$K_m = E_m/3(1-2\nu)$,K_s 为煤骨架的体积模量,E 为煤体的弹性模量,E_m 为煤基质的弹性模量,ν 为泊松比。

煤基质的变形主要由三部分构成,包括:因瓦斯吸附导致的膨胀变形,因温度变化导致的变形以及因有效应力变化产生的力学变形:

$$\Delta\varepsilon_m = \Delta\varepsilon_m^S + \Delta\varepsilon_m^T + \Delta\varepsilon_m^E \tag{5-63}$$

煤基质因有效应力变化而导致的力学变形可由下式计算得到:

$$\Delta\varepsilon_m^E = -\frac{\Delta\sigma_e}{K_m} \tag{5-64}$$

结合煤基质的吸附变形、温度变化引起的变形和式(5-64),可得煤基质的变形控制方程:

$$\Delta\varepsilon_m = \varepsilon_L\left(\frac{p_m}{p_\varepsilon + p_m} - \frac{p_{m0}}{p_\varepsilon + p_{m0}}\right)\exp\left[-\frac{d_2}{1+d_1 p_m}(T - T_0)\right] + \alpha_T(T - T_0) - \frac{\Delta\sigma_e}{K_m} \tag{5-65}$$

5.5.6.2 煤体裂隙的变形

煤体裂隙的变形包括气体吸附及温度变化引起的变形以及有效应力变化引起的力学变形两部分:

$$\Delta\varepsilon_f = \Delta\varepsilon_f^{S+T} + \Delta\varepsilon_f^E \tag{5-66}$$

煤体裂隙因有效应力变化引起的力学变形可由式(5-67)表示:

$$\Delta\varepsilon_f^E = -\frac{\Delta\sigma_e}{K_f} \tag{5-67}$$

式中 K_f——煤中裂隙的体积模量,$K_f = L_m K_n$,K_n 为单条裂隙的刚度。

结合裂隙的吸附变形、温度变化引起的变形和式(5-67),可得煤体裂隙的变形控制方程:

$$\Delta\varepsilon_f = -\frac{L_m}{L_f}f\left\{\varepsilon_L\left(\frac{p_m}{p_\varepsilon + p_m} - \frac{p_{m0}}{p_\varepsilon + p_{m0}}\right)\exp\left[-\frac{d_2}{1+d_1 p_m}(T - T_0)\right] + \alpha_T(T - T_0)\right\} - \frac{\Delta\sigma_e}{K_f} \tag{5-68}$$

5.5.6.3 煤体的体积变形

同样,煤体的体积变形也包括因气体吸附及温度变化引起的变形和因有效应力改变引起的力学变形两部分:

$$\Delta\varepsilon_b = \Delta\varepsilon_b^{S+T} + \Delta\varepsilon_b^E \tag{5-69}$$

其中,因有效应力变化引起的力学变形可由式(5-70)表示:

$$\Delta\varepsilon_b^E = -\frac{\Delta\sigma_e}{K} \tag{5-70}$$

结合煤体的吸附变形、温度变化引起的变形和式(5-70)可得煤体体积应变的控制方程:

$$\Delta\varepsilon_b = (1-f)\left\{\varepsilon_L\left(\frac{p_m}{p_\varepsilon + p_m} - \frac{p_{m0}}{p_\varepsilon + p_{m0}}\right)\exp\left[-\frac{d_2}{1+d_1 p_m}(T - T_0)\right] + \alpha_T(T - T_0)\right\} - \frac{\Delta\sigma_e}{K} \tag{5-71}$$

5.5.7 煤体孔隙率及渗透率演化控制方程

根据图 5-40 双孔介质煤体物理结构模型($L_f \ll L_m$)可以计算得到煤体的裂隙率:

$$\varphi_f = \frac{(L_m + L_f)^3 - L_m^3}{(L_m + L_f)^3} \approx \frac{3L_f}{L_m} \tag{5-72}$$

假设煤体的变形为弹性变形,煤基质的变形量相对于裂隙的变形量可忽略不计,则有:

$$\frac{\varphi_{\mathrm{f}}}{\varphi_{\mathrm{f0}}} = \frac{L_{\mathrm{f}}}{L_{\mathrm{f0}}} \cdot \frac{L_{\mathrm{m0}}}{L_{\mathrm{m}}} \approx \frac{L_{\mathrm{f}}}{L_{\mathrm{f0}}} = 1 + \frac{\Delta L_{\mathrm{f}}}{L_{\mathrm{f0}}} = 1 + \Delta\varepsilon_{\mathrm{f}} \tag{5-73}$$

$$\frac{\varphi_{\mathrm{f}}}{\varphi_{\mathrm{f0}}} = 1 - \frac{3f}{\varphi_{\mathrm{f0}}}\left\{\varepsilon_{\mathrm{L}}\left(\frac{p_{\mathrm{m}}}{p_{\varepsilon} + p_{\mathrm{m}}} - \frac{p_{\mathrm{m0}}}{p_{\varepsilon} + p_{\mathrm{m0}}}\right)\exp\left[-\frac{d_2}{1 + d_1 p_{\mathrm{m}}}(T - T_0)\right] + \alpha_T(T - T_0)\right\} - \frac{\Delta\sigma_{\mathrm{e}}}{K_{\mathrm{f}}} \tag{5-74}$$

前人的研究表明,煤体裂隙率与渗透率之间满足立方定律,则考虑基质-裂隙相互作用的弹性变形煤体渗透率控制方程(DP-MFI 模型)可表示为:

$$\frac{k}{k_0} = \left\{1 - \frac{3f}{\varphi_{\mathrm{f0}}}\left\{\varepsilon_{\mathrm{L}}\left(\frac{p_{\mathrm{m}}}{p_{\varepsilon} + p_{\mathrm{m}}} - \frac{p_{\mathrm{m0}}}{p_{\varepsilon} + p_{\mathrm{m0}}}\right)\exp\left[-\frac{d_2}{1 + d_1 p_{\mathrm{m}}}(T - T_0)\right] + \alpha_T(T - T_0)\right\} - \frac{\Delta\sigma_{\mathrm{e}}}{K_{\mathrm{f}}}\right\}^3 \tag{5-75}$$

5.5.8 不同边界条件下渗透率模型

在处理现场煤层气排采或瓦斯抽采问题时,一般认为煤储层所处的边界条件为单轴应变条件,而实验室测试煤体渗透率时,常见的边界条件包括恒定围压条件、恒定有效应力条件以及恒定孔隙压力条件。本小节将以式(5-75)为基础,分别建立不同边界条件下的煤体渗透率模型。需要说明的是,现场煤层气排采及实验室测试煤体渗透率时,一般假设煤体的温度保持不变,因此,本小节在开展渗透率模型验证时,忽略温度的影响。

5.5.8.1 单轴应变条件

在单轴应变条件下,煤体所受垂直应力保持不变,水平方向上不发生变形,则有:

$$\Delta\sigma_{ez} = \Delta\sigma_z - \alpha(p_{\mathrm{f}} - p_{\mathrm{f0}}) - \beta(p_{\mathrm{m}} - p_{\mathrm{m0}}) = -\alpha(p_{\mathrm{f}} - p_{\mathrm{f0}}) - \beta(p_{\mathrm{m}} - p_{\mathrm{m0}}) \tag{5-76}$$

假设吸附应变各向同性,即煤体在各方向上的吸附膨胀变形相等:

$$\Delta\varepsilon_{\mathrm{m}x}^S = \Delta\varepsilon_{\mathrm{m}y}^S = \Delta\varepsilon_{\mathrm{m}z}^S = \frac{1}{3}\Delta\varepsilon_{\mathrm{m}}^S \tag{5-77}$$

则煤体在水平各方向上的应变可表示为:

$$\begin{cases} \Delta\varepsilon_{\mathrm{b}x} = \Delta\varepsilon_{\mathrm{b}x}^E + \Delta\varepsilon_{\mathrm{b}x}^S = -\dfrac{\Delta\sigma_{ez}\nu\,\Delta\sigma_{ey} - \nu\,\Delta\sigma_{ez}}{E} + \dfrac{(1 - f)\Delta\varepsilon_{\mathrm{m}}^S}{3} = 0 \\[3mm] \Delta\varepsilon_{\mathrm{b}y} = \Delta\varepsilon_{\mathrm{b}y}^E + \Delta\varepsilon_{\mathrm{b}y}^S = -\dfrac{\Delta\sigma_{ey} - \nu\,\Delta\sigma_{ez}\nu\,\Delta\sigma_{ez}}{E} + \dfrac{(1 - f)\Delta\varepsilon_{\mathrm{m}}^S}{3} = 0 \end{cases} \tag{5-78}$$

将式(5-76)代入式(5-78)可以得到煤体在水平方向上所受的有效应力:

$$\Delta\sigma_{ex} = \Delta\sigma_{ey} = \frac{E(1 - f)}{3(1 - \nu)}\varepsilon_{\mathrm{L}}\left(\frac{p_{\mathrm{m}}}{p_{\varepsilon} + p_{\mathrm{m}}} - \frac{p_{\mathrm{m0}}}{p_{\varepsilon} + p_{\mathrm{m0}}}\right) - \frac{\nu}{1 - \nu}\left[\alpha(p_{\mathrm{f}} - p_{\mathrm{f0}}) + \beta(p_{\mathrm{m}} - p_{\mathrm{m0}})\right] \tag{5-79}$$

则煤体所受的平均有效应力可由式(5-80)计算得到:

$$\begin{aligned} \Delta\sigma_{\mathrm{e}} &= \frac{1}{3}(\Delta\sigma_{ex} + \Delta\sigma_{ey} + \Delta\sigma_{ez}) \\ &= \frac{2E(1 - f)}{9(1 - \nu)}\varepsilon_{\mathrm{L}}\left(\frac{p_{\mathrm{m}}}{p_{\varepsilon} + p_{\mathrm{m}}} - \frac{p_{\mathrm{m0}}}{p_{\varepsilon} + p_{\mathrm{m0}}}\right) - \frac{1 + \nu}{3(1 - \nu)}\left[\alpha(p_{\mathrm{f}} - p_{\mathrm{f0}}) + \beta(p_{\mathrm{m}} - p_{\mathrm{m0}})\right] \end{aligned} \tag{5-80}$$

将式(5-80)代入式(5-75)可得:

$$\frac{k}{k_0} = \left\{1 - \frac{27f(1 - \nu)K_{\mathrm{f}} + 2(1 - f)E\varphi_{\mathrm{f0}}}{9(1 - \nu)K_{\mathrm{f}}\varphi_{\mathrm{f0}}}\varepsilon_{\mathrm{L}}\left(\frac{p_{\mathrm{m}}}{p_{\varepsilon} + p_{\mathrm{m}}} - \frac{p_{\mathrm{m0}}}{p_{\varepsilon} + p_{\mathrm{m0}}}\right) + \right.$$

$$\frac{1+\nu}{3K_{\mathrm{f}}(1-\nu)}\big[\alpha(p_{\mathrm{f}}-p_{\mathrm{f0}})+\beta(p_{\mathrm{m}}-p_{\mathrm{m0}})\big]\big\}^3 \tag{5-81}$$

5.5.8.2 恒定围压条件

在恒定围压条件下,煤体所处的外部应力保持不变,即

$$\sigma = \sigma_0 \tag{5-82}$$

将式(5-82)代入式(5-75)可以得到恒定围压条件下煤体渗透率控制方程:

$$\frac{k}{k_0}=\left[1-\frac{3}{\varphi_{\mathrm{f0}}}f\varepsilon_{\mathrm{L}}\left(\frac{p_{\mathrm{m}}}{p_{\varepsilon}+p_{\mathrm{m}}}-\frac{p_{\mathrm{m0}}}{p_{\varepsilon}+p_{\mathrm{m0}}}\right)+\frac{\alpha(p_{\mathrm{f}}-p_{\mathrm{f0}})+\beta(p_{\mathrm{m}}-p_{\mathrm{m0}})}{K_{\mathrm{f}}}\right]^3 \tag{5-83}$$

5.5.8.3 恒定有效应力条件

在恒定有效应力条件下,煤体中有效应力增量为 0:

$$\Delta\sigma_{\mathrm{e}} = \sigma - \sigma_0 - \alpha(p_{\mathrm{f}}-p_{\mathrm{f0}}) - \beta(p_{\mathrm{m}}-p_{\mathrm{m0}}) = 0 \tag{5-84}$$

将式(5-84)代入式(5-75)可以得到恒定有效应力条件下煤体渗透率控制方程:

$$\frac{k}{k_0}=\left[1-\frac{3}{\varphi_{\mathrm{f0}}}f\varepsilon_{\mathrm{L}}\left(\frac{p_{\mathrm{m}}}{p_{\varepsilon}+p_{\mathrm{m}}}-\frac{p_{\mathrm{m0}}}{p_{\varepsilon}+p_{\mathrm{m0}}}\right)\right]^3 \tag{5-85}$$

5.5.8.4 恒定孔隙压力条件

在恒定孔隙压力条件下,煤体中基质孔隙压力及裂隙瓦斯压力等于初始值,即

$$\begin{cases} p_{\mathrm{m}} = p_{\mathrm{m0}} \\ p_{\mathrm{f}} = p_{\mathrm{f0}} \end{cases} \tag{5-86}$$

将式(5-86)代入式(5-75)可得恒定孔隙压力条件下煤体裂隙渗透率控制方程:

$$\frac{k}{k_0}=\left(1-\frac{\sigma-\sigma_0}{K_{\mathrm{f}}}\right)^3 \tag{5-87}$$

5.5.9 渗透率模型验证

为了验证以上模型的合理性,本小节采用实验室实测数据及已发表的现场及实验室测试数据与不同边界条件下的理论模型进行匹配。

5.5.9.1 单轴应变条件

在单轴应变条件下,煤储层的渗透率可由式(5-81)表示。为了简化计算,此处假设煤储层未受扰动,基质与裂隙之间的质量交换处于动态平衡状态,基质孔隙压力等于裂隙内瓦斯压力。同时,假设 $\alpha+\beta=1$,则式(5-81)可转化为:

$$\frac{k}{k_0}=\{1-\frac{27f(1-\nu)K_{\mathrm{f}}+2(1-f)E\varphi_{\mathrm{f0}}}{9(1-\nu)K_{\mathrm{f}}\varphi_{\mathrm{f0}}}\varepsilon_{\mathrm{L}}\left(\frac{p_{\mathrm{m}}}{p_{\varepsilon}+p_{\mathrm{m}}}-\frac{p_{\mathrm{m0}}}{p_{\varepsilon}+p_{\mathrm{m0}}}\right)+$$
$$\frac{1+\nu}{3K_{\mathrm{f}}(1-\nu)}(p_{\mathrm{m}}-p_{\mathrm{m0}})\}^3 \tag{5-88}$$

本小节采用式(5-88)拟合美国圣胡安盆地 Fruitland 煤层在煤层气开采过程中的实测渗透率数据。本次共收集了 8 口煤层气井的测试数据(表 5-11)[19]。本次匹配所用到的参数如表 5-12 所列[211],其中各生产井的裂隙率取自 Y. Wu 等[19]的模型拟合结果。模型与现场测试数据的匹配结果如图 5-48 所示,两者拟合度非常高。此外,从匹配结果看,煤体的内膨胀系数 f 多集中于 $0\sim0.1$ 之间,说明对于该煤体,煤基质因吸附而导致的膨胀变形量有 $0\sim10\%$ 用于改变煤体裂隙率,其余部分用于改变煤体体积。

表 5-11 美国圣胡安盆地煤层气井渗透率测试数据[19]

煤层气井编号	k_0/mD	储层压力/储层渗透率/(MPa/mD)		
		测点 1	测点 2	测点 3
1#	3.9	6.36/3.9	4.78/4.9	3.92/5.6
2#	1.2	5.03/1.6	4.33/2.5	3.36/3.2
3#	1.8	4.85/7.2	3.12/16.5	2.43/20.6
4#	6.2	4.61/1.7	3.52/2.7	3.04/2.9
5#	5.3	4.52/4.0	3.03/18.5	2.07/28.3
6#	3.6	3.44/9.3	2.97/11.4	1.90/11.6
7#	2.1	3.38/9.3	2.88/9.6	2.21/16.2
8#	1.9	3.20/10.6	2.48/14.5	2.05/23.5

表 5-12 单轴应变条件下模型匹配使用的基本参数[211]

弹性模量 E/GPa	泊松比 ν	Langmuir 式吸附压力常数 p_ε/MPa	Langmuir 式吸附应变常数 ε_L
2.902	0.35	4.3	0.012 66

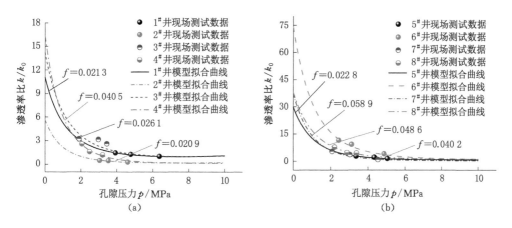

图 5-48 单轴应变条件下渗透率模型与现场数据匹配结果

5.5.9.2 恒定围压条件

在恒定围压条件下,煤体渗透率可由式(5-83)表示。假设在实验室条件下煤样处于吸附平衡状态,煤基质孔隙与煤体裂隙间不存在质量交换,基质孔隙压力等于裂隙内瓦斯压力;同时,假设 $\alpha+\beta=1$,则式(5-83)可转化为:

$$\frac{k}{k_0} = \left[1 - \frac{3}{\varphi_{f0}} f\varepsilon_L \left(\frac{p_m}{p_\varepsilon + p_m} - \frac{p_{m0}}{p_\varepsilon + p_{m0}} \right) + \frac{(p_m - p_{m0})}{K_f} \right]^3 \quad (5-89)$$

本文采用(5-89)式拟合实验室恒定围压条件下测得的 SXHL-22#、PMBK-11#、GSYB-9#、GZLH-4# 以及 HBYZ-2#煤样的渗透率数据以及文献[225]和文献[226]中的渗透率数据。拟合过程所用参数如表 5-13 所列,结果如图 5-49 所示,其中图 5-49(a)中的数据来源于作者实验室测试,图 5-49(b)中的数据来源于文献[225]和文献[226]。结果表明:DP-MFI 模型与恒定围压条件下测得的渗透率数据有较高的匹配度,说明该模型可用于模拟实验室恒定围压条件下渗透率随孔隙压力的变化规律。从图中可以看出拟合得到的内膨胀系数从 0.028 7 到 0.154 1 不等,说明在对应的试验条件下煤基质膨胀变形量分别有 2.87% 到 15.41% 用于改变煤体裂隙率,其余部分用于改变煤体体积。此外,该结果也说明了对于不同煤样以及不同的试验条件,煤体的内膨胀变形系数是不同的。

表 5-13　恒定围压条件下模型匹配使用的基本参数

数据来源	裂隙率 φ_{f0}	Langmuir 式吸附压力常数 p_ε/MPa	Langmuir 式吸附应变常数 ε_L	裂隙体积模量 K_f/MPa
SXHL-22#	0.008 0	0.86	0.012 50	12.2
PMBK-11#	0.001 0	2.38	0.009 42	2.80
GSYB-9#	0.000 8	3.85	0.030 00	0.96
GZLH-4#	0.002 0	0.86	0.014 90	1.92
HBYZ-2#	0.000 5	3.85	0.060 00	0.23
文献[225]	0.004 2	3.53	0.057 00	5.23
文献[226]	0.001 0	6.11	0.009 31	68.96

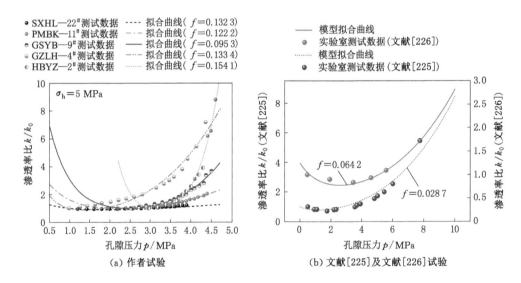

图 5-49　恒定围压条件下渗透率模型与实验室测试数据匹配结果

5.5.9.3　恒定有效应力条件

在恒定有效应力条件下,煤体的渗透率可由式(5-85)表示。本小节采用式(5-85)拟合 HBYZ-16# 煤样以及 L. D. Connell 等[202]的实验室恒定有效应力条件下测得的渗透率数据。HBYZ-16# 煤样为直径 50 mm、高 100 mm 的标准原煤,试验分别测试了其在恒定轴压 5 MPa,恒定有效围压分别为 3.0 MPa、2.2 MPa 以及 1.4 MPa 条件下的渗透率,该条件下的试验数据与模型的匹配结果如图 5-50(a)所示。L. D. Connell 等的煤样来自澳大利亚悉尼盆地南部,试样为直径 67 mm、高 167 mm 的圆柱体煤样,试验分别测试了恒定有效围压 4 MPa 和 6 MPa 条件下煤样的渗透率,该条件下的试验数据与模型的匹配结果如

图 5-50(b)所示。模型拟合所使用的基本参数如表 5-14 所列。从匹配结果可以看出,对于这两种煤样,DP-MFI 模型均能较好地匹配试验数据,说明该模型能够用于预测恒定有效应力条件下煤样渗透率的动态演化规律。需要说明的是,对于 HBYZ-16$^{\#}$ 煤样,由于有效围压不同,因此其裂隙率也不相同,拟合过程选用的裂隙率在 0.008~0.015 之间,得到的内膨胀系数在 0.020 4~0.055 9 之间。L.D.Connell 等给出的煤样裂隙率在 0.012~0.015 之间,本书中采用裂隙率的下限 0.012 来拟合实验数据(图中实线),得到内膨胀系数分别为 0.139 2 和 0.129 9,然后采用该内膨胀系数计算得到裂隙率为 0.015 时的渗透率变化曲线(图中虚线)。反之,如果采用裂隙率的上限 0.015 来拟合试验数据,能够得到相同的拟合结果,只是拟合得到的 f 值不同。上述分析结果表明:煤体的内膨胀系数不仅受有效应力的影响,同时还与煤体裂隙率有关,这与前文的研究结果一致。

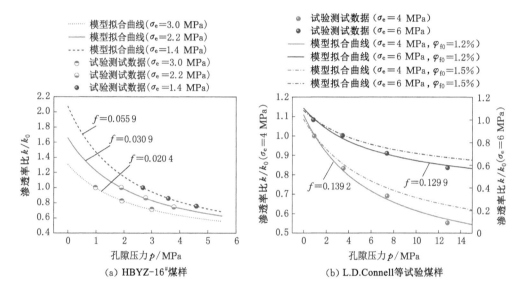

图 5-50 恒定有效应力条件下渗透率模型与实验室测试数据匹配结果

表 5-14 恒定有效应力条件下模型匹配使用的基本参数

数据来源	裂隙率 φ_{f0}	Langmuir 式吸附压力常数 p_ε/MPa	Langmuir 式吸附应变常数 ε_L
HBYZ-16$^{\#}$	0.008~0.015	3.85	0.060 00
L.D.Connell 等	0.012~0.015	4.30	0.012 66

5.5.9.4 恒定孔隙压力条件

在恒定孔隙压力条件下,煤体的渗透率可由式(5-87)表示,该条件下,煤体渗透率的演化仅与煤体所处的应力环境以及煤体裂隙的体积模量有关,而与吸附膨胀变形无关。本书采用 GZLH-4$^{\#}$ 煤样在恒定孔隙压力下的渗透率数据以及 L.D.Connell 等[202]的试验数据对该模型进行验证,拟合结果如图 5-51 所示。由图 5-51(b)可以看出,不同孔隙压力下,煤体渗透率演化规律不同,这是因为不同孔隙压力下煤体的裂隙体积模量发生了变化,采用 DP-MFI 模型对试验数据进行拟合,得到孔隙压力为 0.9 MPa、7.4 MPa 以及 12.8 MPa 时煤体的裂隙体积模量分别为 21.59 MPa、23.64 MPa 和 32.56 MPa,说明随着孔隙压力的升高,煤体的裂隙体积模量逐渐增大,这一结论与 Z. J. Pan 等[230] 的研究结果一致。而图 5-51(a)中 GZLH-4# 煤样在不同孔隙压力下渗透率随有效应力变化规律大致相同,拟合得到的裂隙体积模量在 $6.84\sim7.24$ MPa 之间,差别很小,分析认为可能是孔隙压力差异较小,导致裂隙体积模量变化不明显。此外,由图 5-51(a)还可以发现,当有效应力较高时,DP-MFI 模型计算结果略小于试验测试结果,可能的原因是受流量计精度的影响,后期流量较小时测量误差较大,从而导致测试结果略大于真实值。

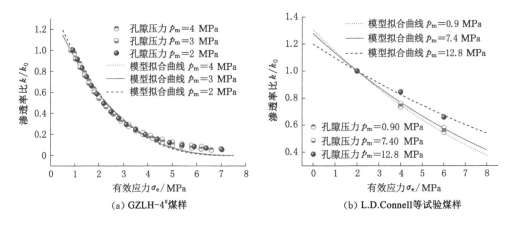

(a) GZLH-4#煤样   (b) L.D.Connell等试验煤样

图 5-51　恒定孔隙压力条件下模型与实验室测试数据匹配结果

以上分析结果可以看出:不同边界条件下,DP-MFI 渗透率模型均能较好地与试验数据匹配,说明该模型可用于预测现场及实验室条件下煤体渗透率的动态演化规律。此外,通过调整内膨胀系数 f,DP-MFI 模型能够用于预测不同变化趋势的渗透率演化规律,说明该模型具有广泛的适用性。

5.5.10　煤体渗透率参数敏感性分析

为了揭示 DP-MFI 模型关键参数对渗透率演化的影响规律,本小节进一步分析了渗透率对内膨胀系数 f、初始裂隙率 φ_{f0}、Langmuir 式吸附应变常数 ε_L、Langmuir 式吸附压力常数 p_ε、基质初始瓦斯压力 p_{m0}、储层温度 T、热膨胀系数 α_T 以及裂隙体积模量 K_f 的敏感性。储层各参数原始取值为 $f=0.005$,$\varphi_{f0}=0.005$,$\varepsilon_L=0.018$,$p_\varepsilon=5$ MPa,$p_{m0}=10$ MPa,$T=293$ K,$\alpha_T=5\times10^{-5}$ K^{-1},$K_f=25$ MPa,当研究某一参数对渗透率的影响时,其他参数保持原始值不变,结果如图 5-52 所示。

图 5-52(a)为内膨胀系数 f 对渗透率的影响。当 $f\leqslant0.02$ 时,随着瓦斯抽采的进行,煤体渗透率逐渐降低;当 $0.06\leqslant f\leqslant0.12$ 时,抽采过程中,煤体渗透率先降低后升高;当 $f\geqslant0.16$ 时,抽采过程中煤体渗透率逐渐升高。此外,随着 f 的增大,煤体渗透率比值逐渐升高。原因在于:瓦斯抽采过程中,基质收缩,在相同瓦斯压力降幅下,有效应力增量相同,当 f 较小时,煤体基质收缩对渗透率的贡献较小,因而渗透率逐渐降低;随着 f 的增大,基质收缩对煤体渗透率的贡献提高,初始时刻,有效应力的负效应占主导地位,渗透率逐渐降低,随着瓦斯压力的进一步降低,基质收缩逐渐占主导地位,渗透率逐渐反弹,且 f 越大,其渗透率增加越明显;当 f 增加到一定值时,抽采过程中基质收缩一直占主导地位,因而渗透率一直增加。因此,f 越大的煤层,瓦斯抽采越容易。

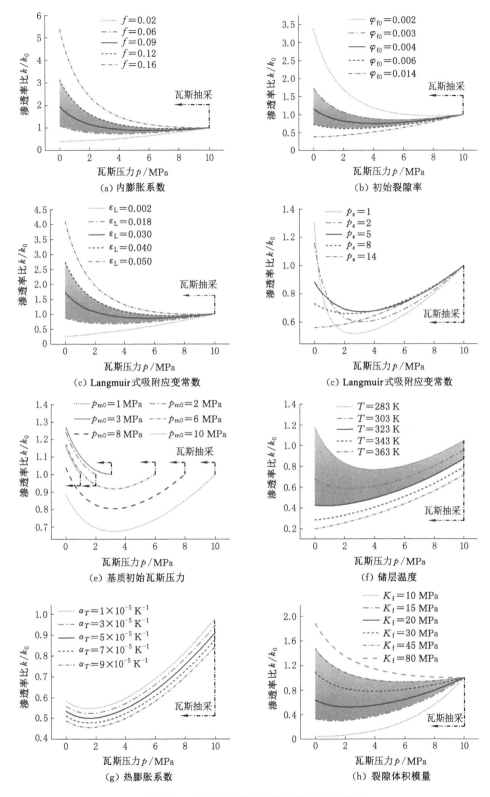

图 5-52　DP-MFI 模型关键参数敏感性分析

图 5-52(b)为煤层初始裂隙率 φ_{f0} 对渗透率的影响。当 $\varphi_{f0} \leqslant 0.002$ 时,随着瓦斯抽采的进行,渗透率逐渐升高;当 $0.003 \leqslant \varphi_{f0} \leqslant 0.006$ 时,抽采过程中,渗透率先降低后升高;当 φ_{f0} 增大到一定值时,抽采过程中渗透率持续降低。原因在于:瓦斯压力降低相同值时,基质收缩量相同,则裂隙的开度变化量也相同,但其对开度小的煤层裂隙率影响更大,因而,在相同的有效应力作用下,裂隙率小的煤体渗透率上升越明显;随着 φ_{f0} 的增大,基质收缩效应对渗透率的贡献率减小,瓦斯抽采初期阶段,受有效应力作用渗透率有所降低,后期基质收缩效应逐渐显现,渗透率逐渐反弹[图 5-22(b)中灰色区域];当 φ_{f0} 增大到一定值时,有效应力的作用占主导地位,抽采过程中渗透率持续降低。

图 5-52(c)为 Langmuir 式吸附应变常数 ε_L 对渗透率的影响。当 $\varepsilon_L \leqslant 0.002$ 时,瓦斯抽采过程中,煤体渗透率持续降低;随着 ε_L 的增大,煤体渗透率随瓦斯抽采先降低后升高[图 5-22(c)中灰色区域];当 $\varepsilon_L \geqslant 0.050$ 时,抽采过程中煤体渗透率持续升高。抽采过程中,瓦斯压力降低到一定值时,ε_L 越小的煤层基质收缩效应越不明显,其对渗透率的贡献也越小,因而煤体渗透率在有效应力作用下逐渐降低;随着 ε_L 的增大,基质收缩效应逐渐增强,瓦斯抽采初期有效应力占主导地位,渗透率略有降低,后期基质收缩效应逐渐显现,渗透率开始反弹,且 ε_L 越大,反弹幅度越大;当 ε_L 增大到一定值时,基质收缩效应占主导地位,渗透率随瓦斯抽采逐渐升高。

图 5-52(d)为 Langmuir 式吸附压力常数 p_ε 对渗透率的影响。当 $p_\varepsilon \leqslant 8$ MPa 时,随着瓦斯抽采的进行,煤体渗透率先降低后升高,且 p_ε 越小,其瓦斯抽采初期渗透率降幅越大,后期上升幅度越大;当 $p_\varepsilon \geqslant 14$ MPa 时,煤体渗透率随瓦斯抽采逐渐降低。p_ε 反映了煤体对瓦斯吸附的快慢或难易程度,该值越小,说明煤体越容易吸附瓦斯,假设吸附和解吸过程为可逆过程,则该值越大,煤层越容易解吸瓦斯。瓦斯抽采初始时刻,煤层瓦斯压力降幅相同的情况下,有效应力的作用相同,p_ε 越小,其解吸的瓦斯量越少,基质收缩效应也就越不明显,因而瓦斯抽采初期 p_ε 较小的煤层其渗透率降幅较大。当瓦斯压力降低到一定值时,p_ε 较小的煤层开始大量解吸瓦斯,导致基质收缩效应明显增强,因而渗透率出现大幅升高的现象。

图 5-52(e)为基质初始瓦斯压力 p_{m0} 对渗透率的影响。当 $p_{m0} \leqslant 3$ MPa 时,随着瓦斯抽采的进行,煤体渗透率逐渐升高,且 p_{m0} 越大,煤体渗透率也就越大;当 $p_{m0} \geqslant 6$ MPa 时,煤体渗透率随瓦斯压力降低先降低后升高,且 p_{m0} 越大,煤体渗透率越小。原因在于:不同基质初始瓦斯压力下,瓦斯压力降幅相同时,基质收缩相同,但其对基质初始瓦斯压力较小的煤体渗透率影响更大,基质收缩效应占主导地位,因而渗透率随瓦斯抽采逐渐升高;随着基质初始瓦斯压力的增加,基质收缩效应逐渐减弱,因而初期渗透率在有效应力的作用下逐渐降低,后期基质收缩效应显现,渗透率反弹。

图 5-52(f)为储层温度 T 对渗透率的影响。当 283 K $\leqslant T \leqslant 323$ K 时,随着瓦斯压力的降低,渗透率先降低后升高;当 $T \geqslant 343$ K 时,抽采过程中渗透率持续降低。此外,随着温度的升高,渗透率总体表现出降低的趋势。原因在于:储层温度越高,则相同瓦斯压力下煤体吸附的瓦斯量越少,当瓦斯压力降幅一定时,其解吸的瓦斯量也就越少,因而基质收缩效应不明显,渗透率在有效应力作用下逐渐降低;当储层温度较低时,瓦斯压力降幅相同的条件下,基质收缩效应更明显,瓦斯抽采初期在有效应力作用下渗透率有所降低,后期瓦斯大量解吸,基质收缩效应显现,渗透率逐渐升高。煤体渗透率随储层温度升高

而逐渐降低的原因是:储层温度越高,煤体热膨胀效应越明显,导致裂隙开度减小,煤体渗透率降低。因此,进入深部以后,随着地温的升高,储层改造将是深部煤层瓦斯资源化开发必须考虑的问题。

图 5-52(g)为热膨胀系数 α_T 对渗透率的影响。从图中可以看出无论 α_T 取何值,渗透率随瓦斯压力的降低均表现出相似的变化趋势,区别在于:不同的 α_T 取值,渗透率的大小不同,α_T 越大,煤体渗透率越小。上述现象说明,煤体的热膨胀系数不影响渗透率随瓦斯压力的变化趋势。渗透率随 α_T 的增加逐渐降低的原因是:相同温度增量的条件下,α_T 越大的煤层,其热膨胀量越大,对煤层裂隙开度的影响也越大,因而渗透率降低幅度越大。

图 5-52(h)为裂隙体积模量 K_f 对渗透率的影响。当 $K_f \leqslant 10$ MPa 时,随着瓦斯压力的降低,渗透率逐渐降低;随着 K_f 的增加,渗透率先降低后升高[图 5-22(h)中灰色区域];当 $K_f \geqslant 80$ MPa 时,瓦斯抽采过程中渗透率逐渐升高。此外,K_f 越大,煤体渗透率越高。原因在于:K_f 越小,相同有效应力下煤层裂隙越容易变形,有效应力的负效应越明显,渗透率随着瓦斯压力的降低而显著降低;随着 K_f 的增大,有效应力的负效应逐渐减弱,因而出现渗透率随 K_f 增大而升高的情况,当 K_f 增大到一定值时,有效应力对煤体渗透率的作用变得非常微弱,因而抽采过程中基质收缩效应占主导地位,煤体渗透率逐渐升高。

5.6 扰动煤体渗透率动态演化模型

相关学者在煤储层渗透率变化规律方面已开展了大量的研究工作,建立了许多渗透率模型,这些模型对于揭示含瓦斯煤体气-固耦合规律以及优化煤层气井等方面做出了重要贡献[192]。分析发现尽管不同的渗透率模型考虑的影响因素及侧重点不同,但其中一个共同点是:这些模型均是基于弹性变形假设建立起来的,这也是目前建立煤体渗透率模型的重要理论基础。因而这些模型仅适用于弹性小变形煤体,无法用于模拟塑性大变形煤体的渗透率演化。如果忽略煤层气井及瓦斯抽采钻孔周围小范围的塑性区,则这些模型可用于表征煤层气开采及井下钻孔瓦斯抽采过程中煤体渗透率的演化规律。但是,对于煤矿井下开采而言(尤其是深井开采),由于受强烈的采掘扰动影响,煤体表现出大范围的塑性破坏,如图 5-53 所示,该情况下的煤体渗透率演化更加复杂,基于弹性变形建立的渗透率模型则无法对其进行准确表示。

基于以上存在的问题,相关学者也相应开展了一些研究工作。D. Chen 等[206]基于试验数据,通过引入修正的 Logistic 函数并结合经典的指数渗透率模型建立了弹-塑性转换煤体渗透率模型。薛熠等[207]基于对峰后渗透率数据的分析,在经典的指数渗透率模型的基础上引入了损伤系数 D_f,用于强化峰后渗透率随应力的增长趋势,基于该模型分析了掘进工作面前方渗透率的分布规律;此外,还分析了圆形巷道径向应力及变形,将巷道周围煤体沿径向划分为三个区域,分别建立了三个区域变形与渗透率间的指数关系[231]。C. S. Zheng 等[232]基于薛熠等[207]的研究成果,将 D_f 引入到 C&B 模型中得到了考虑损伤效应的渗透率模型,基于该模型分析了巷道周围塑性区及渗透率的分布。

通过分析发现:目前关于塑性变形煤体渗透率演化的数学模型较少,现有的模型建模过程中存在较强的经验性。关于塑性变形煤体与弹性变形煤体结构上的差异、塑性变形后煤体裂隙演化规律等关键问题尚未得到合理解决。本节针对当前存在的问题开展理论分析、

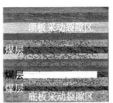

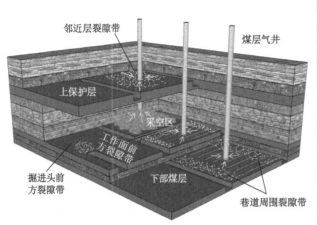

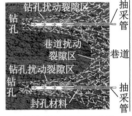

（a）保护层回采过程中采场不同位置裂隙分布

（b）采场顶底板裂隙

（c）巷道及钻孔周围裂隙带

图 5-53　扰动裂隙区示意图

数学建模及试验验证工作，以期为塑性大变形条件下煤层瓦斯抽采提供理论支撑。

5.6.1　等效裂隙煤体模型

　　原始煤体通常被视为由煤基质和裂隙组成的双重孔隙介质，可以用图 5-54（a）[19] 所示的立方体模型来描述。井下开采期间，煤层经常受到开采过程或人工改造的扰动[233]。其间通常会产生新的裂隙，将原始煤体切割成更小的部分。图 5-54（b）展示了新生裂缝在空间中的随机分布，这些裂隙的定量表征较为困难。以往的研究表明，煤中裂隙在几何形态上具有自相似性，可以用分形理论来描述[234]。本节引入了基于分形理论建立的等效裂隙煤体模型来量化新生裂隙的分布［图 5-54（c）］。在这个模型中，新生裂隙的产生过程可看作原生煤基质的分割过程。新生裂隙生成的实质是煤基质尺寸的减小。因此，受采掘扰动以及人工改造影响的塑性变形煤可以看作是基质尺度更小、裂隙数量更多的弹性变形体。

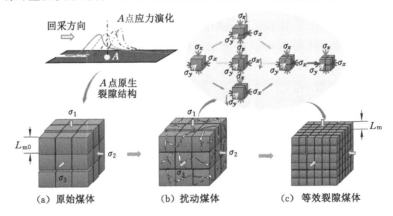

（a）原始煤体　　　　　（b）扰动煤体　　　　（c）等效裂隙煤体

图 5-54　原始煤体、扰动煤体及等效裂隙煤体模型

　　为了量化等效裂隙煤体中的基质尺寸和裂隙数目，假设原始煤体中含有 N 个煤基质，初始基质尺寸和裂隙孔径分别为 L_{m0} 和 L_{f0}，水力冲孔引起的煤体塑性体积应变为 ε_b^p。

为了便于模型的建立,本节假设只有在发生塑性变形时才会产生新的裂隙,而弹性变形只会改变裂隙的开度。另外,由塑性变形引起的煤体体积变化等于新生的裂隙体积。与基质尺寸相比,裂隙宽度和基质在给定方向上的变形可以忽略不计。

基于上述假设,煤体在给定方向上的尺寸变化等于新生裂隙的孔径之和,即:

$$\frac{1}{3}\varepsilon_b^p N L_{m0} = n L_{f0} \tag{5-90}$$

式中 n——给定方向上新生裂隙的数量。

根据式(5-90),给定方向上新生裂隙的数量可以表示为:

$$n = \frac{\varepsilon_b^p L_{m0}}{3 L_{f0}} N \tag{5-91}$$

假设煤中只含有一个基质,即 $N=1$,即可得到该基质在给定方向上的新生裂隙数目。

$$n_{matrix} = \frac{\varepsilon_b^p L_{m0}}{3 L_{f0}} \tag{5-92}$$

式中 n_{matrix}——单个基质在给定方向上产生的新生裂隙数目。

根据这个假设,基质在给定方向上的变形可以忽略不计,那么新的基质的大小可以用式(5-93)来表示:

$$L_m = \frac{1}{n_{matrix}+1} L_{m0} = \frac{\varphi_{f0}}{\varepsilon_b^p + \varphi_{f0}} L_{m0} \tag{5-93}$$

式中 φ_{f0}——裂隙的初始裂隙率,且 $\varphi_{f0} = 3L_{f0}/L_{m0}$。

5.6.2 扰动煤体渗透率模型构建及验证

基于等效裂隙煤体模型并假设 $L_f \ll L_m$,煤层裂隙率可由式(5-94)表示:

$$\varphi_f = \frac{(L_m + L_f)^3 - L_m^3}{(L_m + L_f)^3} = \frac{3L_m^2 L_f + 3L_m L_f^2 + L_f^3}{(L_m + L_f)^3} \approx \frac{3L_f}{L_m} \tag{5-94}$$

然后,可得:

$$\frac{\varphi_f}{\varphi_{f0}} = \frac{L_f}{L_{f0}} \cdot \frac{L_{m0}}{L_m} \tag{5-95}$$

将式(5-93)代入式(5-95),并考虑到残余应变阶段裂隙率基本不变,可得裂隙率的控制方程:

$$\frac{\varphi_f}{\varphi_{f0}} = \left(1 + \frac{\Delta L_f}{L_{f0}}\right) \cdot \frac{L_{m0}}{L_m} = \begin{cases} \dfrac{\varphi_{f0} + \varepsilon_b^p}{\varphi_{f0}}(1 + \Delta\varepsilon_f) & (\varepsilon_b^p \leqslant \varepsilon_{bc}^p) \\[2mm] \dfrac{\varphi_{f0} + \varepsilon_{bc}^p}{\varphi_{f0}}(1 + \Delta\varepsilon_f) & (\varepsilon_b^p > \varepsilon_{bc}^p) \end{cases} \tag{5-96}$$

式中 ε_{bc}^p——残余阶段开始时的塑性应变;

$\Delta\varepsilon_f$——裂隙应变增量,由有效应力和基质收缩率两者的增加量控制。之前,我们推出了裂隙应变的控制方程:

$$\Delta\varepsilon_f = -\frac{3f}{\varphi_{f0}}\varepsilon_L\left(\frac{p_m}{p_\varepsilon + p_m} - \frac{p_{m0}}{p_\varepsilon + p_{m0}}\right) - \frac{\Delta\sigma_e}{K_f} \tag{5-97}$$

式中 f——内膨胀系数,本节设为1;

$\Delta\sigma_e$——有效应力的增加量;

K_f——裂隙的体积模量。

假设裂隙率与渗透率呈三次函数关系,可得水力冲孔作用后的煤体渗透率的控制方程:

$$\frac{k}{k_0} = \left(\frac{\varphi_{\mathrm{f}}}{\varphi_{\mathrm{f0}}}\right)^3 = \begin{cases} \left\{\dfrac{\varphi_{\mathrm{f0}} + \varepsilon_b^{\mathrm{p}}}{\varphi_{\mathrm{f0}}}\left[1 - \dfrac{3f}{\varphi_{\mathrm{f0}}}\varepsilon_{\mathrm{L}}\left(\dfrac{p_{\mathrm{m}}}{p_{\varepsilon} + p_{\mathrm{m}}} - \dfrac{p_{\mathrm{m0}}}{p_{\varepsilon} + p_{\mathrm{m0}}}\right) - \dfrac{\Delta\sigma_{\mathrm{e}}}{K_{\mathrm{f}}}\right]\right\}^3 & (\varepsilon_b^{\mathrm{p}} \leqslant \varepsilon_{bc}^{\mathrm{p}}) \\[4mm] \left\{\dfrac{\varphi_{\mathrm{f0}} + \varepsilon_{bc}^{\mathrm{p}}}{\varphi_{\mathrm{f0}}}\left[1 - \dfrac{3f}{\varphi_{\mathrm{f0}}}\varepsilon_{\mathrm{L}}\left(\dfrac{p_{\mathrm{m}}}{p_{\varepsilon} + p_{\mathrm{m}}} - \dfrac{p_{\mathrm{m0}}}{p_{\varepsilon} + p_{\mathrm{m0}}}\right) - \dfrac{\Delta\sigma_{\mathrm{e}}}{K_{\mathrm{f}}}\right]\right\}^3 & (\varepsilon_b^{\mathrm{p}} > \varepsilon_{bc}^{\mathrm{p}}) \end{cases}$$

$$(5\text{-}98)$$

在式(5-98)中,当 $\varepsilon_b^{\mathrm{p}} = 0$ 时,模型为原始煤体渗透率的控制方程;而 $\varepsilon_b^{\mathrm{p}} \neq 0$ 时,该模型可以用来表征水力冲孔作用后煤体渗透率的变化情况。因此,式(5-98)中提出的渗透率模型可同时表示原始煤体和水力冲孔作用后的煤体渗透率变化。

本节通过实验室和现场测试数据验证了式(5-98)中的渗透率模型和瓦斯抽采多场耦合模型。为了验证渗透率模型,收集了 S. G. Wang 等[235] 的数据。该文献对犹他州烟煤进行了三轴压缩条件下的渗透率试验,试验测试了煤的偏应力、煤体变形和渗透率。本节利用 T3566 煤样试验数据验证了所建渗透率模型的有效性。首先,利用弹性变形阶段的数据得到裂隙的体积模量;然后,利用得到的裂隙体积模量和塑性应变计算模型渗透率并与试验数据进行拟合。结果如图 5-55 所示,可以看出,模型与试验数据吻合较好。

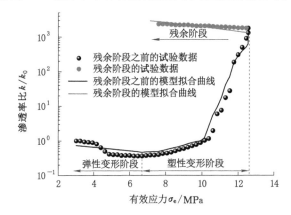

图 5-55　模型与试验数据匹配结果

5.7　本章小结

（1）系统分析了煤体渗透率的主控因素及其影响规律,发现渗透率随着围压的升高呈负指数降低趋势;在低压下由于 Klinkenberg 效应煤体渗透率随孔隙压力的升高而降低,在高压下由于有效应力降低,渗透率逐渐升高;温度对渗透率的影响主要包括温度改变煤体对 CH_4 的吸附能力以及温度变化引起的热膨胀两个方面,这两个方面综合作用导致渗透率随温度升高呈幂函数降低;流体介质对渗透率也有显著影响,总体上吸附性越强的气体对应的煤体渗透率也就越低。

（2）系统梳理了煤体渗透率模型的发展历程,指出有效应力和吸附膨胀是影响原位煤体渗透率的两个主控因素,对比分析了不同经典模型的预测结果,发现相同工况下不同模型的预测结果及趋势存在较大差异,这主要是因为不同模型中吸附膨胀和有效应的占比不同,在建模过程中应当考虑内膨胀作用的影响;此外,采掘扰动煤体渗透率建模目前仍处于起步阶段,建模思路不够系统完善,这应当是今后研究中需要重点解决的难题。

(3) 研发了原位煤体瓦斯开发渗流试验系统,提出了实验室条件下实现原位煤体力学边界的方法,开展了单轴应变条件下的煤体地质力学与渗流试验,发现:气体排采过程中煤体水平应力会逐渐降低,但下降梯度与气体类型有关。不同气体的垂直有效应力均呈现出上升的趋势,而有效水平应力的变化则与气体的种类有关。He 排采过程中水平有效应力增加,导致渗透率下降;CH_4 和 CO_2 在排采过程中,水平有效应力降低,造成渗透率显著增加;对于 N_2 而言,渗透率则先下降然后略有上升。

(4) 提出了双重卸压的概念,发现不同卸压路径下煤体渗透率演化规律存在显著差异。当应力降低梯度 $d\sigma_h/dp < 1$ 时,煤体渗透率随气体压力的降低略有降低;当 $d\sigma_h/dp = 1$ 时,煤体渗透率随气体压力降低有所升高,这主要是由 Klinkenberg 效应增强引起的;当 $d\sigma_h/dp > 1$ 时,煤体渗透率随气体压力降低初期缓慢升高,后期快速上升。探讨了双重卸压下煤体发生损伤破坏的力学机制,当 $d\sigma_h/dp < 1$ 时,卸压过程中煤体垂直和水平有效应力增大,煤体力学强度增加,煤体不会发生失稳破坏;当 $d\sigma_h/dp = 1$ 时,煤体垂直有效应力增大,水平有效应力不变,同时煤体的力学参数不发生明显变化,煤体发生屈服破坏的概率较低;当 $d\sigma_h/dp > 1$ 时,煤体垂直有效应力增大,水平有效应力减小,同时煤体力学强度明显弱化,煤体发生屈服破坏的概率较高。

(5) 考虑裂隙矿物充填的作用,修正了煤体物理结构模型,定义了煤体内膨胀系数,建立了考虑内膨胀效应的弹性煤体渗透率模型,分析了不同边界条件下煤体内膨胀系数随孔隙压力的变化规律,阐明了煤体变形程度和气体类型对内膨胀系数的影响规律,探讨了内膨胀系数的影响因素及其影响机制,发现有效应力和基质收缩是影响煤体内膨胀系数的两个关键因素,开展了渗透率模型的参数敏感性分析,探讨了不同因素对弹性煤体渗透率的影响。

(6) 提出了等效裂隙煤体的概念模型,指出受采掘扰动以及人工改造影响的塑性变形煤体可以看作是基质尺度更小、裂隙数量更多的弹性变形体,初步实现了扰动裂隙时空分布的定量表征;基于等效裂隙煤体构建了扰动煤体渗透率动态演化模型,并开展了实验室试验,验证了该模型的合理性。

6 煤体热力学特性及传热基础

温度场是影响煤层瓦斯抽采的关键物理场之一,温度的变化会影响煤层瓦斯的吸附解吸特性以及煤体的膨胀变形特征,从而影响瓦斯的抽采效果。近年来,随着煤炭开采逐渐进入深部,高地应力导致煤层瓦斯抽采困难,针对强吸附煤层瓦斯高效抽采的问题,人们提出了人工注热强化瓦斯抽采的技术方法。这一过程中需要重点关注的热源主要包括人工注入的热源以及瓦斯吸附解吸的热效应。本章针对煤层瓦斯抽采过程中的温度场演化这一问题开展了系统分析,主要分析了煤层热量传输的主要形式、煤体热物性的测试方法及不同煤体热物性的取值及其变化特征,最后建立了含瓦斯煤体温度场时空演化控制方程。

6.1 多孔介质传热理论基础

多孔介质一般是指内部含有众多连通孔隙和孤立孔隙的固体材料,其中固体相又称为固体骨架,没有固体骨架的那部分空间为孔隙。多孔介质中的连通孔隙占大多数,一般由单相流体(气体或液体)或两相流体占据其中,流体可通过连通的孔隙从多孔介质的一端渗透到另一端。

多孔介质的结构普遍具有几何复杂性(孔隙通道弯曲、随机分布、开度非规律性),其内部的流动传热现象也非常复杂。受固体骨架的影响,流体在多孔介质中的流动容易发生掺混和分离,流速的大小和方向也在改变,加上固体骨架的比表面积大,使得流体的流动阻力大幅度增加。在此过程中,假如多孔介质内发生传热,还需要考虑固体骨架的颗粒或节点之间的导热、固体颗粒内部的导热、孔隙中流体的导热、固流两相间的强迫或自然对流换热,以及固体骨架或气体的辐射传热等。总结来说,热传导、热对流和热辐射为多孔介质热量传递的三种基本方式[236]。对于多孔介质的传热研究,首先对温度场的基本概念进行介绍。

(1)温度场

温度场为某一时刻物体各点温度的集合,是空间和时间的函数,根据温度场和空间坐标的关系将温度场分为稳态温度场和非稳态温度场。

非稳态温度场是时间和空间的函数,在直角坐标系中表示为:

$$T = f(x, y, z, t) \tag{6-1}$$

式中　x, y, z——空间坐标位置;

　　　t——时间;

　　　T——温度。

稳态温度场不会随时间的变化而变化,只是空间的函数,在直角坐标系中表示为:

$$T = f(x, y, z) \tag{6-2}$$

根据温度场和直角坐标的关系,又可以分为一维温度场 $T = f(x, t)$,二维温度场 $T = f(x, y, t)$ 和三维温度场 $T = f(x, y, z, t)$。

（2）等温面

同一时刻,将三维温度场中温度相同的各个点构成的面称为等温面,在二维温度场中为等温线,在一维温度场中则为点。每个等温面上的温度都不相同,故等温面是互不相交的。等温面是封闭的曲面或者终止在物体的边界上。等温面上没有温度差,所以是没有热量传递的,而最大的温度变化率在等温面法线方向上。每条等温线之间的温度间隔相等,则等温线越密,表明温度差越大;反之,等温线越稀疏,表明温度差越小。

（3）温度梯度

温度梯度是在温度场中,某一点的等温面与其相邻的温度面的温度差与法线之间的距离比的极限,表示为 grad T,其正方向为温度升高的方向,温度梯度是一个矢量。

$$\text{grad } T = \lim_{\Delta n \to 0} \frac{\Delta T}{\Delta n} = \frac{\partial T}{\partial n} \tag{6-3}$$

6.1.1　热传导

热传导是指在物质内部或者不同物体相互接触的表面之间,依靠微观粒子的相对热运动而进行的传递热量的现象,可以发生在固体、气体和液体中,但气体和液体会因为温度差产生的密度差难以避免地发生热对流。因此,单纯的热传导现象只会发生在固体骨架中。煤体作为导热介质其内部温度分布不均匀时,热能从高温区域向低温区域的传递,本质上则是物体各部分不发生相对位移时,组成岩石的分子、原子或者自由电子通过不规则热运动的方式将能量传递到周围岩体中[237]。

（1）热流密度

热流密度又称热通量,是指单位时间通过单位面积的热量,是具有方向性的矢量,在导热过程中任意一点热流密度矢量正比于其温度梯度,其稳态导热的基本定律可以用傅里叶定律描述。在均质介质中,当热量的传递方式仅为导热时,表达式为:

$$\boldsymbol{q} = -\lambda \frac{\partial T}{\partial n} \boldsymbol{n} \tag{6-4}$$

式中　$\boldsymbol{q}$——热通量;

　　　λ——导热系数;

　　　$\boldsymbol{n}$——单位法向向量;

　　　$\partial T / \partial n$——沿着单位法向向量方向上的温度梯度;

热能从较高处传递至较低处,用负号表示,温度升高的方向与热量传递方向相反。

在导热过程中的某一方向上的热流量 Φ_x, Φ_y, Φ_z 与其方向导数的关系可以表示为:

$$\Phi_x = -\lambda A \frac{\partial T}{\partial x} ; \Phi_y = -\lambda A \frac{\partial T}{\partial y} ; \Phi_z = -\lambda A \frac{\partial T}{\partial z} \tag{6-5}$$

式中　A——截面积。

导热系数是物质重要的热物性参数之一,其大小代表着物质导热能力的强弱。实质是在稳定的传热条件下,导热系数可定义为 1 m 厚的传热物体,两侧传热面温度差为 1 ℃,在 1 s 内通过 1 m² 面积所传递的热量。不同材料的导热系数不同,金属的导热系数最大,其次是介电体,之后是液体,气体最小。

（2）导热的基本微分方程

利用傅里叶定律可以求解温度场内任意一点处的热流量,但只能求解一维的稳态导热问题,对于二维以上的多维稳态导热问题和一维以上的多维非稳态导热问题都无法解决,故需要结合傅里叶定律与能量守恒定律,关联物体内的各点温度,建立求解物体内部温度场的通用微分方程。

假设导热物体具有连续的各向同性,导热物体的密度、比热容、导热系数均为常数,物体内具有均匀分布的内热源 Φ,建立与导热物体形状相符的直角坐标系,在导热物体里分割出一六面微元控制体,如图 6-1 所示。

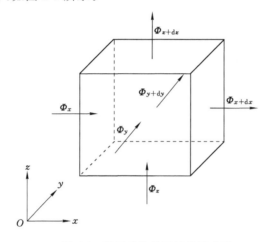

图 6-1　微元体热传导过程示意图

根据傅里叶定律得到 x,y,z 三个方向导入微元体的热流量 Φ_x,Φ_y,Φ_z:

$$\begin{cases} \Phi_x = -\lambda \dfrac{\partial T}{\partial x} \mathrm{d}y\mathrm{d}z \\[2mm] \Phi_y = -\lambda \dfrac{\partial T}{\partial y} \mathrm{d}x\mathrm{d}z \\[2mm] \Phi_z = -\lambda \dfrac{\partial T}{\partial z} \mathrm{d}x\mathrm{d}y \end{cases} \tag{6-6}$$

根据式(6-6),可以得出 x,y,z 三个方向控制体的热流量 $\Phi_{x+\mathrm{d}x},\Phi_{y+\mathrm{d}y},\Phi_{z+\mathrm{d}z}$:

$$\begin{cases} \Phi_{x+\mathrm{d}x} = \Phi_x + \dfrac{\partial \Phi_x}{\partial x}\mathrm{d}x = \Phi_x + \dfrac{\partial}{\partial x}\left(-\lambda \dfrac{\partial T}{\partial x}\mathrm{d}y\mathrm{d}z\right)\mathrm{d}x \\[2mm] \Phi_{y+\mathrm{d}y} = \Phi_y + \dfrac{\partial \Phi_y}{\partial y}\mathrm{d}y = \Phi_y + \dfrac{\partial}{\partial y}\left(-\lambda \dfrac{\partial T}{\partial y}\mathrm{d}x\mathrm{d}z\right)\mathrm{d}y \\[2mm] \Phi_{z+\mathrm{d}z} = \Phi_z + \dfrac{\partial \Phi_z}{\partial z}\mathrm{d}z = \Phi_z + \dfrac{\partial}{\partial z}\left(-\lambda \dfrac{\partial T}{\partial z}\mathrm{d}x\mathrm{d}y\right)\mathrm{d}z \end{cases} \tag{6-7}$$

根据能量守恒定律,可得到热平衡公式:

$$\rho c \frac{\partial T}{\partial t}\mathrm{d}x\mathrm{d}y\mathrm{d}z = (\Phi_x + \Phi_y + \Phi_z) - (\Phi_{x+\mathrm{d}x} + \Phi_{y+\mathrm{d}y} + \Phi_{y+\mathrm{d}y}) + \dot{\Phi}\mathrm{d}x\mathrm{d}y\mathrm{d}z \tag{6-8}$$

式中　ρ,c ——微元体的密度和比热容;

$\quad\ \ t$ ——时间;

$\dot{\Phi}$——热流量对时间的导数。

式(6-8)的含义为控制体热力学能增量＝流入控制体的总热量－流出控制体的总能量＋控制体内热源项的生成热。

整理可得直角坐标系中三维非稳态导热微分方程的一般表达式：

$$\rho c \frac{\partial T}{\partial t} = \frac{\partial}{\partial x}(\lambda \frac{\partial T}{\partial x}) + \frac{\partial}{\partial y}(\lambda \frac{\partial T}{\partial y}) + \frac{\partial}{\partial z}(\lambda \frac{\partial T}{\partial z}) + \dot{\Phi} \tag{6-9}$$

在不同的研究情况下，可以对非稳态导热微分方程的一般表达式进行简化：

$$\frac{\partial T}{\partial t} = a\left(\frac{\partial^2 T}{\partial x^2} + \frac{\partial^2 T}{\partial y^2} + \frac{\partial^2 T}{\partial z^2}\right) + \frac{\dot{\Phi}}{\rho c} \tag{6-10}$$

式中　a——热扩散系数，反映了物体导热过程中导热系数 λ 与热量传递过程中的物体储热能力的关系，其表达式为：

$$a = \frac{\lambda}{\rho c} \tag{6-11}$$

当介质的导热系数为常数且内部不存在热源时，其表达式为：

$$\frac{\partial T}{\partial t} = a\left(\frac{\partial^2 T}{\partial x^2} + \frac{\partial^2 T}{\partial y^2} + \frac{\partial^2 T}{\partial z^2}\right) \tag{6-12}$$

当介质的导热系数 λ 为常数且为稳态过程时，其表达式为：

$$\left(\frac{\partial^2 T}{\partial x^2} + \frac{\partial^2 T}{\partial y^2} + \frac{\partial^2 T}{\partial z^2}\right) + \frac{\dot{\Phi}}{\lambda} = 0 \tag{6-13}$$

当介质的导热系数 λ 为常数、内部不存在内热源且为稳态过程时，其表达式为：

$$\frac{\partial^2 T}{\partial x^2} + \frac{\partial^2 T}{\partial y^2} + \frac{\partial^2 T}{\partial z^2} = 0 \tag{6-14}$$

6.1.2　热对流

岩体中热对流的实质严格来说是岩体中发展形成的孔隙和裂隙中存在的液体或者气体的热对流。热对流是指由于流体的宏观运动，各部分之间发生相对位移，低温流体与高温流体相互混合时所引起的热量传递的过程，热对流的传热效果与流体状态密切相关。多孔介质传热关注的是流体与物体表面之间的传热过程，这种对流传热区别于一般意义上的热对流。流体对流可以分为三类：一种是自然对流，二是强制对流，三是有相变发生的对流。自然对流的形成是当流体流过固体表面时，两者之间的温度差产生热交换使得流体内部温度值不同，从而导致流体密度不同，使流体做相对运动。强制对流是由于外界条件施加的某种外力作用形成压力差而使流体流动，通过固体表面时发生热量传递，岩体裂隙中流体运动主要的传热方式属于这种情况，同时还存在热传导。有相变发生的对流是由于液体与气体之间存在物理状态的转变，从而形成的对流换热。

多孔介质内部传热可以分为饱和多孔介质传热和非饱和多孔介质传热，湿饱和及干饱和多孔介质统称为饱和多孔介质，饱和多孔介质传热过程可以看作单向流体在多孔介质中的传热过程。非饱和多孔介质的传热过程中流体在微小骨架孔隙空间内连续流动，经常伴随着流体的相变，流动和传热比较复杂。本节着重研究饱和多孔介质传热局部非热平衡模型。对于多孔介质内的传热模型，最早学者们通过假设多孔介质内流相与固相之间不存在热交换，构建局部热平衡(local thermal equilibrium，LTE)模型，LTE 模型又称为单方程模型,其优点在于模型简单、计算简便。而后有学者提出,如果多孔介质内流相与固相之间的温差较大不可忽略,则局部热平衡模型则不再适用,分别针对流相和固相构建能量方程,即局部非热平衡(local thermal non-equilibrium,LTNE)模型。LTNE 模型又称为双方程模型,在此模型中多孔介质内固相、流相存在温差及对流换热[238]。

多孔介质内固相、流相间温差不可忽略时,为了更加准确恰当地描述多孔介质中的能量传递过程,需要将流体和固体骨架区别对待,分别对两者使用两个不同的能量方程来描述。在平均容积法的基础上,对流体、固体骨架分别建立能量平衡关系式。

对于流体:

$$\varphi \rho_f c_f \frac{\partial T_f}{\partial t} + \rho_f c_f v \cdot \nabla T = \nabla \cdot (\lambda_{f,eff} \nabla T_f) + h_{sf} \alpha_{sf} (T_s - T_f) + \dot{\Phi}_f \quad (6\text{-}15)$$

对于固体骨架:

$$(1 - \varphi) \rho_s c_s \frac{\partial T_s}{\partial t} = \nabla \cdot (\lambda_{s,eff} \nabla T_f) - h_{sf} \alpha_{sf} (T_s - T_f) + \dot{\Phi}_s \quad (6\text{-}16)$$

式中　　φ——孔隙率;

$\lambda_{f,eff}$——多孔介质中流体的有效导热系数;

$\lambda_{s,eff}$——固体骨架的有效导热系数;

$\dot{\Phi}_f$——流体中的热源对时间的导数;

$\dot{\Phi}_s$——固体骨架中的热源对时间的导数;

h_{sf}——固、液相之间的换热系数;

α_{sf}——固、液两相界面的比表面积;

∇——那勃勒算子,表示梯度;

ρ_f , ρ_s——流体和固体骨架的密度;

c_f , c_s——流体和固体骨架的比热容;

T_f , T_s——流体和固体骨架的温度;

v——流体的流速。

对于局部非热平衡模型,h_{sf} , α_{sf} 可表示为:

$$\begin{cases} h_{sf} = \dfrac{(2 + 1.1 Re^{0.6} Pr^{1/3}) \lambda_{f,eff}}{D_p} \\ \alpha_{sf} = \dfrac{6(1 - \varphi)}{D_p} \end{cases} \quad (6\text{-}17)$$

式中　　Pr——普朗特数;

Re——雷诺数,$Re = \rho_f v D_p / \mu_f (\mu_f$ 为动力黏度);

$\lambda_{f,eff}$——流体的有效导热系数;

D_p——堆积颗粒直径。

6.1.3　热辐射

自然界中,温度在绝对温度零度以上的一切物体都会以电磁波的形式不停地向外传送热量,这种方式为辐射,所放出的能量,称为辐射能。本节重点研究辐射传热中的热辐射,其能量的大小由物体的温度决定。表面热辐射发生在两个或多个不同温度的表面之间,由于能量正比于温度的四次方,当加热传感器与流体之间存在温度差时,则辐射传热的结果就是热量从加热传感器传递到流体。在多孔介质中,壁面的热辐射对近壁面边界层及空腔内流体的扰动有较大影响,进而影响了空腔内的自然对流与传热[239]。设物体表面的绝对温度为 T_s,根据Stefan-Boltzmann(斯蒂芬-玻尔兹曼)定律可得该物体发出的最大辐射 $Q_{rad,max}$ 为:

$$Q_{rad,max} = \sigma' A_s T_s^4 \qquad (6-18)$$

式中　σ'——黑体辐射系数;

　　　A_s——表面积。

式(6-18)中的最大辐射能计算时假定物质为黑体,而相同温度下其他非黑体所发射的辐射能 Q_{rad} 皆小于黑体所发射的。如下式:

$$Q_{rad} = \varepsilon' \sigma' A_s T_s^4 \qquad (6-19)$$

式中　ε'——物体表面发射率,其值的范围为 $0 \leqslant \varepsilon' \leqslant 1$,黑体的表面发射率 $\varepsilon' = 1$,其余物体的表面发射率均小于黑体的,其大小取决于其表面特性。

另一个物体表面的辐射特性为表面吸收率 α,$0 \leqslant \alpha \leqslant 1$。黑体表面吸收率 $\alpha = 1$,表示黑体吸收的能量等于对外辐射的能量。由基尔霍夫定律可知,在给定的温度和波长下,物体表面的发射率和吸收率相等。如下式:

$$Q_{absorbed} = \alpha Q_{incident} \qquad (6-20)$$

$$Q_{ref} = (1 - \alpha) Q_{incident} \qquad (6-21)$$

式中　$Q_{absorbed}$——投射到物体上并被物体吸收的热量;

　　　$Q_{incident}$——投射到物体上的总热量;

　　　Q_{ref}——投射到物体上被反射回来的热量。

6.2　煤岩体传热基本特性

物质间的热量传递除了受环境因素的影响外,物质自身对热量的传输特性也将影响物质的导热性能,这种不通过化学变化就能表现出来的物质性质称为物理性质,而仅与物质组成成分及温度有关的物理性质称为热物理性质,简称热物性。对于煤体来说热物性参数包括导热系数、热扩散系数、比热容、密度和热膨胀系数等,其中较为常用的热物性参数为导热系数、热扩散系数和比热容。煤体热物性参数有多种测算方法,可测算单个或多个热物性参数。下面对常用的 3 种热物性参数的测算原理及方法进行阐述[240]。

整个煤岩体的导热系数不仅仅由煤岩体的基质决定,还受到岩石裂隙中可能存在的液体或者气体的影响,导热系数的真实数值往往由这三者或两者共同作用决定,除此之外,导热系数和环境温度及应力状态等也有很大关系。导热系数越大,其物质热量传导能力越强。常规确定物质的导热系数有两种方法,分别是实验测试和模拟计算。由于导热系数受物质的组成、环境的复杂性影响,模拟计算需要复杂分析,只有较少物质可以从理论上模拟计算出导热系数。因此确定物质导热系数的主要途径仍是实验测定,测定方法可分为稳态法和非稳态法。

6.2.1　稳态法

稳态法中的防护热平板法适用于板状试样的导热系数测试,稳态圆筒法适用于圆筒形试样的导热系数测试,此处仅介绍稳态圆筒法。稳态圆筒法的装置示意图如图 6-2 所示,主要由腔体、进出气口、热电偶、加热棒、石棉等组成。

当圆筒的长度远大于壁厚,其可认为是无限长的圆筒。可认为沿轴向的温度变化可以

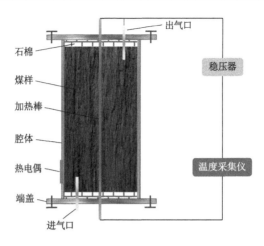

图 6-2 稳态圆筒法导热系数测试装置示意图

忽略不计,沿径向内壁温度场为一维温度场。建立圆柱坐标系,其导热系数方程为:

$$\frac{\mathrm{d}}{\mathrm{d}r}\left(r\frac{\mathrm{d}T}{\mathrm{d}r}\right) = 0 \tag{6-22}$$

式中　r——圆筒半径;

T——温度。

圆筒壁内外表面为一类边界条件:

$$\begin{cases} r = r_1, T = T_1 \\ r = r_2, T = T_2 \end{cases} \tag{6-23}$$

通过直接积分可以得到导热系数方程:

$$\lambda = q\frac{\ln(r_2/r_1)}{2\pi l(T_2 - T_1)} \tag{6-24}$$

式中　λ——试样导热系数;

q——加热棒的功率;

T_1——加热棒温度;

T_2——内筒壁温度;

l——加热棒有效加热长度;

r_1——加热棒半径;

r_2——圆筒内径。

6.2.2　非稳态法

6.2.2.1　热线法

热线法的应用范围较为广泛,可用于粉末、非松散物质等导热系数的测定。由于使用热线法测量时,电热丝的功率和加热时间都较小,引起的温升变化较小,所以可忽略电热丝加热导致的试样所处环境温度的变化。热线法的原理是基于无限大非稳态导热模型。在试样中安置一条理想的细长线热源,热线法加热的功率为定值。加热时,热线本身和周围介质的温度会上升。这种基于线热源测量材料热物性参数的方法被称为热线法。热线法可划分为两种方法,分别是平行热线法和交叉热线法[241]。

交叉热线法采用一根具有高电阻率、耐高温、低温度系数的电热合金丝作为热线材料，在垂直于热线的方向上焊接一支热电阻记录热线的温升。下面对交叉热线法的基本原理进行介绍。

在固体介质中放置一根电热合金丝热源，假设该电热合金丝直径相对于周围介质的长度为无限小。则在任意平面位置点 $A(x,y)$ 经时间 t 后的温升 θ 可以通过方程及初始条件和边界条件求出。

$$\frac{\partial \theta}{\partial t} = a\left(\frac{\partial^2 \theta}{\partial x^2} + \frac{\partial^2 \theta}{\partial y^2}\right) \tag{6-25}$$

$$\theta(x,y,t)\big|_{t=0} = 0 \tag{6-26}$$

$$\frac{q_s}{\rho c_p} = \int\int_{-\infty}^{+\infty} \theta(x,y,t)\,\mathrm{d}x\mathrm{d}y \tag{6-27}$$

式中　a——热扩散率；

　　　q_s——热源的功率；

　　　c_p——质量定压热容。

通过求解得到线热源所在介质的温升公式为：

$$\theta = \frac{q_s}{\rho c_p 4\pi at}\exp\left(\frac{-r^2}{4at}\right) \tag{6-28}$$

当线热源以恒定的功率 q_s 加热时，从 $0\sim t$ 时间段内，要求解距离热线垂直距离 r 的某点的温度变化，可先对发热 t 时间后的瞬间 $\mathrm{d}t_i$ 进行考察。$\mathrm{d}t_i$ 期间发出的热量为 $q_s\mathrm{d}t_i$，将其视为线热源瞬时发热过程，则 $q_s\mathrm{d}t_i$ 对 r 点在观测时刻 t 时造成的温升可通过下式计算：

$$\mathrm{d}\theta = \frac{q_s\mathrm{d}t_i}{\rho c_p 4\pi at}\exp\left(-\frac{x^2+y^2}{4at}\right) \tag{6-29}$$

对式(6-29)进行积分可得整个持续过程对 r 点造成的温升：

$$\theta = \frac{q_s}{\rho c_p 4\pi at}\int_0^t \frac{1}{t}\mathrm{e}^{-\frac{r^2}{4at}}\mathrm{d}t_i \tag{6-30}$$

令 $u = r(4at)^{-\frac{1}{2}}$，进行变换和处理得：

$$\lambda = \frac{q_s}{4\pi} \times \frac{-E_i\left(\frac{-r^2}{4at}\right)}{\theta(r,t)} \tag{6-31}$$

式中，$-E_i\left(\dfrac{-r^2}{4at}\right)$ 为指数积分，热线的功率 q_s 可由电流 I 和电阻 R 表示：

$$q_s = I^2R/L \tag{6-32}$$

式中　L——热线的长度。

当加热到满足 $\sqrt{4at} \gg r$ 时，可得到简化公式：

$$\theta = \frac{q_s}{4\pi\lambda}\left(\ln t + \ln\frac{4a}{cr^2}\right) \tag{6-33}$$

式中　c——欧拉常数，c=0.577 26。

根据温升 θ 随时间 $\ln t$ 的变化曲线，可求得测试样品的导热系数 λ 和热扩散率 a：

$$\lambda = \frac{q_s}{4\pi k'} \tag{6-34}$$

$$a = \frac{c^* r^2}{4} \exp\left(\frac{b}{k'}\right) \tag{6-35}$$

式中，$c^* = \exp(c)$；k'表示直线$\theta \sim \ln t$的斜率。

需要说明的是，在实际测量中，温升θ随时间$\ln t$的变化曲线在$t_{min} \sim t_{max}$时间段范围内为线性变化趋势，t_{min}主要取决于热线与试样间的接触情况，若接触不良将导致t_{min}增大。t_{max}为热量到达试样边缘的时刻。实际测量过程必须在$t_{min} \sim t_{max}$时间段范围内完成。

J. de. Boer等人在1980年提出了平行热线法测试物质的热物性参数[242]。其基本原理是将测温装置平行放置在距离电热丝一定距离r'处，热量由电热丝以恒定功率热源传递到与电热丝接触的试样上，引起物体内部的二维稳态导热，其导热的数学描述为：

$$\lambda\left(\frac{\partial^2 T}{\partial x^2} + \frac{\partial^2 T}{\partial y^2}\right) = \rho c_p \frac{\partial T}{\partial t} \tag{6-36}$$

因$\theta = T - T_i$（T_i为物体初始温度，常数），则式(6-36)可转化为：

$$\lambda\left(\frac{\partial^2 \theta}{\partial x^2} + \frac{\partial^2 \theta}{\partial y^2}\right) = \rho c_p \frac{\partial \theta}{\partial t} \tag{6-37}$$

根据线热源的热源形式，其功率为：

$$q_s(x,y) = Q_{li}\delta(x - x') \cdot \delta(y - y') \cdot \delta(t) \tag{6-38}$$

式中　Q_{li}——线热源瞬时热量；

　　δ——狄拉克函数。

根据瞬时热源与初始温度之间的等价关系，Q_{li}等价于下列初始温度分布：

$$F(x,y) = T_i + I\delta(x - x') \cdot \delta(y - y') \tag{6-39}$$

式中，瞬时热源强度I为：

$$I = \frac{Q_{li}}{\rho c_p} \tag{6-40}$$

当$t = 0$时，则可得到：

$$\theta = I\delta(x - x') \cdot \delta(y - y') \tag{6-41}$$

式(6-41)根据狄拉克δ函数可得：

$$\theta(x,y,t) = \theta_1(x,t)\theta_2(y,t) = \frac{I}{4\pi at}\exp\left[-\frac{(x - x')^2 + (y - y')^2}{4at}\right] \tag{6-42}$$

设线热源在$t = t'$时释放热量，则式(6-42)变为：

$$\theta(x,y,t \,|\, x',y',t') = \frac{I}{4\pi a(t - t')}\exp\left[-\frac{r'}{4a(t - t')}\right] \tag{6-43}$$

为了得到持续的热量作用结果，将$0 \sim t$的过程分为无数微小的时间间隔，故可将持续发热的线热源看作在不同时刻瞬时线热源的集合，取t'时刻的瞬间$\mathrm{d}t'$进行分析，可求出温度场内热源的作用结果为：

$$\theta(r',t) = \frac{1}{4\pi a}\int_0^t \frac{q_s(t')}{\rho c(t - t')}\exp\left[-\frac{r'^2}{4a(t - t')}\right]\mathrm{d}t' \tag{6-44}$$

假设$\eta = \frac{r'^2}{4a(t - t')}$，对式(6-44)进行化简为：

$$\theta(r',t) = \frac{q_s}{4\pi\lambda}\int_0^t \frac{1}{\eta}\exp(-\eta)\mathrm{d}\eta = -\frac{q_s}{4\pi\lambda}E_i\left(-\frac{r'^2}{4\pi t}\right) \tag{6-45}$$

由式(6-45)可以得到：

$$\lambda = \frac{q_s}{4\pi\theta(r',t)}E_i\left(-\frac{r'^2}{4\pi t}\right) \tag{6-46}$$

式中　$E_i(x)$——指数积分,其具体数值可通过查表计算。

6.2.2.2　激光闪射法

激光闪射法(LFA)属于非稳态法的一种,它可以直接、精确地测量出材料的热扩散系数,也可以通过材料的比热容和密度快速计算出导热系数[243]。

激光闪射法检测系统包含激光源、样品室、环境控制附件、温度探测系统和数据记录装置。激光源一般是指可以产生短周期能量脉冲的装置,并且能量脉冲辐照到试样表面的能量较均匀,不会出现中心能量比周边能量高的热斑现象。样品室及环境控制附件主要是为了保证能在高于或低于环境温度的条件下进行试验。温度探测系数一般包括电子线路室温偏移读取、脉冲峰滤光镜、信号放大和模拟数字转换。数据记录装置能以不同速度记录一个脉冲周期内的数据,可用于试样温度下降过程中的低分辨率数据记录,也可用于试样温度上升之前和温度升高后的高分辨率数据记录。

激光闪射法是通过将试样放置于保护气氛的样品室中进行短时间激光辐照,采用红外探测器检测试样的温度,由下式可以计算出试样的导热系数：

$$\lambda = \alpha\rho c_p \tag{6-47}$$

式中　α——表面吸收率。

在用激光闪射法测量热扩散系数时,设定以下初始条件：

① 激光脉冲的周期极短,与试样背面温度达到最高温度的1/2所需的时间相比可以忽略不计；

② 热量只在垂直的一维方向上传播,没有横向热传播且没有任何热损耗；

③ 光源的能量束斑任何一点的强度都相同,试样均匀不透光,能量吸收发生在试样表面薄层内。

在某一恒定温度下,试样背面的温度随时间的变化可由下式计算得出：

$$T(x,t) = \frac{1}{L'}\int_0^{L'}T(x,0)\mathrm{d}x + \frac{2}{L'}\sum_{n=1}^{\infty}\exp(\frac{-n^2\pi^2\alpha t}{L'^2}\cos\frac{n\pi x}{L'}\int_0^{L'}T(x,0)\cos\frac{n\pi x}{L'}\mathrm{d}x) \tag{6-48}$$

式中　T——温度；

x——距离试样正面的距离；

t——响应时间；

L'——试样厚度；

n——正自然数。

当一个辐射能量脉冲(Q)瞬间射入试样正面(x 为 0)并被均匀吸收,假设吸收层的深度为 g,则此时温度分布可通过下式计算得出：

$$T(x,0) = \begin{cases} Q/(\rho c_p g), 0 < x \leqslant g \\ 0, g < x \leqslant L' \end{cases} \tag{6-49}$$

根据初始条件,试样背面的温度随时间的变化可以用下式表示：

$$T(x,0) = \frac{Q}{\rho c_p L'}[1 + 2\sum_{n=1}^{\infty}\cos\frac{n\pi x}{L'} \cdot \frac{\sin(n\pi g/L')}{n\pi g/L'}\exp(\frac{-n^2\pi^2\alpha t}{L'^2})] \tag{6-50}$$

当 $x = L'$ 时,试样背面的温度随时间的变化可用下式表示:

$$T(L',t) = \frac{Q}{\rho c_p L'}[1 + 2\sum_{n=1}^{\infty}(-1)^n\exp(\frac{-n^2\pi^2\alpha t}{L'^2})] \tag{6-51}$$

引入两个无量纲参数 V 和 ω,如式(6-52)和式(6-53)所示:

$$V(L',t) = \frac{T(L',t)}{T_{\max}} \tag{6-52}$$

$$\omega = \frac{\pi^2\alpha t}{L'^2} \tag{6-53}$$

式中 $T_{\max}$——试样背面的最高温度。

将式(6-51)代入式(6-52)可得:

$$V(L',t) = 1 + 2\sum_{n=1}^{\infty}(-1)^n\exp(-n^2\omega) \tag{6-54}$$

激光闪射法可同时测量多个试样,通过比较法可得出待测试样的比热容。具体是将一个已知比热容的标准试样与待测试样同时放在多样品室内,在相同的测试条件下进行试验,通过能量平衡方程计算得出待测试样的热容,如式(6-55)所示:

$$c_X = \frac{c_B M_B \Delta T_B}{M_X \Delta T_X} \tag{6-55}$$

式中 c_B, c_X ——标准试样和待测试样的热容;

M_B, M_X ——标准试样和待测试样的质量;

$\Delta T_B, \Delta T_X$ ——标准试样和待测试样受激光辐照后温度升高的最大值。

6.2.3 煤体热物性参数统计

煤的热物性参数对于研究煤层瓦斯开发过程中煤体温度的时空演化规律具有重要意义。为了掌握煤体的温度传导特性,本书统计了不同变质程度煤体的导热系数和比热容,结果如表 6-1 和表 6-2 所列[244]。

表 6-1 为不同变质程度的原煤样在不同温度下测得的导热系数。总体上,随着温度的升高,煤体的导热系数逐渐升高,且低温下升高速率较大,后期逐渐趋于稳定。在 $-50 \sim$ 50 ℃ 范围内,煤体的导热系数主要在 $0.075 \sim 0.150$ W/(m·K) 之间,且对于同一变质程度的煤体,50 ℃时的导热系数较 -50 ℃时的增幅总体上在 $15.00\% \sim 31.32\%$ 之间。另外,从平均值看,褐煤的导热系数最大,为 0.138 W/(m·K),无烟煤的导热系数最低,为 0.100 W/(m·K),表现出导热系数随着变质程度的升高而降低的总体趋势。

表 6-1 不同变质程度的原煤样在不同温度下的导热系数表

温度/℃	导热系数/[W·(m·K)$^{-1}$]				
	焦煤	长焰煤	褐煤	无烟煤	不黏煤
-50	0.116	0.090	0.124	0.083	0.100
-40	0.121	0.095	0.125	0.083	0.102
-30	0.126	0.098	0.133	0.092	0.102
-20	0.131	0.102	0.134	0.096	0.110

表 6-1(续)

温度/℃	导热系数/[W·(m·K)⁻¹]				
	焦煤	长焰煤	褐煤	无烟煤	不黏煤
−10	0.133	0.102	0.141	0.102	0.110
0	0.133	0.108	0.144	0.103	0.115
10	0.137	0.110	0.141	0.109	0.111
20	0.137	0.112	0.145	0.108	0.113
30	0.136	0.112	0.147	0.107	0.118
40	0.137	0.111	0.147	0.109	0.116
50	0.137	0.110	0.142	0.110	0.115
平均值	0.131	0.105	0.138	0.100	0.110

表 6-2 为不同变质程度的原煤样的比热容统计结果。可以看出煤的比热容主要在 4.00~6.00 J/(kg·K)之间,且原煤样内由于水分的存在导致其比热容高于干燥煤样的,说明水分的存在能够提高煤体的比热容。无烟煤原煤样的比热容在 4.32~4.40 J/(kg·K)之间,烟煤原煤样的比热容在 4.20~4.86 J/(kg·K)之间,褐煤原煤样的比热容为 5.94 J/(kg·K)。总体上,随着煤的变质程度升高,煤的比热容逐渐降低,这可能与煤中水分含量有关。

表 6-2 不同变质程度的原煤样的比热容表

煤类型	采样地点	$M_{ad}/\%$	$A_{ad}/\%$	$V_{ad}/\%$	$FC_{ad}/\%$	比热容平均值/[J·(kg·K)⁻¹]	
						原煤样	干燥煤样
无烟煤	安阳市龙山矿	2.02	8.48	5.76	83.74	4.40	4.20
无烟煤	安阳市龙山矿	2.01	7.60	6.99	83.41	4.34	4.17
无烟煤	安阳市龙山矿	1.89	9.03	7.44	81.64	4.39	4.15
无烟煤	安阳市龙山矿	1.71	7.56	6.68	84.05	4.38	4.16
无烟煤	阳泉丈八煤层	1.93	9.87	6.17	82.03	4.32	4.32
烟煤	淮北芦岭煤矿	4.62	10.00	22.52	62.79	4.44	4.17
烟煤	山东孙村矿 2 层	3.54	9.31	19.67	67.48	4.63	4.38
烟煤	山东孙村矿 4 层	2.71	7.54	23.34	66.41	5.28	4.62
烟煤	山东孙村矿 11 层	3.32	6.67	31.57	58.44	4.20	4.03
烟煤	山东孙村矿 15 层	2.43	8.75	27.83	60.99	4.86	4.47
气煤	兖州北宿煤矿	4.00	6.83	40.08	49.09	5.01	4.59
气肥煤	鹤岗矿务局	2.27	6.61	36.01	55.05	4.44	4.28
肥煤	徐州旗山煤矿	1.19	6.16	30.23	62.41	4.43	4.32
褐煤	元宝山矿二井	12.24	7.48	40.90	39.38	5.94	4.58

6.3　瓦斯开发过程中的煤体传热理论

6.3.1　瓦斯开发过程中的热源

矿井中不同的热源对瓦斯开发的影响程度有很大差别。一般来说,如岩体放热、矿物氧化这一类热源,其散发热量的多少很大程度上取决于流经该热源的风流温度以及水蒸气压力,我们称其为相对热源或者自然热源。而在矿井中散热量与风流温度、湿度无关的热源,例如机电设备放热、人体散热等,称为绝对热源或人为热源。通常来说,主要的矿井热源包括:矿井空气自压缩放热、井巷围岩传热、地下热水放热、运输中煤炭及矸石的散热、机电设备的散热、人体散热等[245]。此外,矿井风流是自地面流入矿井的,地表大气对矿井气候的影响也要考虑在内。

（1）矿井空气自压缩放热

随着矿井开采深度的变化,空气受到的压力状态也随之改变。当风流沿井巷向下流动时,空气的压力值逐渐增大。空气在压缩过程中会释放热量,从而使矿井温度升高。当空气沿着井巷向下流动时,在重力场作用下,由于其势能转换为焓值,其压力与温度都有所上升,这个过程称为自压缩过程。

（2）井巷围岩传热

围岩传热是地温型高温矿井的主要热源。风流流经井巷时,当原始围岩温度与风流温度存在温差时,就要产生热交换。当原始围岩温度高于风温时,围岩对风流有加热作用。一般对于深井而言,原始围岩温度都高于风流温度,所以风流通过井巷时将产生温升。在大多数情况下,围岩主要以热传导的方式向风流传热。在井下,井巷围岩与风流之间的传热是一个不稳定的传热过程,即使是在井巷壁面温度保持不变的情况下,自岩体深处向外传导的热量也是随着时间而变化。而且随着通风时间的延长,围岩被风流冷却的范围逐渐扩大,形成围岩调热圈。这一调热圈对围岩与风流之间的热传导起着非常重要的作用。围岩借助热传导自岩体深处向井巷传热。原始围岩温度的变化是由自地心径向向外的热流造成的,随深度的增加温度均匀地增高。原始围岩温度随着深度增加而上升的速度(地温梯度)主要取决于岩石的导热系数与大地热流值,原始围岩温度的具体数值决定于地温梯度和埋藏深度。当围岩的原始岩温与在井巷中流动的空气存在温差时,就要产生换热。

（3）地下热水放热

如果在采区和矿井附近有井下裂隙水、涌水、渗水或喷水,则地热可以通过热对流将热传给井巷。地下热水由于易于流动,且热容量大,是良好的热载体。地下热水主要是通过两个途径把热量传递给井巷风流:第一,岩层中的热水通过对流作用加热了井巷围岩,围岩再将热量传递给风流;第二,热水涌入矿井巷道中,直接加热了风流。

（4）机电设备散热

目前,我国煤矿井下所使用的能源几乎全部为电源,压缩空气及内燃机的使用量都很少。机电设备所消耗的能量除了部分用于做有用功外,其余全部转换为热能并散发到周围的介质中去。井下机电设备主要有采掘机械、提升运输设备、扇风机、电机车、变压器、水泵、照明设备等。

（5）地面空气温度影响

通常依据矿井具体情况来计算,其公式为:

$$T = T_0 + A_0(\frac{2\pi t}{365} + \varphi_0) \tag{6-56}$$

式中　　T_0——地面年平均气温;

　　　　φ_0——周期变化函数的初相位;

　　　　A_0——地面气温年波动振幅。

(6) 低透煤层人工注热强化抽采

对于低渗透、强吸附的难抽采煤层,为了提高煤层瓦斯抽采效率,近年来煤层人工注热强化瓦斯抽采技术逐渐受到学界和工业界的广泛关注。通过在煤矿井下施工钻孔,然后向钻孔内注入热水、高温蒸汽等加热煤体,促进煤体内瓦斯解吸,从而达到提高煤层瓦斯抽采效率的目的。这类人工热源与煤层瓦斯开发密切相关,本书主要针对这一类热源对煤层瓦斯抽采的影响开展理论分析和研究。

除上述热源外,井下还存在矿物氧化放热、爆炸放热、风机放热、水泵放热、风动工具放热、岩层移动摩擦放热、辅助工序中的摩擦空气放热、进风井筒中的压风管放热、空气静压头损失引起的放热等热源,但这些热源所释放的热量在整个矿井高温热害中所占的比重很小或属于突发性热源[246]。

6.3.2　煤体瓦斯吸附解吸的热效应

6.3.2.1　煤体瓦斯吸附过程传热分析

煤作为一种比表面积大、活性大的多孔介质,它对瓦斯气体具有较强的吸附能力,并且在其吸附过程中伴随着热量的产生与交换。由于温度的变化对煤体瓦斯吸附平衡有很大影响,所以煤体瓦斯吸附的过程就是一个传热、传质耦合的过程,具有强烈的非线性特征。瓦斯气体与煤体颗粒骨架之间存在着热量和质量的传递,也就是说煤体瓦斯吸附过程呈局部非热力学平衡态,该过程是伴有质量、热量源等的多孔介质气、固两相间非稳态传热、传质问题。

煤体瓦斯吸附过程是放热过程,瓦斯气体在煤体孔-裂隙表面被吸附的过程会放出大量热量,所放出的热量一部分被煤体骨架所吸收,其余热量会传递给被吸附的、游离的瓦斯气体,最终使整个系统处于热力平衡状态[247]。所以煤体瓦斯吸附过程中的热量扩散的途径主要包括内扩散与外扩散两个过程:① 内扩散过程:该过程是指煤体瓦斯吸附过程中所放散出来的热量由煤体颗粒的内部通过扩散传递到其表面;② 外扩散过程:该过程是指煤体瓦斯吸附过程中所放散出来的热量从煤体颗粒的外表面扩散到瓦斯气体。

(1) 内扩散传热速率

假设煤体瓦斯吸附过程中煤体颗粒与瓦斯气体的温度相同,则煤体颗粒内部的传热速率方程为:

$$\rho_s c_s \frac{\partial T_s}{\partial t} = \frac{1}{r^2}\frac{\partial}{\partial r}(\lambda_{eff} r^2 \frac{\partial T_s}{\partial t}) \tag{6-57}$$

式中　　ρ_s——煤体颗粒骨架密度;

　　　　c_s——煤体颗粒骨架比热容;

　　　　T_s——煤体颗粒骨架温度;

　　　　t——扩散时间;

　　　　r——煤体颗粒上任意一点到颗粒中心的距离;

λ_{eff} ——煤体的有效导热系数。

（2）外扩散传热速率

从瓦斯气体到煤体颗粒表面的传热速率控制方程为：

$$Q' = -\rho_s c_s \frac{dT_s}{dt} = \rho_f c_f \frac{dT_f}{dt} = K_f A(T_s - T_f) \quad (6-58)$$

式中　Q' ——单位体积吸附层中的传热速率；

　　　K_f ——煤体颗粒表面对流传热系数；

　　　ρ_f ——瓦斯气体密度；

　　　c_f ——瓦斯气体比热容；

　　　T_f ——瓦斯气体的温度；

　　　A ——热源与热汇之间的接触面积。

（3）总传热速率

煤体瓦斯吸附过程中的总传热速率为：

$$Q' = KA(T_s - T_f) \quad (6-59)$$

式中　K ——煤体有效传热系数。

在煤体瓦斯吸附过程中，瓦斯气体分子的构型及煤体颗粒表面结构的变化可以忽略，煤体瓦斯吸附的过程是一个自发的过程，故在等温、等压条件下，瓦斯在煤体颗粒表面上的吸附是降低表面自由焓的熵减过程。

所谓积分吸附热是指等温（T）、等容（V）以及等煤表面积（A）条件下，煤体吸附 n mol 瓦斯气体所放出的热量，可以用一般量热计对较长吸附过程的吸附热进行测量。由热力学可知，煤体吸附 n mol 瓦斯气体的过程中所释放的热量为 ΔU（体系内能的变化），所以吸附 1 mol 瓦斯气体的积分吸附热 q_i 为：

$$q_i = \left(\frac{\Delta U}{n}\right)_{T,V,A} \quad (6-60)$$

式（6-60）中，q_i 可通过测定煤体已经吸附一定量气体条件下再吸附极少量吸附气体时所释放出来的热量得到。

6.3.2.2　煤体瓦斯解吸过程传热分析

煤体瓦斯解吸过程属于一个能量不可逆的复杂过程，在其能量的转换过程中会伴有煤体瓦斯的温度变化[13]。试验表明，在煤体瓦斯解吸过程中煤体瓦斯的温度会出现不同幅度的降低现象，而国内外大量实践也表明，在发生煤与瓦斯突出之前，煤壁会出现变凉现象，工作面温度降低；但也有实践发现，当煤体瓦斯压出或倾出时，会出现煤体温度升高的现象。煤体瓦斯解吸过程遵循能量守恒定理，应用热力学第一定律对其进行表述。煤体瓦斯的解吸过程就是指煤体所吸附的瓦斯在压力降低、温度升高等条件下从煤体中解吸出来，同时瓦斯气体的迅速膨胀吸热会促使煤体温度降低，瓦斯解吸过程中煤体温度的降低有两方面原因：① 游离瓦斯的膨胀吸热；② 吸附瓦斯的解吸吸热。

（1）游离瓦斯的膨胀吸热

假设游离瓦斯气体的膨胀过程是一个绝热膨胀的过程，当瓦斯气体膨胀时，会向外做膨胀功，所需要的能量来自瓦斯气体的内能，则瓦斯气体向外所做的膨胀功导致煤体温度降低。由热力学第一定律可知：

$$W = \frac{1}{\kappa - 1}(P_2 V_2 - P_1 V_1) \tag{6-61}$$

式中 W——瓦斯膨胀向外所做的功；

    P_1, P_2——初始瓦斯压力及膨胀后的瓦斯压力；

    V_1, V_2——初始瓦斯体积及膨胀后的瓦斯体积；

    κ——瓦斯的质量定压热容与质量定容热容的比值，$\kappa = c_p/c_V$。

由此可得，煤体由于瓦斯膨胀而降低的温度 ΔT_1 为：

$$\Delta T_1 = T_2 - T_1 = \frac{P_2 V_2 - P_1 V_1}{1\,000(\kappa - 1)c} \tag{6-62}$$

式中 c——煤体的比热容。

（2）吸附瓦斯的解吸吸热

煤体对瓦斯的吸附可认为是一种物理吸附，如果煤体瓦斯的解吸过程为可逆过程，则体积为 ΔV 的瓦斯进行解吸造成煤体降低的温度 ΔT_2 为：

$$\Delta T_2 = -\frac{q_d \Delta V}{1\,000c} \tag{6-63}$$

式中 ΔV——瓦斯气体解吸量；

    q_d——瓦斯气体的微分解吸热。

瓦斯气体的微分解吸热 q_d 与其压力 p 的关系可简化为：

$$q_d = \frac{a}{1 + bp} \tag{6-64}$$

式中 a, b——系数。

将瓦斯气体解吸率 $\eta' = \Delta V/V_{max}$（其中 V_{max} 为煤体瓦斯极限解吸量）代入式（6-62）～式（6-64），得到煤体解吸前后的温度变化可表示为：

$$\Delta T = \Delta T_1 + \Delta T_2 = \left[\frac{P_2 V_2 - P_1 V_1}{1\,000(\kappa - 1)c} - \frac{aV_{max}\eta'}{1\,000c(1 + bp)}\right] \tag{6-65}$$

6.4 本章小结

（1）煤岩体的传热方式包括热传导、热对流和热辐射三种类型，在煤层瓦斯开发过程中主要包括煤体骨架之间的热传导以及流体（主要指水和瓦斯）与煤体骨架之间的热对流。

（2）确定煤岩体导热系数的主要方法可分为稳态法和非稳态法，基于实验测试获得了不同变质程度煤体的导热系数和比热容，发现随着温度的升高，煤体的导热系数逐渐升高，在 $-50 \sim 50$ ℃范围内，煤体的导热系数位于 $0.075 \sim 0.150$ W/(m·K)之间。褐煤的导热系数最大，无烟煤的最低，表现出随着变质程度的升高而降低的趋势。煤的比热容主要位于 $4.00 \sim 6.00$ J/(kg·K)之间，且原煤样由于水分的存在导致其比热容高于干燥煤样的，说明水分能够提高煤体的比热容。总体上，随着煤的变质程度升高，煤的比热容逐渐降低，这可能与煤中水分含量有关。

（3）为了提高强吸附、难抽采煤体的瓦斯抽采效率，煤层人工注热强化瓦斯抽采技术受到越来越广泛的关注。煤层瓦斯抽采过程需要关注的热源主要包括人工注入的热源，如钻孔内注热水或热蒸汽等，以及瓦斯吸附解吸引起的煤层温度的变化。

7 瓦斯开发多场耦合理论及应用

  煤矿瓦斯开发及煤与瓦斯突出灾害的演化是一个复杂的多物理场耦合过程,涉及应力场、瓦斯流场以及温度场等的耦合作用。揭示不同物理场及其耦合关系对于提高瓦斯产量、防控突出灾害具有重要的指导意义。本章在前文研究的基础上建立了单一物理场的控制方程,并在分析不同物理场互馈机制的基础上建立了原始煤层瓦斯抽采过程中的热-流-固多场耦合模型,分析了物理场的时空演化规律。针对人工增透卸压煤层,建立了考虑扰动损伤的多场耦合模型,在分析物理场时空演化规律的基础上,提出了水力冲孔最优出煤量的判定准则及方法,绘制了冲孔关键参数优化图谱,并提出了瓦斯非稳定赋存煤层精准增透方法。从多场耦合的角度分析了煤与瓦斯突出过程,建立了多场耦合诱突的力学判据,提出了煤与瓦斯突出的分类方法和分类防控技术。

7.1 多场耦合理论在原位煤层瓦斯抽采中的应用

7.1.1 弹性变形煤体多场耦合模型

  对于地面煤层气排采以及煤矿井下钻孔瓦斯抽采等,在不采取其他增透措施如水力压裂、水力割缝等的情况下,通常认为抽采过程中煤体处于弹性变形状态。针对该类情况需建立适用于弹性变形煤体的多场耦合模型,用于研究瓦斯抽采过程中各物理场的时空演化规律。为此,本节做出如下假设:

  ① 含瓦斯煤体骨架的变形为小变形;

  ② 煤体内的流体只包含瓦斯,不考虑空气、水等其他流体;

  ③ 瓦斯在基质中的运移满足 Fick 定律,在裂隙中的运移满足 Darcy 定律;

  ④ 温度改变及吸附引起的煤体变形对应的内膨胀系数相同且保持不变。

7.1.1.1 煤体变形场控制方程

  含瓦斯煤体的变形场控制方程由应力平衡方程、几何方程以及本构方程组成。

  (1)应力平衡方程

  根据均质各向同性介质动量守恒定律,假设含瓦斯煤体的表征单元处于应力平衡状态,可得其平衡方程为:

$$\sigma_{ij,j} + F_i = 0 \tag{7-1}$$

式中 $\sigma_{ij,j}$——应力张量的分量;

    F_i——体积力。

  (2)几何方程

因为含瓦斯煤体骨架发生的变形为小变形,因此,其几何方程可表示为:

$$\varepsilon_{ij} = \frac{1}{2}(u_{i,j} + u_{j,i}) \tag{7-2}$$

式中　ε_{ij}——应变分量;

　　$u_{i,j}, u_{j,i}$——位移分量。

（3）本构方程

假设含瓦斯煤体为各向同性的线弹性材料,其变形服从广义胡克定律。由于煤体吸附瓦斯及温度变化产生的膨胀变形只有部分用于改变煤体的体积应变,因此,考虑吸附膨胀及温度效应的含瓦斯煤体本构方程可表示为:

$$\varepsilon_{ij} = \frac{1}{2G}\sigma_{ij} - \left(\frac{1}{6G} - \frac{1}{9K}\right)\sigma_{kk}\delta_{ij} + \frac{\alpha p_f}{3K}\delta_{ij} + \frac{\beta p_m}{3K}\delta_{ij} + \frac{1-f}{3}(\Delta\varepsilon_m^S + \Delta\varepsilon_m^T) \tag{7-3}$$

式中　G——含瓦斯煤体的剪切模量;

　　σ_{ij}——盖层压力;

　　σ_{kk}——正应力分量;

　　p_f——裂隙瓦斯压力;

　　p_m——基质瓦斯压力;

　　f——煤体内膨胀系数;

　　$\Delta\varepsilon_m^S$——吸附膨胀应变;

　　$\Delta\varepsilon_m^T$——热膨胀应变;

　　K——含瓦斯煤体的体积模量;

　　δ_{ij}——克罗内克符号;

　　α, β——裂隙和孔隙对应的比奥系数。

联立式(7-1)～式(7-3)可得到煤体变形的 Navier 型控制方程:

$$Gu_{i,kk} + \frac{G}{1-2\nu}u_{k,ki} - \alpha p_{fi} - \beta p_{mi} - (1-f)K(\Delta\varepsilon_{mi}^S + \Delta\varepsilon_{mi}^T) + F_i = 0 \tag{7-4}$$

式中　$u_{i,kk}$——位移分量;

　　p_{fi}, p_{mi}——裂隙瓦斯压力及基质瓦斯压力分量;

　　$\Delta\varepsilon_{mi}^S, \Delta\varepsilon_{mi}^T$——吸附膨胀应变及热膨胀应变分量;

　　F_i——体积力。

7.1.1.2　基质内瓦斯扩散场控制方程

煤层瓦斯抽采过程中,裂隙内的游离瓦斯首先在压差作用下流入钻孔,导致裂隙内瓦斯压力降低,该过程瓦斯运移满足 Darcy 定律。裂隙瓦斯压力的降低促进了基质内瓦斯的解吸,同时瓦斯通过扩散进入裂隙,该过程瓦斯的运移满足 Fick 定律。基质与裂隙间的质量交换可由式(7-5)表示[30]:

$$Q_m = D_t\tau(p_m - \rho_f) \tag{7-5}$$

式中　Q_m——基质与裂隙间的质量交换量;

　　D_t——气体扩散系数;

　　τ——煤基质的形状因子,$\tau = 3\pi^2/L_m^2$;

　　L_m——煤基质尺度;

ρ_{m}，ρ_{f}——煤基质与裂隙内的瓦斯密度，可由式(7-6)表示：

$$\begin{cases} \rho_{\mathrm{m}} = \dfrac{M_{\mathrm{C}}}{RT} p_{\mathrm{m}} \\[2mm] \rho_{\mathrm{f}} = \dfrac{M_{\mathrm{C}}}{RT} p_{\mathrm{f}} \end{cases} \tag{7-6}$$

式中　M_{C}——CH_4的摩尔质量；

　　　R——气体常数；

　　　T——煤体温度。

根据前面的研究结果，气体扩散系数依赖于扩散时间，两者存在如下关系：

$$D_t = D_0 \exp(-\lambda t) + D_{\mathrm{r}} \tag{7-7}$$

式中　D_0——初始扩散系数；

　　　λ——衰减系数；

　　　t——扩散时间；

　　　D_{r}——残余扩散系数。

将式(7-6)和式(7-7)代入式(7-5)，基质与裂隙间的质量交换控制方程可转化为：

$$Q_{\mathrm{m}} = \frac{3\pi^2 M_{\mathrm{C}} (p_{\mathrm{m}} - p_{\mathrm{f}}) \left[D_0 \exp(-\lambda t) + D_{\mathrm{r}} \right]}{L_{\mathrm{m}}^2 RT} \tag{7-8}$$

煤基质中瓦斯含量包括两部分：吸附瓦斯含量和游离瓦斯含量，考虑温度变化对吸附量的影响，则单位质量煤基质中瓦斯含量可由式(7-9)计算得到：

$$m_{\mathrm{m}} = \frac{M_{\mathrm{C}} \rho_{\mathrm{c}}}{V_{\mathrm{m}}} \cdot \frac{V_{\mathrm{L}} p_{\mathrm{m}}}{p_{\mathrm{L}} + p_{\mathrm{m}}} \exp\left[-\frac{d_2}{1 + d_1 p_{\mathrm{m}}} (T - T_0) \right] + \varphi_{\mathrm{m}} \frac{M_{\mathrm{C}} p_{\mathrm{m}}}{RT} \tag{7-9}$$

式中　m_{m}——单位质量煤基质的瓦斯含量；

　　　ρ_{c}——煤体密度；

　　　V_{L}——Langmuir 吸附体积常数；

　　　p_{L}——Langmuir 吸附压力常数；

　　　V_{m}——气体摩尔体积；

　　　d_1，d_2——压力和温度常数；

　　　φ_{m}——基质孔隙率；

　　　T，T_0——煤体温度及初始温度。

单位质量煤体中瓦斯含量包括基质瓦斯含量和裂隙瓦斯含量两部分，可由式(7-10)计算得到：

$$m_{\mathrm{b}} = \frac{M_{\mathrm{C}} \rho_{\mathrm{c}}}{V_{\mathrm{m}}} \cdot \frac{V_{\mathrm{L}} p_{\mathrm{m}}}{p_{\mathrm{L}} + p_{\mathrm{m}}} \exp\left[-\frac{d_2}{1 + d_1 p_{\mathrm{m}}} (T - T_0) \right] + \varphi_{\mathrm{m}} \frac{M_{\mathrm{C}} p_{\mathrm{m}}}{RT} + \varphi_{\mathrm{f}} \frac{M_{\mathrm{C}} p_{\mathrm{f}}}{RT} \tag{7-10}$$

式中　m_{b}——单位质量煤体的瓦斯含量；

　　　φ_{f}——裂隙率。

单位质量煤基质内瓦斯含量的变化量即为煤基质与裂隙之间的质量交换量，即：

$$\frac{\partial m_{\mathrm{m}}}{\partial t} = -Q_{\mathrm{m}} \tag{7-11}$$

将式(7-8)和式(7-9)代入式(7-11)，可以得到瓦斯在煤基质中扩散过程的控制方程：

$$\frac{\partial}{\partial t} \left\{ \frac{M_{\mathrm{C}} \rho_{\mathrm{c}}}{V_{\mathrm{m}}} \cdot \frac{V_{\mathrm{L}} p_{\mathrm{m}}}{p_{\mathrm{L}} + p_{\mathrm{m}}} \exp\left[-\frac{d_2}{1 + d_1 p_{\mathrm{m}}} (T - T_0) \right] + \varphi_{\mathrm{m}} \frac{M_{\mathrm{C}} p_{\mathrm{m}}}{RT} \right\}$$

$$= -\frac{3\pi^2 M_C(p_m - p_f)[D_0 \exp(-\lambda t) + D_r]}{L_m^2 RT} \tag{7-12}$$

7.1.1.3 裂隙内瓦斯流动场控制方程

煤层瓦斯抽采过程中,煤层裂隙瓦斯含量的变化量等于从基质扩散进入裂隙内的瓦斯量与从裂隙流入钻孔的瓦斯量的差值。则裂隙内的瓦斯含量的质量守恒方程可由式(7-13)表示:

$$\frac{\partial(\varphi_f \rho_f)}{\partial t} = Q_m - \nabla(\rho_f V_f) \tag{7-13}$$

式中 V_f——裂隙内瓦斯流速,可由 Darcy 定量计算得到:

$$V_f = -\frac{k_f}{\mu} \nabla p_f \tag{7-14}$$

式中 μ——气体动力黏度;

k_f——裂隙渗透率。

将式(7-6)、式(7-8)和式(7-14)代入式(7-13),可以得到非等温条件下煤层裂隙内瓦斯流动过程的控制方程:

$$\varphi_f \frac{\partial p_f}{\partial t} - \frac{\varphi_f p_f}{T} \frac{\partial T}{\partial t} + p_f \frac{\partial \varphi_f}{\partial t} + \nabla\left(-\frac{k_f}{\mu} p_f \nabla p_f\right) = \frac{3\pi^2[D_0 \exp(-\xi t) + D_r]}{L_m^2}(p_m - p_f) \tag{7-15}$$

7.1.1.4 煤体温度场控制方程

含瓦斯煤体由煤体骨架和瓦斯气体两部分组成。通常情况下,煤体骨架和瓦斯气体的热力学特征参数存在较大差异,因此,在非等温渗流过程中,两者需分别考虑[17,248-249]。

对于煤体骨架,其能量守恒方程可由式(7-16)表示:

$$\frac{\partial[(1-\varphi_m-\varphi_f)\rho_s C_s T]}{\partial t} + \alpha_T K_s T \frac{\partial \varepsilon_V}{\partial t} + (1-\varphi_m-\varphi_f)\nabla(\lambda_s \nabla T) = Q_{Ts} \tag{7-16}$$

式中 ρ_s——煤体骨架密度;

C_s——煤体骨架比热容;

α_T——煤体热膨胀系数。

K_s——煤体骨架体积模量;

ε_V——煤体体积应变;

λ_s——煤体骨架热传导系数;

Q_{Ts}——煤体骨架热源。

对于瓦斯气体,其能量守恒方程可由式(7-17)表示:

$$\frac{\partial[(\varphi_m + \varphi_f)\rho_g C_g T]}{\partial t} + \nabla(\rho_g V_f C_g T) + (\varphi_m + \varphi_f)\nabla(\lambda_g \nabla T) = Q_{Tg} \tag{7-17}$$

式中 ρ_g——瓦斯密度;

C_g——瓦斯比热容;

λ_g——瓦斯热传导系数;

Q_{Tg}——瓦斯气体热源。

假设煤体骨架与瓦斯气体间总是处于热平衡状态,忽略热能与机械能间的相互转化,将式(7-16)和式(7-17)叠加可得到含瓦斯煤体的热平衡方程:

$$\frac{\partial \left[(\rho C)_{s+g} T \right]}{\partial t} + \alpha_T K_s T \frac{\partial \varepsilon_V}{\partial t} + \nabla (\lambda_{s+g} \nabla T) - \frac{\rho_g C_g k_f}{\mu} \nabla p_f \nabla T = Q_T \qquad (7\text{-}18)$$

其中，$(\rho C)_{s+g} = (1 - \varphi_m - \varphi_f) \rho_s C_s + (\varphi_m + \varphi_f) \rho_g C_g$，为含瓦斯煤体的有效热容；$\lambda_{s+g} = (1 - \varphi_m - \varphi_f) \lambda_s + (\varphi_m + \varphi_f) \lambda_g$，为含瓦斯煤体的热传导系数；$Q_T = Q_{Ts} + Q_{Tg}$，为含瓦斯煤体的热源，煤层瓦斯抽采过程中，热源主要来自气体吸附解吸释放的热量，该部分热量可由式(7-19)计算得到：

$$Q_T = -q_{st} \frac{\rho_s \rho_g}{M_C} \frac{\partial}{\partial t} \left\{ \frac{V_L p_m}{p_L + p_m} \exp \left[-\frac{d_2}{1 + d_1 p_m} (T - T_0) \right] \right\} \qquad (7\text{-}19)$$

式中　q_{st}——等量吸附热。

7.1.1.5　交叉耦合关系

式(7-4)、式(7-12)、式(7-15)和式(7-18)联立得到的方程组可定量表示煤层瓦斯抽采过程中各物理场的时空演化规律，这些物理场通过煤体渗透率和孔隙率方程进行耦合，其交叉耦合关系如图7-1所示。这些物理场控制方程是具有高度非线性的偏微分方程，无法直接

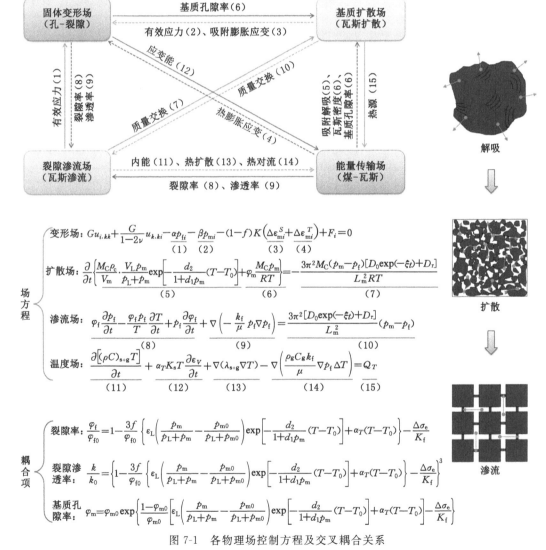

图 7-1　各物理场控制方程及交叉耦合关系

求解。本章借助 COMSOL Multiphysics 软件对其进行求解,得到煤层瓦斯抽采过程中各物理场的时空演化规律,分析不同因素对瓦斯抽采效果的影响,为优化瓦斯抽采钻孔布置提供依据。与前人的研究相比,该模型存在以下改进之处:① 煤体的变形方程中引入了内膨胀变形的影响,即该变形方程考虑了煤基质与裂隙间的相互作用,该相互作用主要由吸附解吸及温度变化引起;② 基于试验结果,在扩散场方程中引入了动态扩散系数;③ 耦合项中基于孔隙体积变形量与基质体积变形量相等的假设构建了更加准确的基质孔隙率演化方程,同时在考虑基质-裂隙相互作用的基础上改进了裂隙率及渗透率方程。

7.2　弹性变形煤体多场耦合模型验证及分析

7.2.1　弹性变形煤体多场耦合模型验证

本节采用焦煤集团古汉山矿实测瓦斯抽采数据对弹性变形煤体多场耦合模型进行验证。该矿为煤与瓦斯突出矿井,自 1999 年以来已经发生过 3 次煤与瓦斯突出,最大突出煤量 702 t,瓦斯量 56 000 m³,煤层始突深度 441 m。试验地点选择在该矿二₁煤层 16 采区16031 运输巷(图 7-2)。该地点煤层分布稳定,构造简单,煤层厚度 1.88～7.57 m,均厚5.0 m,煤层硬度 0.1～1.2;煤层瓦斯压力 0.10～2.42 MPa,含量 22.43～25.32 m³/t;煤体渗透率 0.000 6～0.075 0 mD。

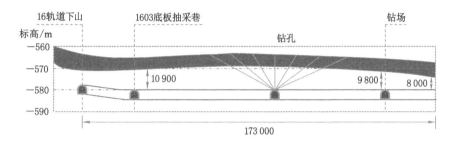

图 7-2　16031 运输巷剖面图

为模拟 16301 运输巷穿层钻孔瓦斯抽采效果,本节构建了长 20 m、高 10 m 的数值模型,该模型内设置 3 个钻孔,钻孔直径 100 mm,钻孔间距 5 m(图 7-3)。模型顶部为载荷边界,施加 18 MPa 的上覆岩层压力(模拟埋深 750 m),两侧为辊支边界,约束法向位移,底部为固定边界。对于渗流场,模型四周为零流量边界,钻孔壁设置为狄氏边界,边界压力为85 kPa(模拟抽采负压 15 kPa)。对于扩散场以及温度场,模型四周及钻孔壁均设置为零流量边界。模型初始瓦斯压力设置为 0.8 MPa,煤层初始温度设置为 303 K。模型输入参数如表 7-1 所列[96,99,118]。

图 7-4 为多场耦合模型与现场实测数据匹配结果。从图中可以看出,多场耦合模型模拟结果均能较好地匹配实测结果。这说明本节构建的多场耦合模型是合理的,能够用于模拟抽采过程钻孔瓦斯抽采效果及煤层各物理场的时空演化规律。图中还给出了不同抽采时间下,煤层瓦斯压力分布,可以看出随着抽采时间的增加,钻孔周围压降漏斗逐渐增大,煤层整体瓦斯压力显著降低。

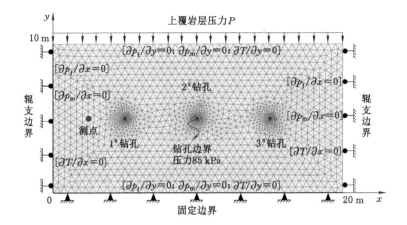

图 7-3 瓦斯抽采数值模型

表 7-1 模型输入参数

参数	取值	参数	取值
煤体最大吸附膨胀应变 ε_L	0.036	煤体泊松比 ν	0.339
Langmuir 吸附体积常数 $V_L/(\text{m}^3 \cdot \text{kg}^{-1})$	0.024	基质孔隙率 φ_m	0.06
煤体骨架密度 $\rho_s/(\text{kg} \cdot \text{m}^{-3})$	1 600	裂隙率 φ_f	0.09
煤体密度 $\rho_c/(\text{kg} \cdot \text{m}^{-3})$	1 450	Langmuir 吸附压力常数 p_L/MPa	0.5
等量吸附热 $q_{st}/(\text{J} \cdot \text{mol}^{-1})$	63 400	煤层初始渗透率 k_0/m^2	1×10^{-16}
煤体骨架热传导系数 $\lambda_s/[\text{W} \cdot (\text{m} \cdot \text{K})^{-1}]$	0.191	煤层内膨胀系数 f	0.1
瓦斯热传导系数 $\lambda_g/[\text{W} \cdot (\text{m} \cdot \text{K})^{-1}]$	0.031	煤体弹性模量 E/GPa	1.05
煤体骨架体积模量 K_s/GPa	2.1	初始扩散系数 $D_0/(\text{m}^2 \cdot \text{s}^{-1})$	2×10^{-11}
煤基质弹性模量 E_m/GPa	8.469	残余扩散系数 $D_r/(\text{m}^2 \cdot \text{s}^{-1})$	1×10^{-11}
煤体骨架比热容 $C_s/[\text{J} \cdot (\text{kg} \cdot \text{K})^{-1}]$	1 350	衰减系数 λ/s^{-1}	1×10^{-7}
瓦斯比热容 $C_g/[\text{J} \cdot (\text{kg} \cdot \text{K})^{-1}]$	2 160	气体压力系数 d_1/MPa^{-1}	0.07
煤体热膨胀系数 α_T/K^{-1}	2.4×10^{-5}	气体温度系数 d_2/K^{-1}	0.04

7.2.2 模型参数敏感性分析

为了揭示不同因素对物理场演化的影响规律,本节分别研究了煤层瓦斯吸附、扩散、渗流特性以及煤体热力学特性对瓦斯流场、温度场以及应力场的影响规律。本节选取图 7-3 中的点(2.5 m,5 m)作为测点。

7.2.2.1 煤体最大吸附膨胀应变 ε_L

为了研究煤体最大吸附膨胀应变 ε_L 对物理场演化规律的影响,将模型中的其他参数设置为常数,分别研究 ε_L 为 0.006、0.036、0.066、0.096、0.126 及 0.156 条件下煤层中瓦斯流场、温度场以及应力场随抽采时间的演化规律。

图 7-5 为煤体最大吸附膨胀应变 ε_L 对物理场演化的影响。从图 7-5(a)可以看出,裂隙瓦斯压力 p_f 在抽采初期快速降低,抽采后期逐渐趋缓。抽采初期,ε_L 对 p_f 影响较小,抽采后

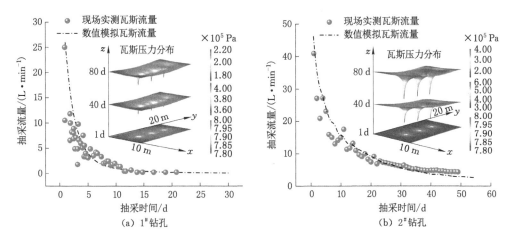

图 7-4　多场耦合模型与现场实测数据匹配结果

期随着 ε_L 的增大，p_f 逐渐降低。图 7-5(b)为基质瓦斯压力 p_m 随抽采时间的变化规律，可以看出：随着 ε_L 的增大，p_m 逐渐增大。这原因在于：裂隙瓦斯压力的降低促进基质瓦斯解吸，引起基质收缩，导致煤体渗透率增大，且 ε_L 越大，渗透率增幅越大，从而导致裂隙瓦斯压力降低越快。尽管裂隙瓦斯压力的快速降低增大了基质孔隙与裂隙之间的压力差，但是由于

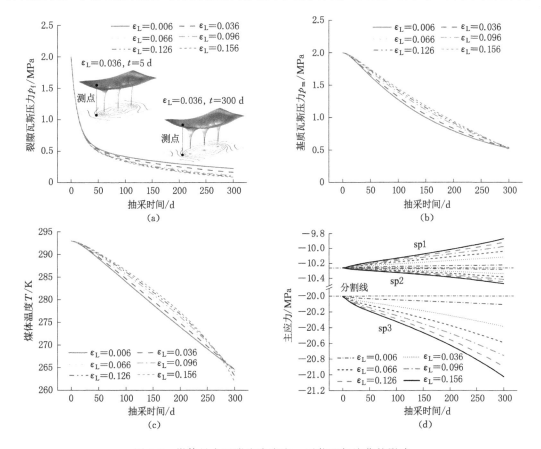

图 7-5　煤体最大吸附膨胀应变 ε_L 对物理场演化的影响

基质收缩降低了煤基质的孔隙率,因此,基质瓦斯压力的变化是两者竞争作用的结果。图 7-5(c)中,随着抽采的进行,煤体温度逐渐降低,这是因为瓦斯解吸是一个吸热过程。ε_L 越大,抽采前期瓦斯解吸量越小,煤体温度相对越高;抽采后期,压差的增大导致基质瓦斯解吸加速,因此 ε_L 越大,煤体温度越低。图 7-5(d)为煤体主应力随抽采时间的变化规律。图中负号表示压应力,从图中可以看出:抽采过程中,第一主应力 sp1 逐渐降低,第二主应力 sp2 和第三主应力 sp3 逐渐升高。此外,随着 ε_L 的增大,第一主应力的绝对值逐渐减小,第二、第三主应力的绝对值逐渐增大。

7.2.2.2 煤层内膨胀系数 f

为了研究煤层内膨胀系数 f 对物理场演化规律的影响,将模型中的其他参数设置为常数,分别研究 f 为 0、0.2、0.4、0.6、0.8 及 1.0 条件下煤层中瓦斯流场、温度场以及应力场随抽采时间的演化规律。

图 7-6(a)、(b)中,随着抽采时间的增加,裂隙瓦斯压力和基质瓦斯压力均逐渐降低,且 f 越大,同一时刻煤中瓦斯压力越低。这是因为:随着 f 的增大,煤体基质收缩变形中用于改变裂隙开度的部分增加,导致渗透率相对较高,因而,裂隙中瓦斯压力降低更快。相同基质收缩变形条件下,裂隙瓦斯压力降低越快,基质与裂隙之间的压差越大,两者之间的质量交换量越大,因此,f 越大,基质瓦斯压力也越低。瓦斯抽采过程中,煤体温度的变化主要受瓦斯解吸量的控制。在相同吸附平衡压力下,基质瓦斯压力越低,说明煤体解吸瓦斯量越

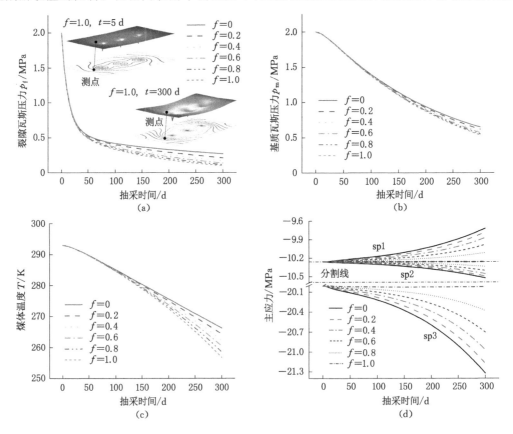

图 7-6 煤层内膨胀系数 f 对物理场演化的影响

大,因而煤体温度越低,所以图7-6(c)中 f 越大,相同时刻煤体温度越低。此外,随着抽采时间的增加,煤体温度降速逐渐增加。根据 Langmuir 式等温解吸曲线可知,在相同压降条件下,抽采初期煤体解吸的瓦斯量小于抽采后期的,因此出现了煤体温度下降速度逐渐增大的现象。图7-6(d)中,随着 f 的增大,煤体第一主应力的绝对值逐渐增大,第二和第三主应力的绝对值逐渐减小。

7.2.2.3　初始扩散系数 D_0

为研究初始扩散系数 D_0 对物理场演化规律的影响,将模型中的其他参数设置为常数,分别研究 D_0 为 1×10^{-13}、5×10^{-13}、1×10^{-12}、5×10^{-12}、1×10^{-11}、2×10^{-11} m^2/s 条件下煤层中瓦斯流场、温度场以及应力场随抽采时间的演化规律。

图7-7(a)、(b)中,随着 D_0 的增大,裂隙瓦斯压力略有增加,但差异很小,而基质瓦斯压力则显著降低。这是因为:随着 D_0 的增大,基质与裂隙间的质量交换量显著提高,导致基质瓦斯压力快速降低,而裂隙内的瓦斯压力由于得到来自基质瓦斯的补充而略有升高。从图7-7(c)可以看出:煤体温度变化与基质瓦斯压力变化一致,其原因在于 D_0 的增大导致相同时间内煤体解吸的瓦斯量增大,因此煤体温度降幅增大。图7-7(d)中,随着抽采的进行,前期第一主应力的绝对值快速减小,后期趋于稳定,而第二、第三主应力的绝对值在前期快速增大,后期略有降低。随着 D_0 的增大,第一主应力的绝对值降幅增大,第二、第三主应力

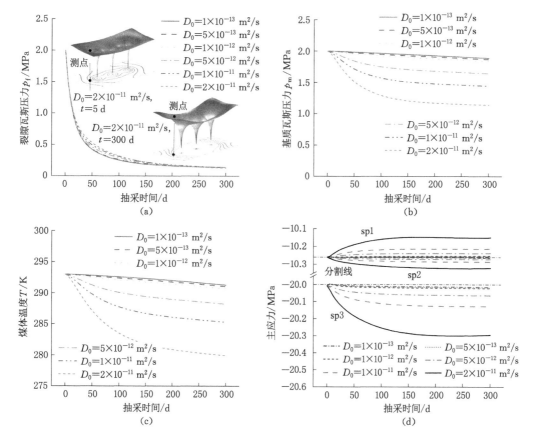

图7-7　初始扩散系数 D_0 对物理场演化的影响

的绝对值增幅提高。

7.2.2.4 衰减系数 λ

为研究扩散系数的衰减模式对物理场演化规律的影响,将模型中的其他参数设置为常数,分别研究 λ 为 0、$1×10^{-8}$、$5×10^{-8}$、$1×10^{-7}$、$2×10^{-7}$、$1×10^{-6}$ s^{-1} 条件下煤层中瓦斯流场、温度场以及应力场随抽采时间的演化规律。

图 7-8(a)、(b)中,随着 λ 的增大,基质瓦斯压力随抽采时间的降幅明显减小,这是因为 λ 的增大导致煤体扩散系数快速降低,因而基质与裂隙间的质量交换量减少,导致基质瓦斯压力相对增大;对于裂隙瓦斯压力,在抽采初期由于扩散系数减小导致来自基质的瓦斯补充减少,因而裂隙瓦斯压力相对较低,但抽采后期由于基质与裂隙间较大的压力差,导致两者之间质量交换量相对增加,因而裂隙瓦斯压力相对较高。图 7-8(c)中,煤体温度随 λ 的增大降幅逐渐减小,这是因为 λ 的增大导致基质中瓦斯解吸量减少,因而温度降幅减小。图 7-8(d)中,随着 λ 的增大,煤体第一主应力的绝对值降幅减小,第二、第三主应力的绝对值增幅减小。

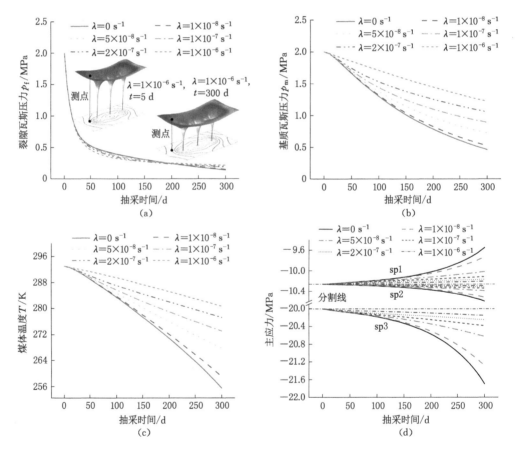

图 7-8　衰减系数 λ 对物理场演化的影响

7.2.2.5 煤层初始渗透率 k_0

为研究煤层初始渗透率 k_0 对物理场演化规律的影响,将模型中的其他参数设置为常数,分别研究 k_0 为 1×10^{-18}、5×10^{-18}、1×10^{-17}、5×10^{-17}、1×10^{-16}、5×10^{-16} m² 条件下煤层中瓦斯流场、温度场以及应力场随抽采时间的演化规律。

图 7-9(a)中,当 k_0 较低时(如 $k_0=1\times10^{-18}$ m²),裂隙瓦斯压力随抽采时间缓慢降低,当 k_0 较高时(如 $k_0=5\times10^{-16}$ m²),裂隙瓦斯压力在初期快速降低,到一定值后缓慢降低。图 7-9(b)中,与裂隙瓦斯压力相似,k_0 越高,基质瓦斯压力相对越低。这是因为:k_0 越高,裂隙瓦斯压力越低,导致基质与裂隙间的压力差越大,因而两者之间的质量交换量相对较高,导致基质瓦斯压力降低较快。基质瓦斯压力的快速降低导致相同时间内煤体解吸的瓦斯量增大,因而煤体温度降低较快,因此图 7-9(c)中随着 k_0 的增加,煤体温度降幅增大。图 7-9(d)为不同 k_0 条件下煤体主应力随抽采时间的变化规律。在不同的抽采时间点,应力随 k_0 的变化规律不同,因此在整个抽采过程中,应力变化与 k_0 间无明显规律可循。

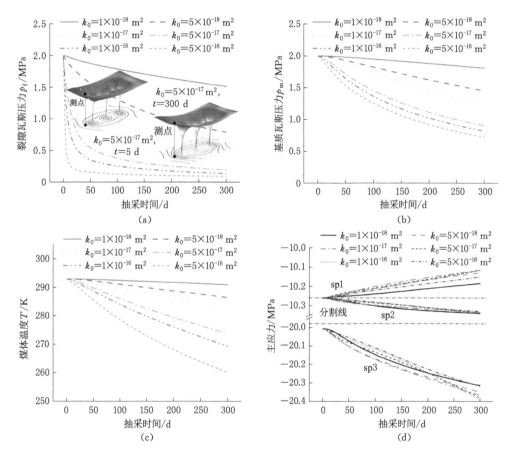

图 7-9 煤层初始渗透率 k_0 对物理场演化的影响

7.2.2.6 初始瓦斯压力 p_{f0}、p_{m0}

为研究初始瓦斯压力对物理场演化规律的影响,将模型中的其他参数设置为常数,分别研究 p_{f0}、p_{m0} 为 1、2、3、4、5、6 MPa 条件下煤层中瓦斯流场、温度场以及应力场随抽采时间的演化规律。

图 7-10(a)、(b)为不同初始瓦斯压力 p_{f0}、p_{m0} 下裂隙瓦斯压力和基质瓦斯压力随时间

的变化规律。抽采初期阶段,不同初始瓦斯压力下,裂隙瓦斯压力差别较大,且初始瓦斯压力越高,裂隙瓦斯压力越高,但后期差异很小;对于基质瓦斯压力,抽采过程中变化规律较为相似,初始瓦斯压力越高,整个过程中基质瓦斯压力越高。图 7-10(c)为不同初始瓦斯压力条件下煤体温度随时间的变化规律。抽采初期阶段,初始瓦斯压力越高,煤体温度越低;但抽采后期,初始瓦斯压力越低的煤体,其温度降幅越大。图 7-10(d)中,随着初始瓦斯压力的增大,煤体第一主应力的绝对值降幅减小,第二、第三主应力的绝对值增幅也相对减小。

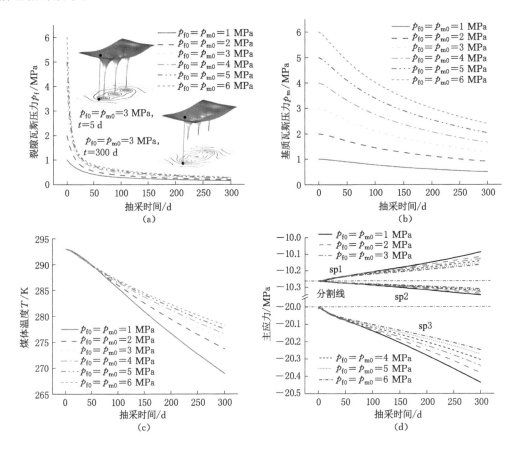

图 7-10　初始瓦斯压力 p_{f0}、p_{m0} 对物理场演化的影响

7.2.2.7　等量吸附热 q_{st}

为揭示煤体热力学特性对物理场演化规律的影响,分别研究了煤体初始温度 T_0、热膨胀系数 α_T 以及等量吸附热 q_{st} 对物理场演化的影响。但前期的研究结果显示 T_0 和 α_T 对各物理场演化的影响很小,因此本小节未列出相关的研究结果,而仅对 q_{st} 开展了详细的分析。本小节将模型中的其他参数设置为常数,分别研究 q_{st} 为 23.4、43.4、63.4、83.4、103.4、123.4 kJ/mol 条件下煤层中瓦斯流场、温度场以及应力场随抽采时间的演化规律。

图 7-11(a)、(b)显示 q_{st} 对瓦斯流场的影响很小,可以忽略不计。图 7-11(c)为不同 q_{st} 条件下煤体温度随抽采时间的变化规律,可以看出 q_{st} 越低,相同抽采时间内煤体温度降低幅度越大。图 7-11(d)中,抽采过程中,煤体第一主应力逐渐降低,第二、第三主应力逐渐升

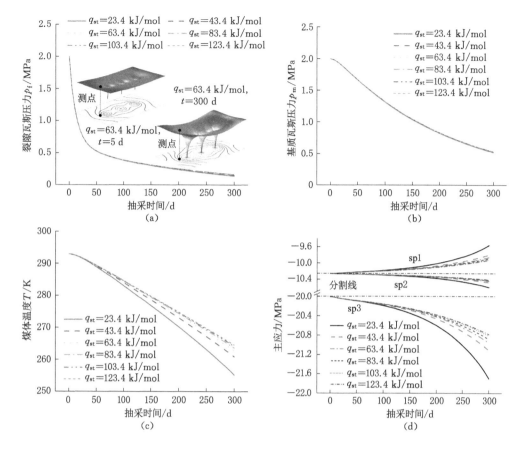

图 7-11 等量吸附热 q_{st} 对物理场演化的影响

高。此外,煤体第一主应力的绝对值随 q_{st} 的增大而增大,第二、第三主应力的绝对值 q_{st} 的增大而减小。

7.3 弹性变形煤体物理场时空演化规律

7.3.1 非均质煤体的构建及表征

7.3.1.1 煤体的非均质性

煤体的非均质性是指其结构、组分以及物理力学特性等在空间分布上的不连续、不均匀性。大量的现场及实验室测试如微震监测、测井数据、CT 扫描、SEM 扫描等均表明非均质性是煤体的内在属性,是储层表征的核心问题。煤体孔-裂隙结构的非均质性是煤体非均质性的重要组成部分。实验室及现场观测表明:煤体内存在大量的结构缺陷,这些缺陷存在于多种尺度上,大到断层、裂隙(毫米级到千米级),小到基质孔隙(纳米级到微米级),且同一储层结构缺陷在空间分布上差异极大,给储层的定量表征带来了极大的挑战[250]。大量实验室试验及数值模拟结果表明煤体裂隙结构对流体流动有重要影响。如图 7-12 所示,对于给定的裂隙网络,流体并没有充满所有裂隙,并且在不同裂隙中流速不同[251]。裂隙的存在不仅加速了瓦斯的流动,同时可以促进基质内吸附气体的解吸与扩散,从而提高储层产气量。

为此,相关学者提出通过水力压裂、保护层开采以及水力割缝等技术进行储层改造以强化煤层气采收率。

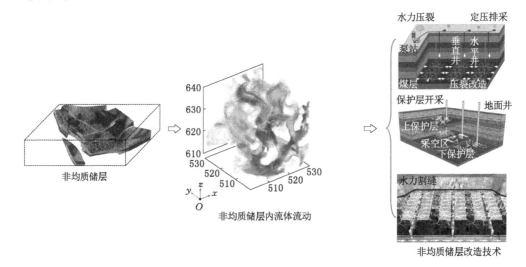

图 7-12　储层非均质性及对流体流动的影响

储层改造后,储层的原生裂隙与人工裂隙相互作用,形成更加复杂的裂隙网络,进一步增加了储层的非均质性。但是目前,煤层瓦斯在非均质裂隙网络中的流动过程及其对应的物理场演化规律尚不清晰,这给储层改造效果评估及煤层气产量预测带来了严峻的挑战,同时也增加了储层改造效果的不确定性。因此,研究非均质储层瓦斯流动规律及物理场时空演化规律对于优化储层改造及抽采钻孔的合理布置具有重要意义。

7.3.1.2　基于 MATLAB 数值重构的非均质煤体

前人的研究成果表明煤体的诸多性质均服从 Weibull(威布尔)分布。C. A. Tang 等[252]假设岩石弹性模量、抗压强度以及渗透率等服从 Weibull 分布,基于此研究了非均质性对岩石损伤过程的影响。L. Y. Liu 等[253]在假设煤岩体弹性模量和抗压强度满足 Weibull 分布的基础上,研究了水力压裂过程中裂纹扩展规律,数值模拟结果与试验结果具有较好的一致性。吴宇[25]采用数字图像法统计了煤体内的裂隙分布,发现统计结果与 Weibull 分布函数具有较高的吻合度。基于前人的研究结论,本节引入 Weibull 分布函数,用于描述煤体裂隙率空间分布的非均质性:

$$f(\varphi_f) = \frac{m}{\overline{\varphi_{f0}}} \left(\frac{\varphi_f}{\overline{\varphi_{f0}}} \right)^{m-1} \exp\left[-\left(\frac{\varphi_f}{\overline{\varphi_{f0}}} \right)^m \right] \tag{7-20}$$

式中　φ_f——裂隙率;

$\overline{\varphi_{f0}}$——平均裂隙率;

m——分布函数形状的均匀性指数,m 越大表明裂隙分布越均匀,非均质性越低。

本文采用 MATLAB 生成满足 Weibull 分布函数的三维裂隙率分布数据,并将其导入 COMSOL Multiphysics 中计算瓦斯流场时空演化规律。图 7-13 为、不同形状参数 m 下的裂隙率概率分布情况,可以看出当 m 较小时,裂隙率分布较为离散,分布范围较广;而当 m 较大时,裂隙率分布较为集中,主要分布在平均裂隙率 $\overline{\varphi_{f0}} = 0.07$ 附近。

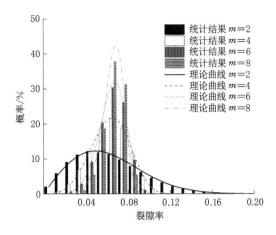

图 7-13　不同形状参数 m 下的裂隙率概率分布情况

图 7-14 为不同形状参数 m 下的裂隙率空间分布情况。为了更直观地显示不同形状参数下裂隙率分布的差异,图中将裂隙率范围设为相同值。随着 m 的增大,裂隙率由原来的大范围离散分布逐渐向平均裂隙率集中,当 m 值达到 8 时,裂隙率空间分布的非均质性变得不再明显。

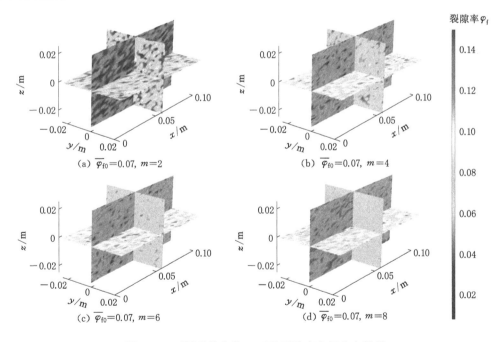

图 7-14　不同形状参数 m 下的裂隙率空间分布情况

图 7-15 为不同方向截线上的裂隙率分布情况,可以看出总体上裂隙率 $\overline{\varphi}_{f0}=0.07$ 以平均裂隙率为中线上下波动,不同位置处裂隙率差别很大,且 m 越小,差异越明显。

7.3.1.3　基于 CT 扫描重构的非均质煤体

作为一种无损检测技术,CT 扫描逐渐被应用于探测煤体的孔-裂隙结构。该技术通过探测 X 射线穿过煤体时的衰减系数建立煤体的虚拟切片。基于数学重构算法,将获得的切片在

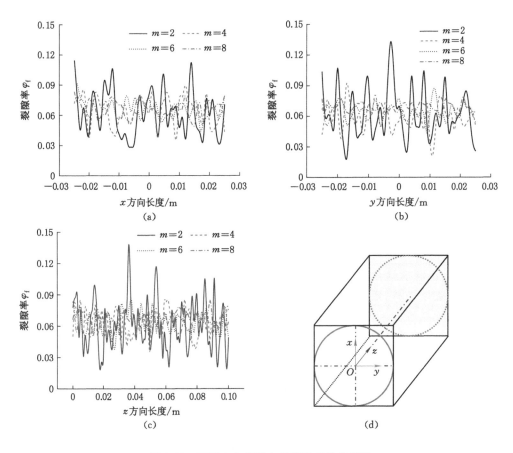

图 7-15　不同方向截线上的裂隙率分布情况

空间上堆叠,从而获得煤体的三维孔-裂隙结构。图 7-16 为 HBYZ 煤样的三维重构过程。

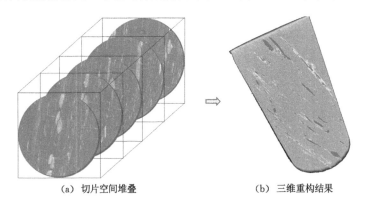

（a）切片空间堆叠　　　　　　（b）三维重构结果

图 7-16　HBYZ 煤样的三维重构过程

　　为了模拟瓦斯在真实裂隙结构煤体中的运移过程,需获得煤样裂隙率的空间分布情况。煤样的初始裂隙率 φ_{f0} 可由对应位置的 CT 值计算得到[25]:

$$\varphi_{f0} = \frac{H_{cw} - H_{cd}}{H_w - H_a} \tag{7-21}$$

式中　H_{cw}——水饱和度 100% 的煤样的 CT 值；

　　　H_{cd}——干燥煤样的 CT 值；

　　　H_w, H_a——水和空气的 CT 值。

而煤样的 CT 值 H 又与 X 射线的衰减系数有关[254]：

$$H = \frac{\mu_c - \mu_w}{\mu_w} \times 1\,000 \qquad (7\text{-}22)$$

式中　μ_c——煤芯的衰减系数；

　　　μ_w——水的衰减系数。

因此,只要提取到煤芯衰减系数的空间分布数据,即可计算得到煤芯初始裂隙率的空间分布规律。图 7-17 为 HBYZ 煤样裂隙率空间分布情况。将计算得到的初始裂隙率导入 COMSOL Multiphysics 软件内,通过差值得到裂隙率的空间分布,结合弹性变形煤体多场耦合模型即可计算瓦斯在真实裂隙结构煤体中的运移过程。

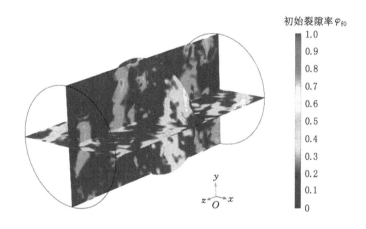

图 7-17　HBYZ 煤样初始裂隙率空间分布情况

7.3.2　物理模型及边界条件

一般认为现场煤储层处于单轴应变条件下,即煤储层垂直方向为恒定压力边界,水平方向应变为 0。为了获得更接近现场真实情况的研究结果,本节假设煤体处于单轴应变条件下,建立了如图 7-18(a)所示的物理模型。该模型为直径 50 mm、高 100 mm 的圆柱体。模型上部边界为压力边界,施加 15 MPa 的恒定压力,侧向为辊支边界,沿法向煤体应变为 0,底部为固定边界。对于渗流场,模型上部(入口)为狄氏边界,设置恒定气压 2 MPa,下部边界(出口)为狄氏边界,将其压力设置为 0.1 MPa,模型四周为零流量边界。对于扩散场,基质内的瓦斯只与裂隙进行质量交换,因而将模型上下及四周均设为零流量边界。对于温度场,温度的变化主要来源于瓦斯的吸附解吸,模型与外界不存在热交换,因而将模型上下及四周均设为零流量边界。

本节为了研究煤体的非均质性对瓦斯运移的影响,分别建立了均质煤体模型、基于 Weibull 分布的数值重构煤体模型以及基于 CT 扫描重构的真实裂隙结构煤体模型,如图 7-18(b)~(d)所示。

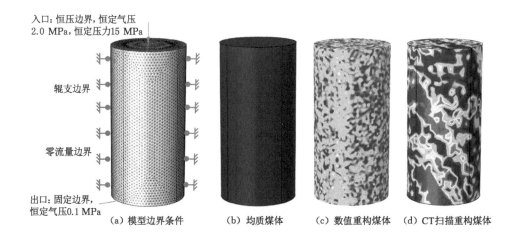

图 7-18　物理模型及边界条件

7.3.3　非均质煤体瓦斯流场分布规律

图 7-19(a)为不同时刻均质煤体内瓦斯流场空间分布情况,其中每个时间组的左侧为裂隙瓦斯压力场,右侧为基质瓦斯压力场。对于裂隙瓦斯压力,在初始时刻($t=10$ s)出气口处压力即开始降低,当时间达到 10^4 s 时,煤体内裂隙瓦斯压力场趋于稳定,后期几乎不再变化。对于基质瓦斯压力,在初始阶段无明显变化,当时间达到 10^5 s 时,煤基质中瓦斯压力开始出现明显降低,且与裂隙瓦斯压力的差值逐渐减小。当时间达到 10^7 s 时,两者达到平衡。

图 7-19(b)为不同时刻数值重构煤体内瓦斯流场的空间分布情况,该模型中 $\overline{\varphi}_{f0}=0.07$、$m=2$。非均质煤体的瓦斯流场总体分布规律与均质煤体的类似,初始时刻裂隙瓦斯压力即出现明显降低,在 10^4 s 左右达到稳定状态;而基质瓦斯压力在前 10^4 s 内无明显变化,之后开始出现明显降低,且与裂隙瓦斯压力之间差异逐渐减小,在 10^7 s 时两者达到平衡状态。与均质煤体相比,非均质煤体在同一水平上呈现出"波浪式"的流动阵面,这是由裂隙率空间分布的非均质性导致的。尽管基质孔隙率分布是均匀的,但是由于对应位置处裂隙瓦斯压力的不同导致各点处的压差不同,基质与裂隙间的质量交换量出现差异,因而基质瓦斯流场同样出现了"波浪式"流动阵面的现象。

图 7-19(c)为不同时刻 CT 扫描重构煤体内瓦斯流场的空间分布情况。与均质及数值重构煤体类似,CT 扫描重构煤体内,初期裂隙瓦斯压力快速降低,10^5 s 时,裂隙瓦斯压力基本达到稳定状态;而基质瓦斯压力此时刚出现明显的降低。后期,基质瓦斯压力快速降低,与裂隙瓦斯压力间的差距越来越小,在 10^7 s 时两者基本达到平衡状态。与前两者不同的是,CT 扫描重构煤体中,无论是裂隙瓦斯压力还是基质瓦斯压力均有大幅的波动,这主要是由煤体内宏观裂隙的存在导致的。

图 7-20 为不同煤体内部瓦斯流线空间分布情况。均质煤体中瓦斯流线呈相互平行的直线,且空间上分布均匀。这是因为,该煤体内裂隙率分布均匀,同一水平上煤体各位置的流动状态相同。对于数值重构煤体,由于裂隙率在空间分布上局部存在随机性,因而流线在空间上存在弯曲的现象。但是从整个煤体来看,煤体裂隙率仍较为均匀,因而煤体内的流线整体上看较为均匀,且波动不是太大。对于 CT 扫描重构煤体,其反映了瓦斯在真实裂隙结

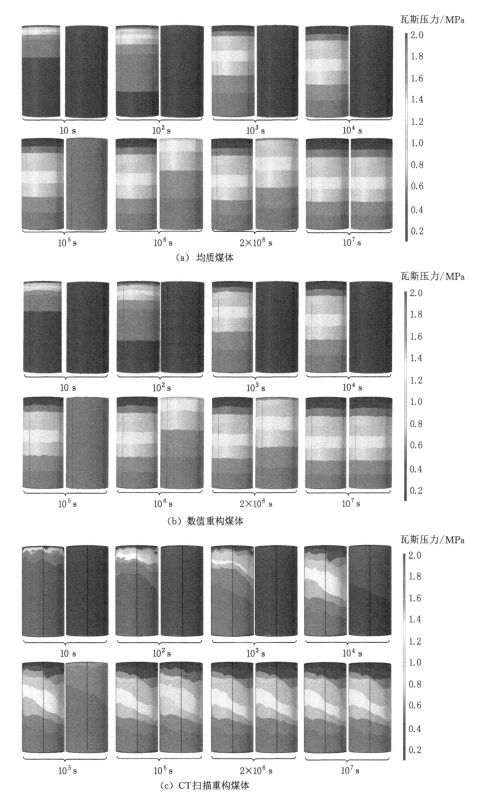

图 7-19　不同煤体瓦斯流场空间分布情况

构煤体内的流动状态,可以看出:煤体内流线空间上波动很大,且流线分布极不均匀。这是因为:在真实结构煤体中局部存在宏观裂隙,导致该位置裂隙率很高,而局部为煤基质,裂隙率很低。由于裂隙率空间分布的极大差异,瓦斯在煤体内部的流动状态也表现出明显的空间非均质性。

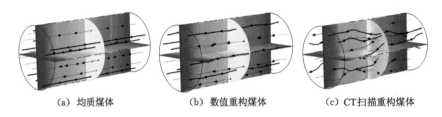

  (a) 均质煤体   (b) 数值重构煤体   (c) CT扫描重构煤体

图 7-20 不同煤体内部瓦斯流线空间分布情况

  图 7-21 为不同时刻不同煤体内瓦斯压力分布情况。到达平衡前,基质瓦斯压力均高于裂隙瓦斯压力。均质煤体与数值重构煤体内瓦斯压力分布较为相似,尽管数值重构煤体压力分布略有波动,但幅度很小。同一时刻,相同位置 CT 扫描重构煤体的瓦斯压力低于其他煤体的,这是由于宏观裂隙的存在导致局部瓦斯压力大幅降低造成的,而随着时间的增加,各煤体逐渐接近平衡状态,压力分布差异逐渐缩小。

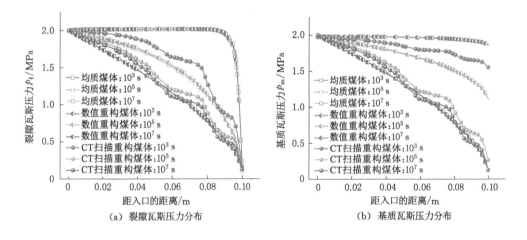

   (a) 裂隙瓦斯压力分布   (b) 基质瓦斯压力分布

图 7-21 不同时刻不同煤体内瓦斯压力分布情况

  由图 7-21 可以看出:煤体内瓦斯压力从入口到出口呈非线性分布,尽管随着时间的增加,非线性逐渐弱化,但达到平衡时,其仍然呈明显的非线性分布,并非实验室计算渗透率模型中假设的线性分布。因此,实验室测试煤体渗透率时假设瓦斯压力呈线性分布,并取煤芯中心位置的压力值作为平均孔隙压力计算出的渗透率与真实值会存在明显误差。此外,从入口到出口,瓦斯压力逐渐降低,假设煤芯侧向所受外部压力相等,则从入口到出口煤体径向有效应力逐渐增大,并在出口处达到最大值,因此,该位置渗透率最低。通常情况下实验室测得的煤体渗透率仅是出口位置的渗透率,并不能反映煤体的平均渗透率。为了克服以上问题,本书提出通过降低进出口压力差来降低实验室测试结果的误差。两端压力差越小,煤芯内中心位置的孔隙压力越接近两端的平均值,并且煤芯内不同位置有效应力差异越小,此时采用中心位置的压力计算渗透率是合理的。

7.4 多场耦合理论在卸压煤层瓦斯抽采中的应用

7.4.1 卸压煤层瓦斯运移多场耦合模型

卸压煤层瓦斯运移是一个涉及应力场、裂隙场、瓦斯扩散和渗流场的复杂多场耦合过程。为了揭示水力冲孔后煤层瓦斯运移规律,作者构建了卸压煤层瓦斯运移多场耦合模型,该模型充分考虑了卸压引起的煤体塑性变形对瓦斯扩散和渗流过程的影响。本节基于该模型研究水力冲孔关键参数的判定方法,此处仅给出关键物理场的控制方程,详细的推导过程及模型验证请参考文献[255]。

7.4.1.1 模型假设

为了构建卸压煤层瓦斯运移多场耦合理论模型,本节做如下假设:① 煤体为弹塑性双重孔隙介质,由裂隙和基质组成,其中基质由孔隙和煤体骨架构成;② 含瓦斯煤为恒温系统,瓦斯为理想气体,其在煤体裂隙内的运移满足 Darcy 定律,在基质孔隙中的运移服从 Fick 定律;③ 煤体发生塑性破坏后,其在某一方向上产生的塑性变形等于该方向上新生裂隙的开度之和。

7.4.1.2 煤体应力场控制方程

作为吸附性双重孔隙介质,煤体的变形同时受外部应力、孔隙压力以及瓦斯吸附膨胀等的影响,基于广义胡克定律,含瓦斯煤应力-应变关系可表示为[14]:

$$Gu_{i,kk} + \frac{G}{1-2\nu}u_{k,ki} - \alpha p_{fi} - \beta p_{mi} - K\Delta\varepsilon_{mi}^S + F_i = 0 \tag{7-23}$$

受水力冲孔卸压扰动的影响,煤体常发生塑性破坏。采用 Drucker-Prager(D-P)准则匹配 Mohr-Coulomb(M-C)准则描述煤体损伤破坏[27]:

$$F - (\sqrt{J_2} - \alpha_{D\text{-}P}I_1 - k_{D\text{-}P}) = 0 \tag{7-24}$$

式中　F——破坏包络面上的力;

　　　J_2——第二偏应力不变量;

　　　I_1——第一应力不变量;

　　　$\alpha_{D\text{-}P}, k_{D\text{-}P}$——材料常数,$\alpha_{D\text{-}P} = \dfrac{2\sin\varphi'}{\sqrt{3}(3-\sin\varphi')}$,$k_{D\text{-}P} = \dfrac{2\sqrt{3}c_0\cos\varphi'}{(3-\sin\varphi')}$;

　　　c_0, φ'——煤体的内聚力和内摩擦角。

7.4.1.3 卸压煤层瓦斯扩散控制方程

水力冲孔后,钻孔周围煤体发生塑性破坏,基质尺度减小,从而改变了瓦斯的扩散路径。卸压煤体基质与裂隙间传质过程控制方程为:

$$Q_m = \left(\frac{\varphi_{f0} + \varepsilon_b^p}{\varphi_{f0}}\right)^2 \frac{1}{t_0} \cdot \frac{M_C}{RT}(p_m - p_f) \tag{7-25}$$

式中　Q_m——质量交换量;

　　　φ_{f0}——煤体的初始裂隙率;

　　　ε_b^p——煤基质的塑性体积应变;

M_C——CH_4 的摩尔质量；

R——气体常数；

T——煤层温度；

t_0——原始煤层中煤基质的吸附时间。

根据质量守恒定律，单位体积煤基质中瓦斯含量的变化量与基质和裂隙间的质量交换量相等，从而可以得到煤基质内瓦斯运移过程的控制方程：

$$\frac{\partial}{\partial t}\left\{\frac{M_C \rho_c}{V_m} \cdot \frac{V_L p_m}{p_L + p_m} + \varphi_m \frac{M_C p_m}{RT}\right\} = -\left(\frac{\varphi_{f0} + \varepsilon_b^p}{\varphi_{f0}}\right)^2 \frac{1}{t_0} \cdot \frac{M_C}{RT}(p_m - p_f) \tag{7-26}$$

式中 ρ_c——煤体密度；

V_m——气体摩尔体积，取 22.4 L/mol；

V_L——Langmuir 吸附体积常数；

p_L——Langmuir 吸附压力常数；

φ_m——煤基质的孔隙率。

7.4.1.4 卸压煤层瓦斯渗流控制方程

根据质量守恒定律，单位体积煤体中裂隙内瓦斯含量的变化量等于煤基质与裂隙间的质量交换量和从裂隙流入钻孔的瓦斯量之差，瓦斯在煤体裂隙内的运移过程可由式（7-27）表示：

$$\varphi_f \frac{\partial p_f}{\partial t} + p_f \frac{\partial \varphi_f}{\partial t} - \nabla\left(\frac{k}{\mu} p_f \nabla p_f\right) = \left(\frac{\varphi_{f0} + \varepsilon_b^p}{\varphi_{f0}}\right)^2 \frac{1}{t_0}(p_m - p_f) \tag{7-27}$$

式中 φ_f——煤体的裂隙率；

ρ_f——裂隙内瓦斯密度，$\rho_f = p_f M_C / RT$；

k——煤体渗透率；

μ——CH_4 的动力黏度。

7.4.1.5 耦合项

在前期的研究中，作者考虑应力和基质收缩效应的影响构建了弹性煤体渗透率模型[19]。在此基础上，结合等效裂隙煤体模型，进一步考虑了煤体塑性变形的影响，构建了卸压煤体渗透率模型[式(7-28)]。当煤体处于弹性阶段时渗透率主要受有效应力及基质收缩的影响；当煤体处于应变软化阶段时，渗透率快速升高；而在残余阶段，渗透率几乎保持不变，这与试验研究结果一致。

$$\frac{k}{k_0} = \left(\frac{\varphi_f}{\varphi_{f0}}\right)^3 = \begin{cases} \left[\frac{\varphi_{f0} + \varepsilon_b^p}{\varphi_{f0}}\left(1 - \frac{3f}{\varphi_{f0}}\Delta\varepsilon_m^S - \frac{\Delta\sigma^{eff}}{K_f}\right)\right]^3 & (\varepsilon_b^p \leqslant \varepsilon_{fc}^p) \\ \left[\frac{\varphi_{f0} + \varepsilon_{fc}^p}{\varphi_{f0}}\left(1 - \frac{3f}{\varphi_{f0}}\Delta\varepsilon_m^S - \frac{\Delta\sigma^{eff}}{K_f}\right)\right]^3 & (\varepsilon_b^p > \varepsilon_{fc}^p) \end{cases} \tag{7-28}$$

式中 ε_{fc}^p——残余阶段起点对应的煤体塑性体积应变；

f——内膨胀系数，取 1；

$\Delta\sigma^{eff}$——有效应力增量；

K_f——裂隙体积模量。

瓦斯抽采过程中，受应力变化和瓦斯解吸的影响，煤基质孔隙率处于动态变化中。本节采用的煤基质孔隙率控制方程由式（7-30）表示[256]：

$$\varphi_{\mathrm{m}} = \varphi_{\mathrm{m0}} \exp\left\{\frac{1 - \varphi_{\mathrm{m0}}}{\varphi_{\mathrm{m0}}}\left[\Delta\varepsilon_{\mathrm{m}}^{S} - \frac{\Delta\sigma^{\mathrm{eff}}}{K_{\mathrm{m}}}\right]\right\} \tag{7-29}$$

式中　φ_{m0}——煤基质的初始孔隙率；

　　　K_{m}——煤基质的体积模量。

7.4.2　地质背景与物理模型

7.4.2.1　地质背景

本节以中国平煤神马集团八矿为试验矿，对 J-15-14140 工作面机巷和开切眼实施了水力冲孔技术，如图 7-22 所示。八矿位于平顶山矿区东部，东西方向 12.5 km，南北方向 3.36 km。J-15-14140 工作面位于八矿西侧，埋深 630～800 m。该工作面煤层厚度 3.4～3.85 m，平均煤厚 3.6 m。煤的坚固性系数在 0.46～0.48 之间，平均值为 0.47（小于突出阈值 0.50）。瓦斯放散初速度 Δp 在 10.10～10.90 mmHg（1 mmHg＝133.322 Pa，下同）之间，平均值为 10.50 mmHg（大于突出阈值 10.0 mmHg）。此外，煤层平均瓦斯压力为 2.0 MPa（大于突出阈值 0.74 MPa），瓦斯含量为 22.0 m³/t。上述指标均表明八矿的煤层具有较高的突出危险性。

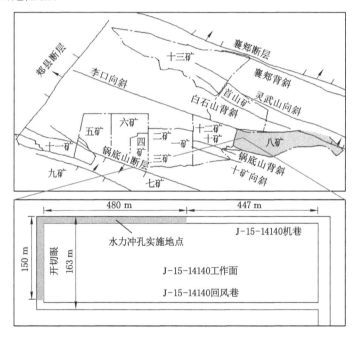

图 7-22　J-15-14140 工作面布置及水力冲孔实施地点

7.4.2.2　水力冲孔技术简介

水力冲孔技术广泛应用在瓦斯治理领域。通常，这种技术在从岩巷钻取的穿层钻孔中实施，但有时也可以在顺层钻孔中实施[图 7-23（a）左侧]。施工完穿层钻孔或顺层钻孔后，使用 10～30 MPa 高压水射流扩孔。根据水射流压力、冲孔时间和煤体强度，扩孔后的钻孔[图 7-23（a）右侧]直径在 0.2～2.0 m 之间。在地应力的作用下，水力冲孔后钻孔周围的煤体发生破坏，促进了瓦斯流动。图 7-23（b）为水力冲孔技术的相关配套设备，包括钻机、水箱、泄压阀、钻头、钻杆、水辫和喷嘴等。其中喷嘴用于产生水射流，泄压阀用于调节水射流压力。

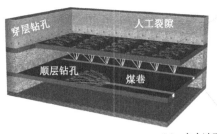

（a）水力冲孔技术示意图

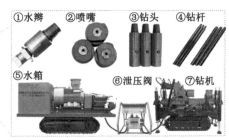

（b）水力冲孔技术配套设备

图 7-23　水力冲孔技术及配套设备

7.4.3　数值模型

　　为研究水力冲孔后的物理场变化，本节建立了如图 7-24 所示的数值模型。利用 COMSOL Multiphysics 软件中固体力学和偏微分方程模块对该数值模型进行求解。模型长 30 m，高 10 m（顶板岩层、煤层、底板岩层的高度分别为 3 m、4 m、3 m）。模型中，底部为固定边界，左右两侧设为辊支边界，约束法向位移，顶部设为载荷边界，对其施加 20 MPa 的压力。通过求解，可获得垂直方向和水平方向的位移并标记为 d_x 和 d_y。在煤层水平中线设置 3 个冲孔钻孔，孔距 6 m。然后，改变模型右侧的位移条件并输入 d_y，设置模型的初始位移 d_x 和 d_y。对于渗流场，模型四周为零流量边界，钻孔壁设置为狄氏边界，边界压力为 0.085 MPa，模拟抽采负压为 15 kPa。模型中，初始瓦斯压力设定为 2.0 MPa。在模型中设置 1 条测线 BC，以及一个测点 A 进行变量监测。模型中输入的关键参数如表 7-2 所列。

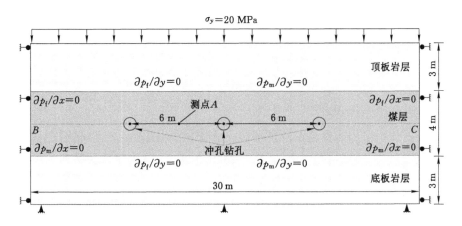

图 7-24　数值模型及边界条件示意图

表 7-2　模型中输入的关键参数

参数	数值	参数	数值
煤层内聚力 c_0/MPa	2.5	内摩擦角 φ'/(°)	20
煤层弹性模量 E_0/GPa	0.8	泊松比 ν	0.33
煤基质的弹性模量 E_m/GPa	8.4	裂隙的体积模量 K_f/MPa	12
煤的密度 ρ_c/(kg·m^{-3})	1 300	残余阶段起点的塑性应变 ε_{bc}^p	0.02
气体常数 R/[J·(mol·K)$^{-1}$]	8.314	煤层温度 T/K	303
气体摩尔体积 V_m/(L·mol^{-1})	22.4	煤层初始渗透率 k_0/m^2	1×10^{-18}
Langmuir 吸附体积常数 V_L/(m^3·kg^{-1})	0.036	Langmuir 吸附压力常数 p_L/MPa	1.0
瓦斯的动力黏度 μ/(Pa·s)	1.84×10^{-5}	内膨胀系数 f	1.0
煤的初始吸收时间 t_0/d	10	瓦斯的摩尔质量 M_C/(kg·mol^{-1})	0.016
裂隙的初始孔隙率 φ_{f0}	0.01	煤基质的初始孔隙率 φ_{m0}	0.045

7.4.4　模型验证与分析

7.4.4.1　模型验证

　　本节通过实验室和现场测试数据验证了卸压煤体渗透率模型和瓦斯抽采多场耦合模型。为了验证渗透率模型,收集了 S. G. Wang 等[235]的数据。该文献对犹他州烟煤进行了三轴压缩条件下的渗透率试验。试验测试了煤的偏应力、煤体变形和渗透率。本节利用 T3566 煤样试验数据验证了所建渗透率模型的有效性。首先,利用弹性变形阶段的数据得到裂隙的体积模量;然后,利用得到的裂隙体积模量和塑性应变计算模型渗透率并与试验数据进行拟合。

　　为了验证气体渗流-地质力学耦合模型,利用耦合模型计算出的气体流量与现场采集的数据进行匹配。由图 7-25 可以看出,耦合模型计算的数据与现场测试数据整体趋势一致。

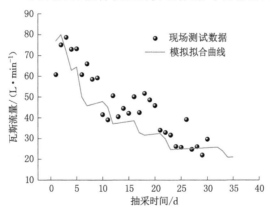

图 7-25　模型与现场测试数据匹配结果

7.4.4.2　模型对比

　　为了说明考虑煤体塑性破坏的重要性,本节比较了三种情况下的煤体应力、渗透率和瓦斯压力的分布。在 A 情况下,将煤视为弹性多孔介质,不考虑煤的塑性破坏。在 B 情况下,将煤视为弹塑性多孔介质,只考虑煤的塑性破坏对裂隙瓦斯流动的影响。对于 C 情况,将煤视为弹塑性多孔介质,考虑了煤的塑性破坏对裂隙瓦斯流动和基质瓦斯扩散的影响。

图 7-26(a)显示了沿测线 BC 的应力增量分布,其中负值表示应力卸压,正值表示应力集中。由于 B 和 C 两种情况都考虑了塑性破坏,因此它们的应力分布是相同的。总的来说,情况 A 的应力卸压区和应力集中区均小于情况 B 和 C 的。在 B、C 两种情况下,随着距钻孔距离的减小,应力增量先增大后减小。然而在情况 A 下,由于不考虑煤的破坏,应力增量不断增大。另外,B、C 两种情况下的孔间应力增量明显大于情况 A 下的孔间应力增量。上述结果表明,忽略煤的塑性破坏可能会低估应力卸压和集中的区域和水平。

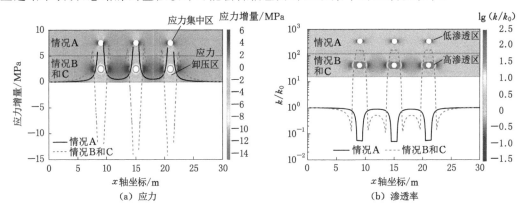

图 7-26　水力冲孔钻孔周围的应力和渗透率分布

煤的渗透率在很大程度上取决于应力。由图 7-26(b)可知,由于应力增量的增大,情况 A 下的渗透率随着距钻孔距离的减小而急剧降低。在这种情况下,钻孔壁上的渗透率最小,值约为 $0.05k_0$。对于 B 和 C 两种情况,渗透率随着距钻孔距离的减小先减小后增大。渗透率的减小是由于应力集中引起的,而钻孔附近渗透率的增大是由应力卸压和煤体破坏共同决定的。因为应力卸压增大了裂隙开度,煤体破坏增加了裂隙数。最小渗透率出现在距中心钻孔孔壁 0.96 m 处,值为 $0.12k_0$,最大渗透率出现在钻孔壁处,值为 $165.90k_0$。另外,对于 B 和 C 两种情况,钻孔之间的渗透率小于情况 A 下的。上述分析表明,忽略煤的塑性破坏会导致对钻孔附近渗透率的低估,以及对钻孔之间渗透率的高估。

图 7-27 为 A、B、C 三种情况下累计瓦斯抽采量。情况 A 下的瓦斯抽采量明显低于情况 C 下的,且绝对差值随时间增加而增大。A、C 两种情况下的相对偏差先增大(0.85 d 后最大值为 92.0%),然后减小到 31.6% 后达到稳定(负号表示 A 低于 C)。情况 B 和情况 C 对比可知,瓦斯抽采量间差异先增大后减小,最大偏差出现在 0.61 d 后,为 65.0%。大约抽采 200 d 后,其差异可忽略不计(200 d 后为 0.9%)。上述分析表明,忽略煤体塑性破坏对瓦斯流动和扩散的影响会严重低估瓦斯抽采量,而忽略煤体塑性破坏对瓦斯扩散的影响只会影响瓦斯抽采初期的瓦斯抽采量。

7.4.5　水力冲孔钻孔周围多场时空演化规律

7.4.5.1　煤体强度的影响

煤体强度是影响煤体破坏的关键参数。一般来说,煤体强度可以用内聚力和内摩擦角来描述。在现场试验中发现,在硬煤层和软煤层(分别为高强度煤层和低强度煤层)实施的

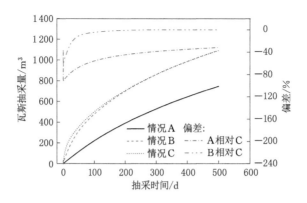

图 7-27　A、B、C 三种情况下累计瓦斯抽采量

水力冲孔增透效果存在明显差异,且煤体强度对透气性增强的影响机制尚不清楚。

图 7-28(a)为不同内聚力煤层水力冲孔钻孔周围的应力分布。沿 BC 测线的应力分布表明,在最左侧钻孔左侧应力峰值随着内聚力 c_0 的减小而远离钻孔,而峰值没有发生明显变化。然而,钻孔之间的应力随着 c_0 的降低而增加。在图 7-28(b)中,随着内摩擦角 φ' 的减小,最左侧钻孔左侧的应力峰值向远离钻孔的方向移动,其峰值略有下降。此外,钻孔之间的应力随着 φ' 的减小而增大。结果表明,在软煤层中实施水力冲孔不仅可以产生更大的应力卸压区域,而且可以产生更大的应力集中区域和应力水平。

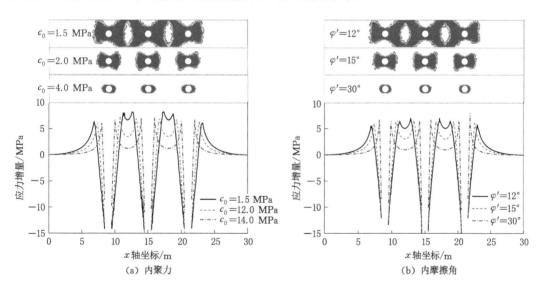

图 7-28　不同强度煤层水力冲孔钻孔周围应力增量和塑性区分布

水力冲孔钻孔周围的塑性区主要受应力分布控制。由图 7-28 可以看出,随着 c_0 和 φ' 的增加,塑性区范围显著减小,特别是当 c_0 和 φ' 较小时(例如,c_0 从 1.5 MPa 增加到 2.0 MPa,φ' 从 12° 增加到 15°)。上述分析表明,实施水力冲孔后,软煤层可形成相对较大范围的塑性区。

由图 7-29(a)可以看出,高渗透区和低渗透区范围都随着内聚力的增加而减小,尤其是

当 c_0 较小时变化更为明显。沿 BC 测线监测的曲线表明,由于塑性变形较大,内聚力较小的煤层钻孔附近的渗透率大于内聚力较大的煤层钻孔附近的渗透率。例如,在 $x=8.5$ m(钻孔壁)处,$c_0=1.5$ MPa、2.0 MPa 和 4.0 MPa 对应的渗透率分别为 $201.2k_0$、$179.0k_0$ 和 $115.6k_0$。而在远离钻孔的位置尤其是两个钻孔之间的点,由于应力较集中,c_0 较小的煤层的渗透率低于 c_0 较大的煤层的渗透率。例如,在 $x=12$ m 处,$c_0=1.5$ MPa、2.0 MPa 和 4.0 MPa 对应的渗透率分别为 $0.08k_0$、$0.36k_0$ 和 $0.72k_0$。内摩擦角对渗透率的影响与内聚力对渗透率的影响相似。在图 7-29(b)中,高渗透区和低渗透区范围都随着 φ' 的增加而减小。此外,沿 BC 测线监测的曲线表明,φ' 较小的煤层钻孔附近的渗透率大于 φ' 较大的煤层钻孔附近的渗透率。但钻孔之间渗透率呈现相反的趋势。

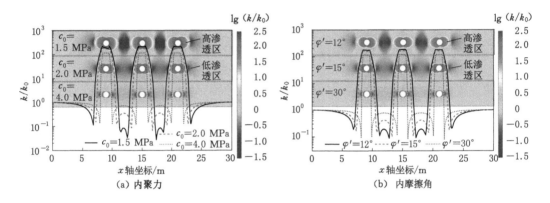

图 7-29　不同强度煤层水力冲孔钻孔周围渗透率分布

渗透率分布影响着煤层瓦斯压力的分布。如图 7-30(a)～(c)所示,水力冲孔钻孔周围的裂隙瓦斯压力 p_f 随抽采时间的增加而减小。对于一定抽采时间,指定点的 p_f 随着 c_0 的减小而减小。如图 7-30(d)～(f)所示,一定抽采时间和指定点的气体压力也随着 φ' 的减小而减小。上述结果表明,在其他条件相同的情况下,软煤层水力冲孔瓦斯抽采比硬煤层水力冲孔瓦斯抽采更容易。瓦斯压力分布是由煤的塑性破坏和应力分布共同决定的。在当前给定参数的情况下,煤的塑性破坏在瓦斯抽采过程中占主导地位。但我们也可以推论,当通过改变相关参数来增强应力集中的影响时,结论可能会改变,这需要更多的研究。

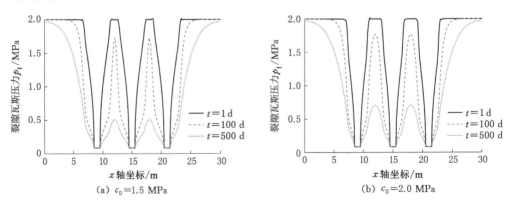

图 7-30　不同强度煤层水力冲孔钻孔周围裂隙瓦斯压力分布

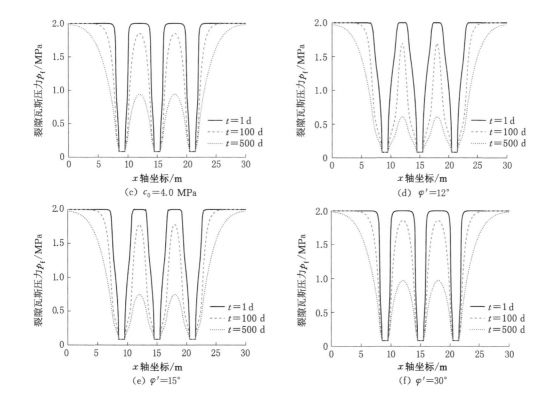

图 7-30(续)

7.4.5.2 水力冲孔钻孔直径的影响

水力冲孔的主要目的是扩大钻孔直径以增加应力卸压区域。在水力冲孔强化煤层瓦斯抽采试验中,普遍认为单孔出煤量越多,抽采瓦斯效果越好。然而,迄今为止,还没有任何研究可以支持或反驳这一结论。因此,钻孔直径对瓦斯抽采的影响需要进一步探讨。

从图 7-31(a)的应力云图中可以看出,钻孔直径 d 的增加可以明显扩大应力卸压区范围,但也会导致应力集中区范围的增大。沿 BC 测线监测的应力曲线表明,随着钻孔直径的增大,两孔间的应力峰值逐渐远离钻孔,同时峰值逐渐增大。例如,最左侧钻孔右侧对应于 $d=0.4$ m、0.8 m、1.2 m 和 1.6 m 的应力峰值位置分别为距钻孔壁 0.36 m、0.72 m、1.10 m 和 2.27 m,峰值分别为 5.88 MPa、6.38 MPa、8.00 MPa 和 11.57 MPa。结果表明,增大钻孔直径可以增加应力卸压区范围,但同时也会加剧应力集中程度。

煤的塑性破坏和水力冲孔钻孔周围的应力重新分布共同决定了煤层的渗透率。在图 7-31(b)中,当钻孔直径较小时($d=0.4$ m),高渗透区仅存在于钻孔周围非常小的区域内。而在高渗透区的末端,由于应力集中存在一个低渗透区。随着钻孔直径的增加,高渗透区范围向水平方向扩展,而钻孔之间的低渗透区范围逐渐收缩。沿 BC 测线监测的曲线表明,在钻孔附近区域随着钻孔直径的增加,渗透率升高,低渗透区逐渐远离钻孔。此外,由于应力集中导致钻孔之间的低渗透区渗透率随着钻孔直径的增加而降低。例如,$d=0.4$ m、0.8 m、1.2 m 和 1.6 m 时测点 A 的渗透率分别为 $0.92k_0$、$0.69k_0$、$0.32k_0$ 和 $0.000\ 15k_0$。上述结果表明,钻孔直径的扩大可以增加高渗透区范围,但同时也会导致钻孔之间的渗透率显

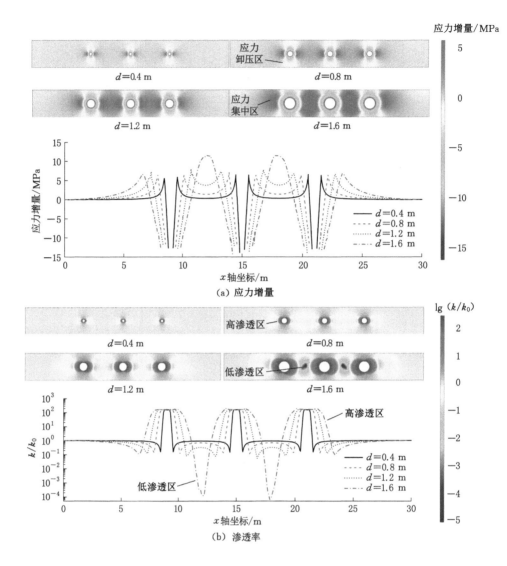

图 7-31　不同钻孔直径水力冲孔钻孔周围应力增量和渗透率分布

著降低。此外,并非所有的塑性区都是高渗透区。例如,当 $d=1.6$ m 时,钻孔间虽发生煤层破坏,但由于应力集中导致该区域渗透率极低。

由图 7-32 可以看出,钻孔周围的裂隙瓦斯压力随着抽采时间的增加而降低,其影响范围也明显增大。在给定的时间内,如 $t=500$ d,钻孔之间的裂隙瓦斯压力随着钻孔直径从 0.4 m 增加到 1.2 m 而降低,但随着钻孔直径从 1.2 m 增加到 1.6 m 而升高。由图 7-32(d)~(f)可知,由于高应力集中,在钻孔之间存在一个高裂隙瓦斯压力区($d=1.6$ m,500 d 后 p_f 保持在 2 MPa 左右),这对以后的煤层开采构成了威胁。

图 7-33 为不同抽采时间下钻孔直径对测点 A 处裂隙瓦斯压力的影响。从图中可以看出,抽采 100 d 和 200 d 时,p_f 整体随着钻孔直径从 0.2 m 增加到 1.0 m 而减小,之后随钻孔直径增加而增大。因此,如果抽采时间设为 100 d~200 d,可以确定最佳水力冲孔钻孔直径为 1.0 m。同理,如果抽采时间设置为 300 d~500 d,则可以确定最佳水力冲孔钻孔直径为

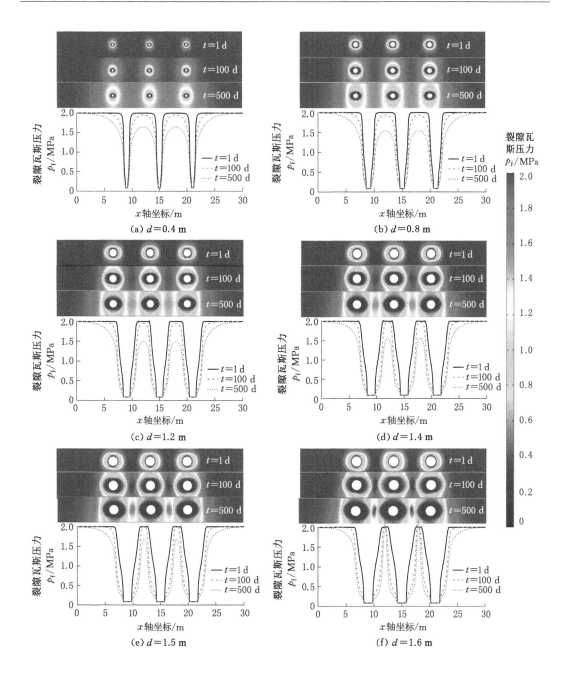

图 7-32　不同钻孔直径水力冲孔钻孔周围裂隙瓦斯压力分布

1.1 m。上述分析表明,在现场实施水力冲孔之前,应确定最佳钻孔直径,否则可能对后期开采造成潜在风险。此外,最佳钻孔直径与抽采时间有关,因此在确定最佳钻孔直径时应考虑设计的抽采时间。

7.4.6　水力冲孔最优出煤量的判定指标及准则

7.4.6.1　水力冲孔最优出煤量的判定指标体系

　　合理的水力冲孔出煤量是保证煤层卸压增透效果的关键。根据《防治煤与瓦斯突出细

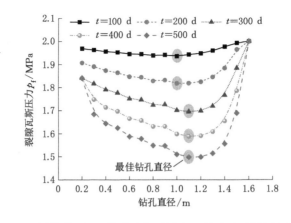

图 7-33　不同抽采时间下钻孔直径对测点 A 处裂隙瓦斯压力的影响

则》规定,突出煤层经过预期抽采后当残余瓦斯含量小于 8 m³/t,且残余瓦斯压力小于 0.74 MPa 时方可进行采掘作业。因此,煤层残余瓦斯含量和压力应当作为确定水力冲孔最优出煤量的刚性约束指标。此外,随着水力冲孔出煤量的增加,冲孔施工成本呈线性升高,并且煤巷失稳风险显著升高,后期维护成本大幅提升。因此,冲孔施工成本以及巷道失稳风险(维护成本)应当作为水力冲孔最优出煤量判定的柔性约束指标。本节将针对不同因素对水力冲孔最优出煤量的影响做系统分析。为了便于分析,本节以钻孔直径表示水力冲孔出煤量,通过钻孔直径和煤体密度即可获得每米钻孔的水力冲孔出煤量。

(1) 水力冲孔出煤量对残余瓦斯含量的影响

图 7-34 为不同水力冲孔出煤量下煤层残余瓦斯含量的变化规律。图 7-34(a)中随着抽采时间的增加,残余瓦斯含量逐渐降低。在相同抽采时间下,水力冲孔出煤量越高,对应的煤层残余瓦斯含量越低。图 7-34(b)给出了不同抽采时间下煤层残余瓦斯含量随水力冲孔出煤量的变化规律。初期阶段($t<100$ d),残余瓦斯含量随水力冲孔出煤量的增加呈近似线性降低。后期阶段($t \geqslant 100$ d),随着水力冲孔出煤量的增加,残余瓦斯含量呈先快速降低后逐渐趋缓的变化趋势。总体上看,水力冲孔出煤量的增加有利于快速降低煤层残余瓦斯含量。因此,仅从残余瓦斯含量的角度看,水力冲孔出煤量的增加有助于快速消除煤层突出危险性。

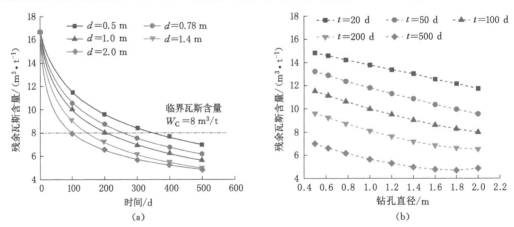

图 7-34　不同水力冲孔出煤量下煤层残余瓦斯含量的变化规律

（2）水力冲孔出煤量对残余瓦斯压力的影响

图 7-35 为不同水力冲孔出煤量下测点 A 处煤层残余瓦斯压力的演化规律。选择 A 点作为监测点主要是因为该点位于两孔中间位置，瓦斯压力降低最慢，若该点已经达标，则其他位置也已达标。由图 7-35(a)可知，不同水力冲孔出煤量下煤层残余瓦斯压力随着时间的增加逐渐降低，但不同水力冲孔出煤量下降幅不同。图 7-36(b)为煤层残余瓦斯压力随水力冲孔出煤量的变化规律。随着水力冲孔出煤量的增加，残余瓦斯压力并非单调变化，而是呈先降低后升高的变化趋势。以 $t=200$ d 为例，$d=0.5$ m 时对应的残余瓦斯压力为 0.73 MPa；随着水力冲孔出煤量的增加，残余瓦斯压力缓慢降低，$d=1.2$ m 时达到最小值 0.63 MPa；随着水力冲孔出煤量的进一步增加，残余瓦斯压力快速升高，$d=2.0$ m 时达到 1.30 MPa。

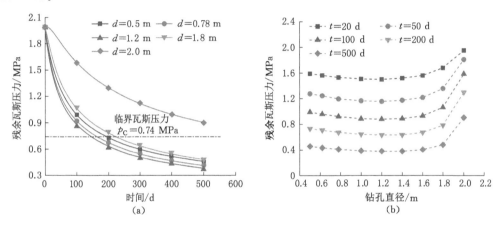

图 7-35　不同水力冲孔出煤量下测点 A 处煤层残余瓦斯压力的演化规律

为了探索残余瓦斯压力随水力冲孔出煤量变化的内在机制，沿测线 AB 提取了模型中部两个钻孔之间的垂直应力和渗透率分布曲线，结果如图 7-36 所示。图 7-36(a)中，应力整体呈"双峰"形分布，钻孔附近一定范围内为卸压区，应力向外转移形成应力峰值区。随着水力冲孔出煤量的增加，卸压区范围逐渐增大，应力集中区范围减小，但应力集中程度显著升高。对应地，在卸压区煤体渗透率大幅升高，增幅可达 $10\sim20$ 倍。在应力集中区，煤体渗透率显著降低，当 $d=0.5$ m 时渗透率约为初始值的 0.2 倍；随着水力冲孔出煤量的增加，渗透率逐渐降低，当 $d=2.0$ m 时渗透率降低到不足初始值的 1%。

上述分析表明：水力冲孔的卸压增透效果由煤体的卸压损伤以及应力分布共同决定。当水力冲孔出煤量较小时，钻孔周围的应力集中程度较低[图 7-37(a)]，同时钻孔的扰动范围也较小，抽采一段时间后，两孔连线的中点位置（A 点）瓦斯压力降幅较小。随着水力冲孔出煤量的增大，钻孔周围卸压区范围逐渐扩大，同时应力集中程度也随之提高，该阶段卸压扰动作用主导 A 点的瓦斯流动，因而瓦斯压力随着水力冲孔出煤量的增加逐渐降低。随着水力冲孔出煤量的进一步增加，钻孔周围的卸压区范围进一步扩大，但与此同时，钻孔之间出现了显著的应力集中，A 点渗透率急剧降低，瓦斯流动难，瓦斯压力降幅小，形成高地应力和高瓦斯压力共存区，给后期煤层的采掘埋下安全隐患。

图 7-37(b)为 A 点的瓦斯压力随水力冲孔出煤量的变化关系示意图。在指定抽采时间的条件下，随着水力冲孔出煤量的增加，A 点瓦斯压力先降低后升高，出现一个瓦斯压力最

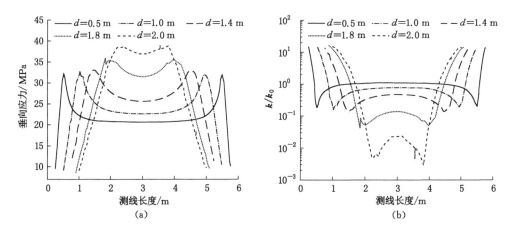

图 7-36　不同水力冲孔出煤量下煤层应力和渗透率的分布规律

小值点。仅从残余瓦斯压力看,瓦斯压力最低点对应的水力冲孔出煤量应为水力冲孔最优出煤量。

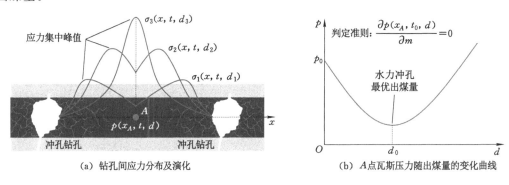

图 7-37　基于残余瓦斯压力的水力冲孔最优出煤量判定准则

（3）水力冲孔出煤量的柔性约束指标

水力冲孔技术因其高效的卸压增透效果而被广泛应用于松软低透煤层强化瓦斯抽采、实现煤巷条带快速消突的工程实践中。该技术通过高压水射流冲击在煤体内构建卸压空间,使煤体卸压、破碎,从而提高瓦斯抽采效果。但是,当水力冲孔出煤量过大时,目标区域煤体破碎严重,煤巷容易出现两帮变形严重、坍塌等问题,给巷道维护带来了极大的挑战。因此,通过冲孔实现煤层快速抽采达标与保障煤巷稳定性之间的矛盾,是煤矿现场面临的切实难题。此外,水力冲孔出煤量的增加也增加了工程施工的成本。因此,仅从提高巷道稳定性、降低煤巷维护和冲孔施工成本的角度看,水力冲孔出煤量应当尽量小。

7.4.6.2　水力冲孔最优出煤量的综合判定准则及方法

上述分析结果表明:从单一指标看,水力冲孔出煤量越大,煤层残余瓦斯含量降低越明显;煤层残余瓦斯压力与水力冲孔出煤量之间呈非线性变化关系,存在水力冲孔最优出煤量使得残余瓦斯压力最低;从维护巷道稳定性、降低工程成本的角度看,水力冲孔出煤量越小效果越好。

事实上,不同约束指标间是相互影响的,应当统筹考虑构建一个综合的冲孔最优出煤量的判定指标体系。为此,在综合考虑残余瓦斯含量、残余瓦斯压力等刚性约束指标以及巷道稳定性、工程成本等柔性约束指标的基础上,本节构建了"区域与局部评价相结合,刚性与柔性约束相协同"的水力冲孔最优出煤量的判定准则(图 7-38)。该判定准则由两部分构成:第一,瓦斯抽采最大化,确保抽采达标;第二,在满足抽采达标的前提下考虑巷道失稳风险和施工成本的最小化。抽采达标评价包括区域评价和局部评价两部分,其中,区域评价采用残余瓦斯含量来判定,当残余瓦斯含量小于 8 m³/t 时则认为满足要求;局部评价采用两孔之间瓦斯压力的最大值作为判定指标,当最大残余瓦斯压力小于 0.74 MPa 时则认为满足要求。当残余瓦斯含量和残余瓦斯压力均小于临界值时,则认为抽采达标,煤层已消除了突出危险性。在满足抽采达标的前提下,应尽量减小水力冲孔出煤量以保证煤巷稳定、降低工程成本。通过以上指标的约束,可确定水力冲孔的最优出煤量。

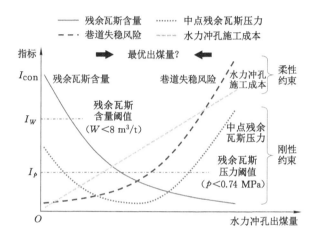

图 7-38 水力冲孔最优出煤量的判定准则

基于以上判定准则,提出了水力冲孔最优出煤量的判定方法,具体流程如图 7-39(a)所示。首先,通过现场实测和实验室测试确定煤层的地质力学参数以及瓦斯赋存基本特征。基于地质力学与瓦斯赋存关键参数计算获得残余瓦斯含量达标时间与水力冲孔出煤量之间的函数关系 $t_1 = f(d)$ 以及残余瓦斯压力达标时间与水力冲孔出煤量之间的函数关系 $t_2 = h(d)$。函数 $t_1 = f(d)$ 和 $t_2 = h(d)$ 存在交点 $B(d_{up}, t_{low})$[图 7-39(b)],基于该交点可以确定出水力冲孔出煤量的上限 d_{up} 和抽采达标时间的下限 t_{low},即当水力冲孔出煤量大于 d_{up} 或抽采达标时间小于 t_{low} 时,则无法实现抽采达标。根据煤矿采掘接替规划,确定目标煤层抽采达标时间 t_0,从而可获得对应的合理水力冲孔出煤量范围。最后,结合失稳风险和工程成本最低化原则,确定水力冲孔最优出煤量。

7.4.7 水力冲孔最优出煤量的影响因素分析

7.4.7.1 单因素影响分析

为了确定水力冲孔最优出煤量的主控因素,首先进行了单因素分析,包括煤层地质力学参数(垂直应力 σ_v、内聚力 c_0)、瓦斯赋存参数(初始瓦斯压力 p_0)以及施工和抽采参数(钻孔间距 L、抽采达标时间 t、抽采负压 p_n)等。通过分析发现抽采负压对水力冲孔出煤量的影响较小,可忽略不计,本节重点分析了其余 5 个因素对水力冲孔出煤量的影响,结果如

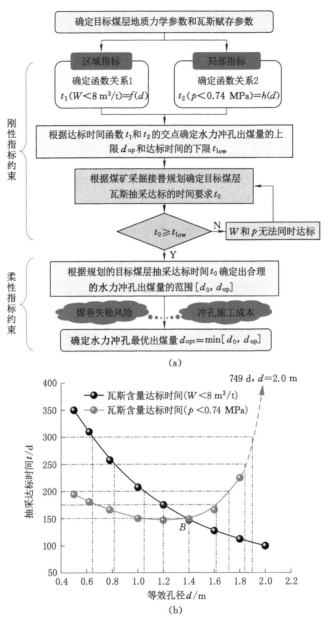

(a)

(b)

图 7-39　水力冲孔最优出煤量的判定方法

图 7-40 所示。

　　随着预期抽采达标时间的增加,水力冲孔出煤量均呈降低趋势。但不同影响因素下水力冲孔出煤量的数值及降幅不同。图 7-40(a)中,相同预期抽采达标时间下,随着垂直应力的升高,水力冲孔最优出煤量逐渐降低。这是因为,随着垂直应力的升高,两孔中心位置的应力集中更加明显,导致该点瓦斯压力降低更难。图中每条曲线的起点代表图 7-39(b)中 B 点,据此可以确定预期抽采达标时间的最小值以及水力冲孔出煤量的最大值。随着垂直应力的升高,预期抽采达标时间的最小值逐渐升高,水力冲孔最优出煤量的最大值逐渐降低,

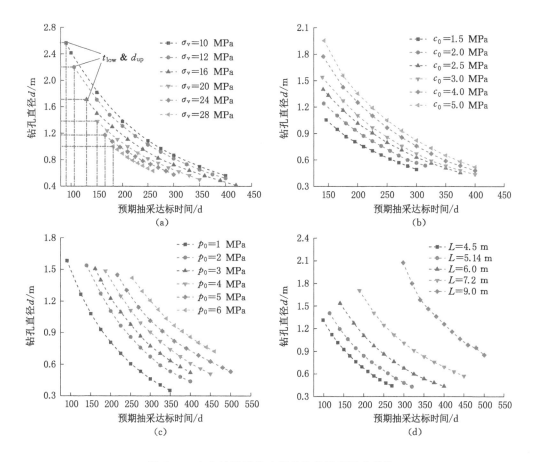

图 7-40　水力冲孔最优出煤量的单因素影响规律

如 σ_v 由 10 MPa 升高到 28 MPa,预期抽采达标时间的最小值由 90.4 d 增加到 181.8 d,水力冲孔出煤量最大值对应的钻孔直径由 2.6 m 降低到 1.0 m,表明深部煤层应当采取低水力冲孔出煤量、长周期的瓦斯抽采策略。图 7-40(b)中,水力冲孔最优出煤量随着煤体内聚力的升高而逐渐增大,表明对于强度较高的煤体,需要通过增大水力冲孔出煤量以实现较好的卸压增透效果。此外,内聚力对预期抽采达标时间最小值的影响较小,而对于水力冲孔出煤量的最大值影响较大。c_0 由 1.5 MPa 升高到 5.0 MPa,水力冲孔出煤量最大值对应的钻孔直径由 1.10 m 增加到 1.95 m。对于松软煤体,水力冲孔过程中其出煤量不能过大,否则会导致两孔中心位置无法消突。图 7-40(c)中,随着初始瓦斯压力的升高,水力冲孔最优出煤量逐渐增大,说明对于高瓦斯煤层应当通过增大水力冲孔出煤量以实现煤层快速消突。此外,随着初始瓦斯压力的增大,水力冲孔出煤量的最大值有小幅降低,而预期抽采达标时间的最小值有明显升高。因此,对于高瓦斯煤层,应当通过适当降低水力冲孔出煤量、延长抽采时间以确保煤层消突。图 7-40(d)中,随着钻孔间距的增大,水力冲孔最优出煤量显著增加。此外,水力冲孔出煤量的最大值以及预期抽采达标时间的最小值均随着钻孔间距的增大而显著增加。

7.4.7.2 多参量耦合影响分析

　　水力冲孔最优出煤量受多种因素影响,且不同因素间相互耦合。为了探究多因素交互作用对水力冲孔最优出煤量的影响,本节采用响应面法中的中心复合设计方法进行了5因素5水平设计,获得了对应条件下的水力冲孔最优出煤量,建立了水力冲孔最优出煤量的多参量耦合模型:

$$d = 1.589 - 0.032\sigma_v + 0.03c_0 + 0.105p_0 + 0.113L - 0.01t_0$$
$$+ 0.027c_0L - 0.026p_0L + 0.0007p_0t_0 + 0.0006Lt_0 \tag{7-30}$$

该模型的拟合度 R^2 为0.938,且从图7-41(a)可以看出模型的预测值与真实值散点均分布于直线 $y=x$ 附近,表明模型拟合度较好。模型以及模型中各个因素是否显著主要看 P 值(即概率),$P<0.05$ 说明模型或因素显著,反之则不显著;而当 $P<0.01$ 时,说明模型或因素非常显著[23-24]。从分析结果看,模型及其5个独立因素对应的 P 值均小于0.01,说明均达到了非常显著水平。

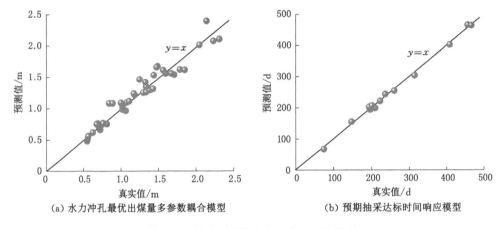

(a) 水力冲孔最优出煤量多参数耦合模型　　　　(b) 预期抽采达标时间响应模型

图7-41　模型预测值与真实值之间的关系

式(7-30)显示垂直应力与其他4个因素间不存在明显的交互作用,而煤体内聚力、初始瓦斯压力以及预期抽采达标时间与钻孔间距之间存在明显的交互作用。图7-42展示了地质因素(c_0、p_0)和工程因素(L、t_0)交互作用对水力冲孔最优出煤量的影响。4个因素中钻孔间距对水力冲孔最优出煤量的影响最为显著,其次是内聚力和预期抽采达标时间,影响最小的是初始瓦斯压力。图7-42(a)中,钻孔间距的增加导致水力冲孔最优出煤量逐渐升高,这与单因素分析结果一致;而随着内聚力的降低,水力冲孔最优出煤量随钻孔间距的增幅逐渐减小,表明 L 与 c_0 之间存在明显的交互作用。此外,水力冲孔最优出煤量随钻孔间距的变化幅度随着初始瓦斯压力的增加以及预期抽采达标时间的降低而逐渐减小[图7-42(b)、(d)];水力冲孔最优出煤量随预期抽采达标时间的变化幅度随着初始瓦斯压力的增加而逐渐减小。以上结果表明煤层地质-工程因素间存在显著的交互作用,在水力冲孔最优出煤量判定时不可忽视。

7.4.8　水力冲孔强化瓦斯抽采工艺参数的优化与应用

7.4.8.1　水力冲孔关键参数优化方法

对于给定煤层,其地质力学参数和瓦斯赋存特征均已确定。水力冲孔过程中能够人为调控的主要是工程因素,包括水力冲孔出煤量(钻孔直径)、钻孔间距、预期抽采达标时间以及抽采负压等。本节研究发现抽采负压对预期抽采达标时间的影响不足1%,可以忽略,此

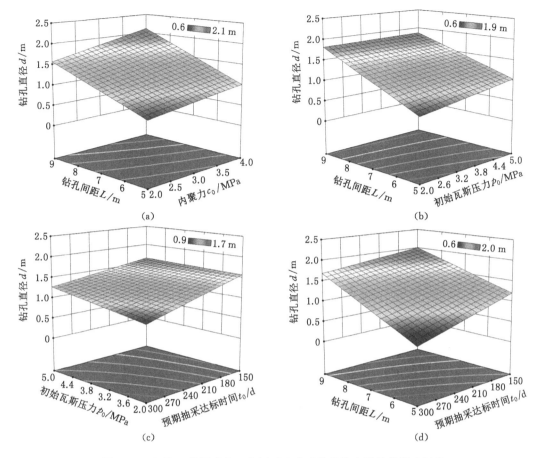

图 7-42 地质-工程因素交互作用对水力冲孔最优出煤量的影响规律

处主要考虑水力冲孔出煤量、钻孔间距、初始瓦斯压力的影响。

式(7-30)表明,在不同因素均处于动态变化且相互关联的条件下,无法独立确定某个工艺参数。为了系统确定水力冲孔的最优参数集,本节考虑初始瓦斯压力、钻孔间距和出煤量的影响,采用响应面法构建了预期抽采达标时间响应模型:

$$t_0 = 42.69 - 16.28p_0 + 74.60L - 422.57d + 11.05p_0L$$
$$- 10.05p_0d - 40.55Ld + 260.87d^2 \tag{7-31}$$

该模型的拟合系数 R^2 达到了 0.996,且从图 7-42(b)看出模型的真实值和预测值沿 $y=x$ 直线分布,表明该模型具有较好的预测精度。此外,模型及其 3 个因素对应的 P 值均小于0.01,表明其均处于非常显著水平。

式(7-31)表明初始瓦斯压力、钻孔间距和水力冲孔出煤量之间存在交互作用,其对预期抽采达标时间的影响如图 7-43 所示。图 7-43(a)中预期抽采达标时间随着钻孔间距和初始瓦斯压力的增大而逐渐升高,且随着初始瓦斯压力的增大,预期抽采达标时间随着钻孔间距的增幅逐渐增大,表明钻孔间距一定时,煤层初始瓦斯压力越高预期抽采达标时间越长。图 7-43(b)中,预期抽采达标时间随水力冲孔出煤量的增大先降低后升高,且在低初始瓦斯压力下预期抽采达标时间的变化更为明显,这是水力冲孔卸压与孔间应力集中共同作用的结果。图 7-43(c)中,在低钻孔间距下,预期抽采达标时间随水力冲孔出煤量的变化更为明显,这是因为钻孔间距较小时,钻孔间应力叠加效应更加明显,因而水力冲孔出煤量对预期抽采达标时间的影响更加显著。

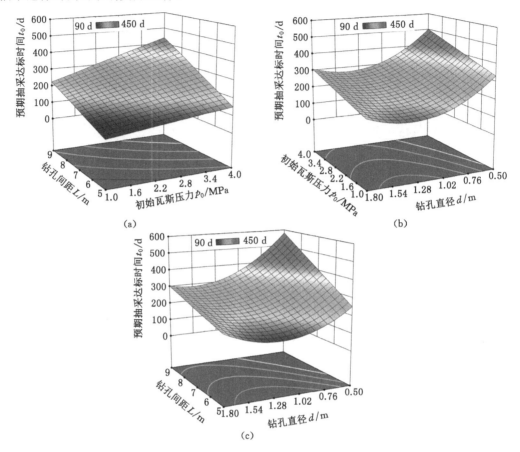

图 7-43　地质-工程多因素耦合对预期抽采达标时间的影响规律

7.4.8.2　瓦斯非稳定赋存煤层精准增透强化瓦斯抽采技术

根据式(7-31),可以绘制出煤层水力冲孔关键参数的优化图谱,如图 7-44 所示(图中 p_0 单位为 MPa)。在给定预期抽采达标时间的前提下,可以得到不同初始瓦斯压力下水力冲孔出煤量与钻孔间距的关系曲线,可以看出水力冲孔出煤量与钻孔间距是相互制约的。以 $t_0=150$ d、初始瓦斯压力 $p_0=1.0$ MPa 为例,可以得到水力冲孔出煤量与钻孔间距的关系曲线。将该曲线的起点定义为 $C(L_{min},d_{min})$,最右侧的顶点定义为 $D(L_{max},d_{max})$,很显然 D 点向上部分对应的工艺参数从经济性角度来说是不合理的,由此可以确定钻孔间距和水力冲孔出煤量的合理范围为 $L=[L_{min},L_{max}]$,$d=[d_{min},d_{max}]$。若要确定钻孔间距和水力冲孔出煤量的最优值,则需结合工程成本最小化原则进行确定。对于给定长度的煤层区域,钻孔间距增大则打钻成本降低,而在曲线 CD 段,水力冲孔出煤量随钻孔间距单调上升,水力冲孔出煤量的增大导致水力冲孔施工成本升高,因而在 CD 段必然存在一个最优的水力冲孔出煤量和钻孔间距使得整个工程施工(打钻＋水力冲孔)成本最低。当预期抽采达标时间和煤层初始瓦斯压力发生变化时,同样可以在对应的曲线上找到最优的水力冲孔出煤量和钻孔间距。

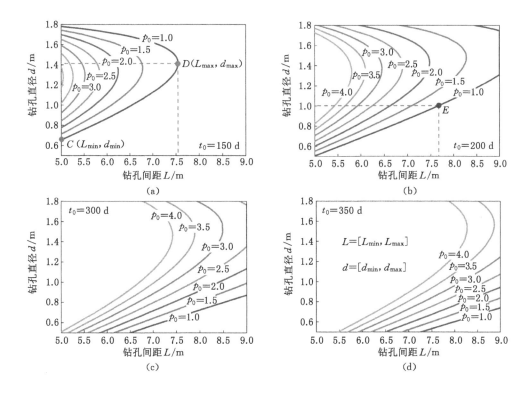

图 7-44　水力冲孔关键工艺参数优化图谱

图 7-44 中,在相同的预期抽采达标时间下,当煤层初始瓦斯压力不同时,其对应的最优施工参数显然是不同的。大量的工程实践表明,同一个煤层,甚至是同一个工作面,由于地质构造差异等原因,煤层内瓦斯赋存情况在不同区域存在显著差异。因此,现场实施水力冲孔过程中,如果按照低瓦斯区域进行钻孔布置设计则可能会导致高瓦斯区域在预期抽采达标时间内无法实现煤层消突;而如果按照高瓦斯区域进行钻孔布置设计,则可能会导致低瓦斯区域长时间低效率的抽采,导致人力、物力、财力的严重浪费。针对这一工程实际问题,本书提出了基于水力冲孔的梯级精准增透强化瓦斯抽采技术,如图 7-45 所示。首先,通过现场实测和实验室测试获得煤层的瓦斯赋存特征,并根据初始瓦斯压力或含量进行区域划分(高瓦斯区、中等瓦斯区以及低瓦斯区,对应的分区指标临界值 W_1 和 W_2 根据实际情况确定)。然后,以残余瓦斯压力和残余瓦斯含量为预期抽采达标判据,构建图 7-44 所示的水力冲孔关键施工参数优化图谱,获得不同区域对应初始瓦斯压力条件下的水力冲孔出煤量和钻孔间距的函数关系及其合理取值范围。最后,对于同一个工作面,要求不同区域预期抽采达标时间相同,同时打钻和水力冲孔的施工成本最低(判定公式见图 7-45,其中 X 为给定区域打钻与水力冲孔施工总成本,ρ 为煤体密度,a 为每冲出 1 t 煤的成本,b 为施工 1 m 常规钻孔的成本),则可以确定不同区域冲孔的最优出煤量和钻孔间距。

7.4.8.3　工程应用

河南永煤集团某矿为突出矿井,区内断层构造发育,目前已发现断层 1321 条。受构造影响,该矿瓦斯分布被分割为 4 个区域,不同区域瓦斯分布差异较大。本次试验地点为该矿 2# 煤层的 21210 工作面,该工作面总体为一个单斜构造,平均倾角为 8°。受区域构造的影

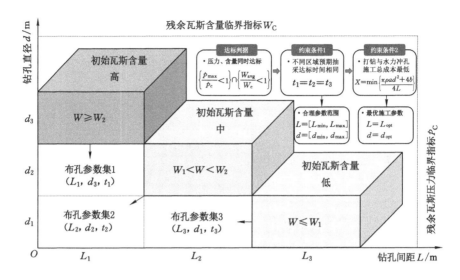

图 7-45　瓦斯非稳定赋存煤层梯级精准增透强化瓦斯抽采技术

响,该工作面局部断层密集发育,断层面延伸距离长,21210 工作面目前已发现断层 24 条。受断层影响,21210 工作面瓦斯地质条件较为复杂,经历了多期构造运动后,产生了瓦斯异常区域,特别是在断层发育处和煤层变厚处瓦斯含量较大,形成了局部的瓦斯异常带。如该工作面中部存在一断层,将工作面分为两部分,断层两侧瓦斯含量存在显著差异,断层左侧实测的初始瓦斯含量为 $3.20 \sim 7.93$ m³/t,断层右侧实测初始瓦斯含量为 $9.35 \sim 11.17$ m³/t。21210 工作面断层分布、瓦斯含量测点以及测试结果如图 7-46 所示。

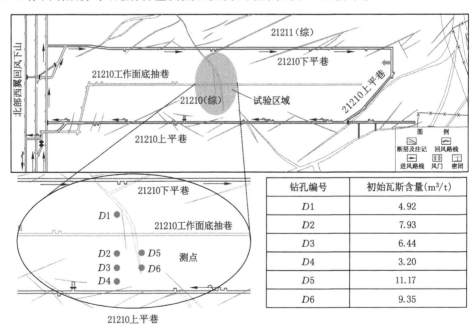

钻孔编号	初始瓦斯含量(m³/t)
D1	4.92
D2	7.93
D3	6.44
D4	3.20
D5	11.17
D6	9.35

图 7-46　试验地点工作面布置示意图及煤层瓦斯含量测试结果

由于试验区域煤层透气性低,瓦斯抽采效果差,为此采用水力冲孔以实现煤层卸压,强化瓦斯抽采,实现煤层快速消突。针对该工作面不同区域瓦斯赋存差异大的问题,确定采用梯级布孔的方式,并通过水力冲孔关键参数优化以实现煤层的精准增透和快速消突。为了获得断层两侧煤层初始瓦斯压力,本节采用瓦斯含量与瓦斯压力之间的函数关系进行反演,以断层两侧实测初始瓦斯含量的最大值为目标值,获得了断层左右两侧的最大初始瓦斯压力分别约为 0.52 MPa 和 0.97 MPa。考虑到测试及反演带来的误差并在设计过程中留有一定的安全系数,本节取断层右侧的瓦斯压力为 1.00 MPa 进行设计。尽管断层左侧初始瓦斯压力和含量均小于临界值,但初始瓦斯含量已非常接近 8 m³/t,因此,仍采用水力冲孔进一步降低煤层瓦斯含量。考虑到水力冲孔设备工作能力,结合矿方以往施工经验,将钻孔直径定为 1.0 m(水力冲孔出煤量约为 1 t/m),以 200 d 作为预期抽采达标时间,则可确定出断层右侧区域对应的钻孔间距为 7.6 m(图 7-44 中的 E 点),考虑一定的安全系数,施工时钻孔间距设为 7.0 m。断层左侧,由于初始瓦斯压力和含量均低于临界值,因此可适当增大钻孔间距至 9.0 m。

为了考察煤层卸压增透效果,在断层左右两侧分别选取两个钻孔进行钻孔瓦斯流量考察,结果如图 7-47 所示。图中 1# 和 2# 钻孔位于断层左侧区域,3# 和 4# 钻孔位于断层右侧区域。由于钻孔长度不同,为了使测试结果具有可比性,采用百米钻孔瓦斯流量进行分析。断层左侧钻孔初始瓦斯流量在 0.98～1.39 m³/min 之间,明显高于断层右侧的 0.39～0.67 m³/min,这是因为 3# 和 4# 钻孔距离断层较近,受断层影响明显,透气性差。但是,1# 和 2# 钻孔由于对应位置瓦斯含量较低而流量衰减相对较快,尤其是到后期,3# 和 4# 钻孔的瓦斯流量明显高于 1# 和 2# 钻孔的瓦斯流量。经过一段时间的抽采后,达标评判结果表明,该工作面各区域均已达到了消突的标准。

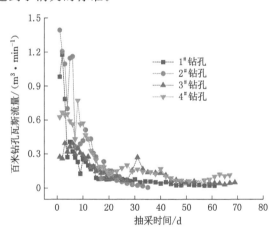

图 7-47　百米钻孔瓦斯流量随抽采时间的变化规律

7.5　多场耦合理论在煤与瓦斯突出防治中的应用

煤与瓦斯突出是煤矿生产过程面临的重要灾害形式之一,其发生过程中强烈的冲击作用常常导致严重的人员伤亡和财产损失。尽管相关学者针对这一问题开展了大量的研究工作,并指出煤与瓦斯突出是地应力、瓦斯压力和煤体物理学性质综合作用的结果,但目前相关研究主要定性描述不同因素对突出过程的影响,而关于不同因素是如何相互作用并共同诱发突出的定量研究较少。针对目前研究存在的问题,本节尝试从多场耦合的角度揭示煤与瓦斯突出的机理。首先,基于等效裂隙煤体的概念,构建了采动煤体多场耦合模型并开展了模型验证。然后,为了定量表征煤与瓦斯突出的风险,提出了突出的风险判识指标及临界判据,并系统分析了突出风险判识指标的主控因素。最后,分析了多场耦合诱导煤与瓦斯突出的机理并提出了突出分类防治方法。

7.5.1 煤与瓦斯突出的力学判据

煤与瓦斯突出是工作面前方煤岩体在地应力及瓦斯压力的共同作用下克服煤体自身的强度发生失稳破坏并抛出或挤出的力学过程。本节通过对工作面前方煤岩体单元进行受力分析,从而构建掘进过程中煤层发生失稳抛出的临界判据。

受采掘扰动的影响,工作面前方煤岩体应力重新分布,在采动应力和煤层瓦斯压力的综合作用下,煤岩体损伤破坏,并可能发生失稳抛出[图 7-48(a)]。为了分析采掘过程中煤岩体受力情况,取工作面前方一单位尺寸的微元体[图 7-48(b)和(c)],分析其受力情况。从图 7-48(b)和(c)中可以看出:突出的动力主要包括沿 x 方向的应力差和瓦斯压力差,而阻力主要来源于微元体在 4 个侧面的剪应力 f 以及抗拉强度,则可以得到微元体发生力学失稳的条件为:

$$\left(\sigma_x + \frac{\mathrm{d}\sigma_x}{\mathrm{d}x}\Delta x\right) - \sigma_x + \left(p_x + \frac{\mathrm{d}p_x}{\mathrm{d}x}\Delta x\right) - p_x \geqslant 2(\sigma_y\tan\varphi' + c_0) + 2(\sigma_z\tan\varphi' + c_0) + \sigma_t$$

$$(7\text{-}32)$$

式中 $\sigma_x, \sigma_y, \sigma_z$——微元体沿 x, y 和 z 方向所受应力;

$\quad\quad x$——微元体与临空面的距离;

$\quad\quad p_x$——煤体在距离工作面 x 处的瓦斯压力;

$\quad\quad \sigma_t$——煤体抗拉强度。

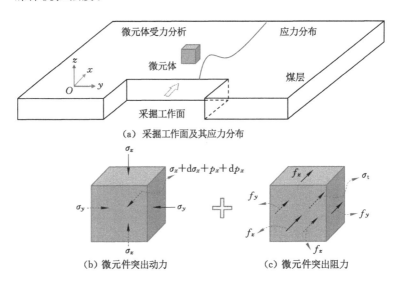

(a) 采掘工作面及其应力分布

(b) 微元件突出动力   (c) 微元件突出阻力

图 7-48　采掘工作面前方煤体受力分析

通过对式(7-32)进行整理,取 $\Delta x = 1$ m 可得到工作面前方煤岩体发生失稳的力学判据:

$$C_\mathrm{m} = \frac{\dfrac{\mathrm{d}\sigma_x}{\mathrm{d}x} + \dfrac{\mathrm{d}p_x}{\mathrm{d}x}}{2\tan\varphi'(\sigma_y + \sigma_z) + 4c + \sigma_\mathrm{t}} \geqslant 1 \qquad (7\text{-}33)$$

式中,C_m 为突出的力学判识指标,$C_\mathrm{m} < 1$ 表明系统不会失稳,$C_\mathrm{m} = 1$ 表示系统处于临界状态,$C_\mathrm{m} > 1$ 表明系统会发生失稳破坏。

从式(7-33)可以看出煤与瓦斯突出的动力主要来源于沿工作面推进方向上的水平地应力的梯度以及瓦斯压力梯度,而非前人研究中指出的水平应力和瓦斯压力的绝对量。水平地应力和瓦斯压力梯度越大,相同条件下煤与瓦斯突出的危险性越高。此外,煤与瓦斯突出的阻力主要来源于垂直于工作面推进方向的地应力以及煤岩体的抗剪和抗拉强度。从式(7-34)看,垂直于工作面推进方向的地应力越高,煤岩体越稳定,越不容易发生突出。但是,由于 σ_y 和 σ_z 增大还会引起煤岩体的破坏以及 x 方向应力的变化,增大煤与瓦斯突出危险性,因此,其对突出的影响较为复杂,应当根据具体情况做分析。此外,随着煤体抗剪和抗拉强度的增大,煤与瓦斯突出危险性降低,而在以往的力学判据中常忽视了煤体抗拉强度对突出危险性的影响,容易引起偏差。

7.5.2　煤与瓦斯突出案例分析与模型验证

7.5.2.1　典型煤与瓦斯突出案例

从 1991 年 4 月至 1992 年 1 月,平煤八矿己 15-13170 机巷及设备巷共掘进 286 m,其间连续 8 次发生了煤与瓦斯突出事故,平均每百米巷道突出频次为 2.8 次,突出总煤量 781 t,突出瓦斯量 41 900 m³。突出的动力效应明显,多次出现支架变形、下移等现象;突出类型以压出为主,占比为 87.5%;并且突出前多有预兆,包括喷孔、顶钻、瓦斯压力增大、煤质松软、层理紊乱等。图 7-49 为 8 次突出点的位置示意图。

图 7-49　平煤八矿己 15-13170 机巷及设备巷 8 次煤与瓦斯突出位置示意图

平煤八矿己 15-13170 机巷及设备巷位于己 15-13170 采面下段,开口标高 −490.29 m,垂直深度 566.0 m。该区域煤层厚度 3.5～4.0 m,倾角 16°,顶底板为透气性较差的砂质泥岩。煤层瓦斯压力 1.47 MPa,瓦斯含量 10.08 m³/t。己 15-13170 机巷位于己 15 煤层内,沿顶掘进,巷道截面 3.74 m×3.20 m。

7.5.2.2 典型突出案例分析及模型验证

本小节以平煤八矿己 15-13170 机巷及设备巷连续 8 次煤与瓦斯突出为背景，从多场耦合的角度分析导致该位置发生多次突出的原因，并以此验证本书构建的采动多场耦合模型以及煤与瓦斯突出临界判据的合理性。

图 7-50 为建立的煤与瓦斯突出模拟物理模型，该模型长、宽均为 30 m，高 14 m，其中煤层厚度为 4 m，顶底板厚度均为 5 m，开挖区域巷道宽、高、深分别为 4.0 m、3.2 m 和 2.0 m。模型顶部为应力边界，设置地应力 15 MPa，模拟埋深约 550 m，模型四周为辊支边界，约束法向位移，底部为固定边界。煤层内初始瓦斯压力设为 1.5 MPa，巷道壁面为 Dirichlet（狄利克雷）边界，压力设为 0.1 MPa 以模拟巷道内的大气压力，煤层四周为零流量边界，顶底板不渗透。

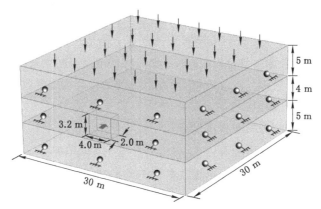

图 7-50 煤与瓦斯突出模拟物理模型

计算过程中输入的其他参数如表 7-3 所列。

表 7-3 模型输入参数

参数	取值	来源
煤体弹性模量 E_0/GPa	0.93	实验室测试
煤体泊松比 ν	0.29	实验室测试
煤基质弹性模量 E_m/GPa	8.4	T. Q. Xia 等[50]
煤体密度 ρ/(kg·m^{-3})	1 220	实验室测试
煤的吸附时间 t/d	0.52	Q. Q. Liu 等[18]
Langmuir 吸附体积常数 V_L/(m^3·kg^{-1})	0.019	实验室测试
Langmuir 吸附压力常数 p_L/MPa	2.38	实验室测试
煤层初始渗透率 k_0/m^2	4.87×10^{-18}	实验室测试
煤体初始裂隙率 φ_{f0}	0.008	实验室测试
煤体初始基质孔隙率 φ_{m0}	0.069	实验室测试
最大吸附应变 ε_L	0.012 66	T. Q. Xia 等（2014）[50]
残余段起点塑性应变 ε_{bc}^p	0.032	实验室测试
煤体内聚力 c_0/MPa	0.8	实验室测试
内摩擦角 φ'/(°)	27	实验室测试

中梁山煤矿的现场检测结果指出在放炮后 2.5 s、3.5 s 和 4 s 时分别监测到了煤与瓦斯突出引发的三次冲击声。本节以煤巷开挖后 2 s 为例分析工作面前方煤层内煤与瓦斯突出临界判据 C_m 的分布规律,结果如图 7-51 所示。采用本节构建的考虑煤体损伤破坏的模型计算的结果表明:在靠近工作面的位置,C_m 超过 60,表明该位置煤体具有极强的突出危险性;随着与工作面距离的增大,C_m 快速降低,在工作面前方距离煤壁 1.17 m 的位置($x=$ 3.17 m),C_m 降为 1,该处为煤体失稳抛出的临界位置;随着与煤壁距离的进一步增大,$C_m <$ 1,此时的煤体不会发生失稳。以上分析结果表明,该条件下掘进时,距离工作面约 1.17 m 范围内的煤体都将发生失稳,即发生煤体压出或突出。以上研究结果从理论上证实了平煤八矿己 15-13170 机巷及设备巷具备煤与瓦斯压出或突出的所有条件,这与现场发生 8 次煤与瓦斯突出的工程实际相吻合。而如果不考虑煤体损伤破坏的影响,工作面前方煤体的 C_m 均小于 1,表明煤体不会发生失稳抛出,这与平煤八矿己 15-13170 机巷及设备巷发生 8 次煤与瓦斯突出的工程实际不符。以上研究结果证明了本书构建的采动煤层多场耦合模型及煤与瓦斯突出临界判据的合理性和优越性。

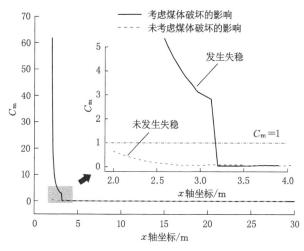

图 7-51　工作面前方煤层内煤与瓦斯突出风险判识指标 C_m 的分布

7.5.3　多场耦合诱突机理

7.5.3.1　物理场及关键参量分布规律

煤与瓦斯突出是工作面前方煤体各物理场及关键参量共同作用诱发煤体失稳抛出的力学过程。分析工作面前方煤体关键参量的分布规律对于掌握煤与瓦斯突出机理具有重要意义。图 7-52 为工作面前方煤体应力、煤体强度、瓦斯压力以及渗透率比沿巷道轴线的分布规律。图 7-52(a) 为工作面前方煤体的三向应力分布规律。图中 σ_x、σ_y 和 σ_z 分别代表平行于巷道轴线方向、垂直于巷道轴线的水平方向以及垂直于巷道轴线的垂直方向的应力。对于 σ_x,在距离工作面 4.2 m 范围内低于原始值,且与工作面距离越小,应力水平越低。对于 σ_y,距离工作面约 0.5 m 范围为卸压区,0.5~8.0 m 范围为应力集中区,应力峰值距工作面 0.9 m,峰值应力为 12.1 MPa。对于 σ_z,距离工作面约 0.8 m 范围为卸压区,0.8~13.0 m 范围为应力集中区,应力峰值距工作面 1.2 m,峰值应力为 19.8 MPa。图 7-52(b) 为工作面前方煤体内聚力 c_0 和抗拉强度 σ_t 的分布规律。在距离工作面 1.2 m 范围内,煤体内聚力和抗拉强度低于原始值,0.7~1.2 m 范围内煤体强度随着与工作面距离的减小快速降低,而在 0.7 m 范围内,煤体强度降低到残余值。图 7-52(c)为工作面前方煤体瓦斯压力的分布规律。在距离工作面 0.5 m 范围内瓦斯压力低于原始值;而在距离工作面 0.5~1.0 m 范围内出现了瓦斯压力高于原始值的情况,峰值出现在距工作面约 0.8 m 处,这可能是由该位置高应力集中导致的。图 7-52(d)为工作面前方煤体渗透率比的分布规律。随着与工作面距离的减小,渗透率先降低后升高。在距离工作面 1.2~16.0 m 范围内渗透率低于原始值,而在 1.2 m 范围内渗透率大幅升高,最大值出现在工作面煤壁处,约为原始值的 580 倍。

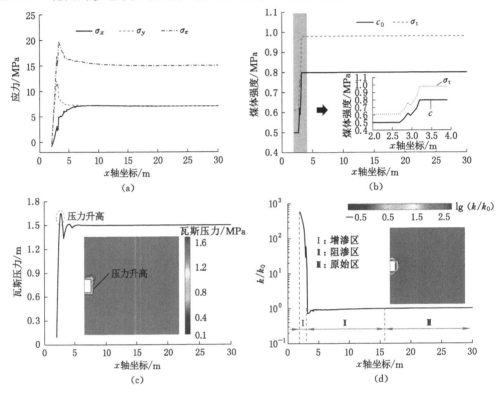

图 7-52　工作面前方煤体关键物理量分布

7.5.3.2　突出临界判据主控因素

由煤体失稳的力学判据可知,煤与瓦斯突出主要受控于地应力梯度、煤体强度以及瓦斯压力梯度,此外,煤体渗透率也会影响煤层瓦斯压力分布,因此,本节重点分析地应力、煤体强度、瓦斯压力以及渗透率对煤体失稳判识指标 C_m 的影响。图 7-53(a)为 C_m 随地层垂直应力 σ_v 的变化规律。随着 σ_v 的增大,C_m 先略微降低后快速升高。当 σ_v 从 4 MPa 增加到 6 MPa 时,C_m 从 0.93 降到 0.74,此后随着 σ_v 的增大,C_m 迅速升高,当 σ_v 达到 13 MPa 时,C_m 增加到 16.72。原因在于:当地应力降低时(煤层埋深较小),煤层通常不会发生损伤破坏,随着地应力的增大,煤体抗剪能力增强,因而煤体发生失稳的风险降低;当地应力较高时(煤层埋深较大),随着地应力的增大,煤体极容易发生损伤破坏,且沿巷道轴线方向上的应力梯度大幅增加,煤体容易发生失稳。图 7-53(b)和(c)为 C_m 随着煤体内聚力 c_0 和内摩擦角 φ' 的变化规律。整体上 c_0 和 φ' 对 C_m 的影响规律较为相似,随着两者的增大,C_m 先快速降低,后缓慢降

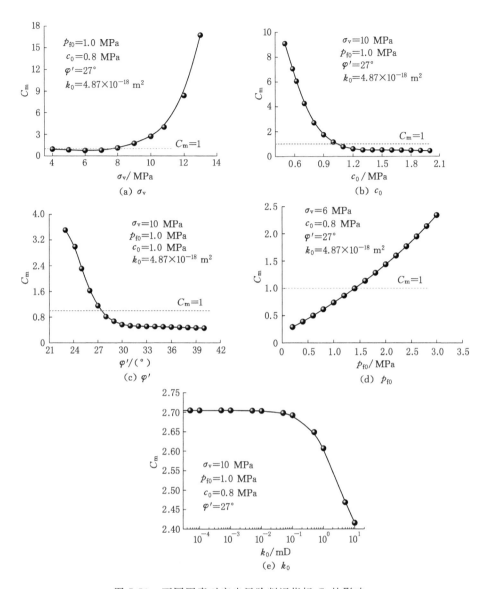

图 7-53　不同因素对突出风险判识指标 C_m 的影响

低。如 c_0 从 0.5 MPa 增大到 1.0 MPa，C_m 由 9.08 降低到 1.15；而当 c_0 从 1.0 MPa 增大到 2.0 MPa 时，C_m 仅降低了 0.69。对于 φ'，当其由 23° 增大到 30° 时，C_m 由 3.51 降低到 0.56；而由 30° 增大到 40° 时，C_m 仅降低了 0.10。这是因为随着 c_0 和 φ' 的增大，煤体抵抗失稳的能力增强，因而发生突出的风险降低。并且当 c_0 和 φ' 均较小时，煤体容易发生损伤破坏，随着 c_0 和 φ' 的增大，煤体抵抗破坏的能力快速增强，发生突出的风险迅速降低；而当 c_0 和 φ' 较大时，煤体很难发生损伤破坏，因而继续增大 c_0 和 φ' 对突出风险的影响较小。图 7-53(d) 为 C_m 随初始裂隙瓦斯压力 p_{f0} 的变化规律。随着 p_{f0} 的增大，C_m 逐渐升高，且增幅越来越大，p_{f0} 由 0.2 MPa 增大到 3.0 MPa，C_m 由 0.29 升高到 2.34。该条件下当 p_{f0} 小于 1.4 MPa 时，煤体不会发生失稳抛出。这是因为裂隙瓦斯压力的增大导致工作面前方煤体的瓦斯压力梯度增加，煤与瓦斯突出的动力增强。图 7-54(e) 为 C_m 随煤体初始渗透率 k_0 的变化规律。总体上，k_0越低，煤体发生失稳的风险越高，即低渗透煤层更容易发生突出。当k_0由10^{-5} mD增加到 10 mD 时，C_m由 2.70 降低到 2.42，降幅约 10%，说明相对于前面几个因素，渗透率对煤体失稳的影响较小。

7.5.3.3 突出临界指标多参量耦合模型

前面的研究指出：地应力、煤体强度以及瓦斯压力是影响突出的关键因素，但不同因素之间并非相互孤立的，而是存在相互作用的。本节基于响应面法研究了多因素耦合作用下煤体失稳判识指标C_m的变化规律，构建C_m的多因素耦合模型，分析多因素耦合作用对突出的影响机制。

采用 design-expert 12 实验设计软件中的中心复合设计（CCD）模块，进行了 4 因素 3 水平设计，共获得 30 组参数组合，通过数值计算获得了对应条件下的煤体失稳判识指标。通过响应面法分析获得了煤体失稳判识指标的多参量耦合模型：

$$C_m = 7.84 + 1.66\sigma_v - 15.28c_0 - 0.24\varphi' + 1.52p_{f0} - 0.55\sigma_v c_0 - 0.07\sigma_v \varphi' -$$
$$0.12\sigma_v p_{f0} + 0.60c_0 \varphi' + 0.07\sigma_v^2 \tag{7-34}$$

模型的拟合度$R^2 = 0.912$，表明该模型与数值实验结果具有较高的匹配度。此外，模型中各项对应的P值均小于 0.05，表明各项对C_m的影响均显著。

图 7-54 为多因素耦合对煤体失稳判识指标C_m的影响。图中曲面的形状直观地反映了两个因素交互作用的强弱，曲面的曲率越大，交互作用越强。

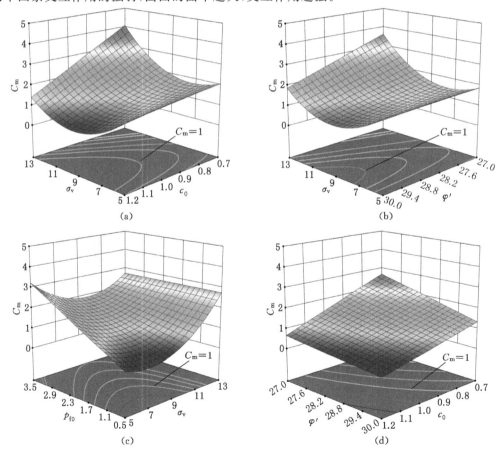

图 7-54　多因素耦合对煤体失稳判识指标C_m的影响

图 7-54(a) 中,随着 σ_v 的升高 c_m 先降后升,随着 c_0 的增大,C_m 逐渐降低,这与单因素分析结果一致。随着 σ_v 的增大,响应面变得更加陡峭,说明煤层埋深越大,c_0 对 C_m 的影响越显著。而随着 c_0 的降低,σ_v 对 C_m 的影响更加显著,表明地应力对软煤突出危险性的影响更显著。从 $C_m = 1$ 这条等值线上可以看出:随着 σ_v 的增大,煤体失稳对应的 c_0 的临界值先降后升,这说明煤与瓦斯突出对应的煤体强度的临界值并不是一个定值,而是随着煤体应力环境的变化而变化的。将煤体强度换算成坚固性系数 F 值$[F = c_0 \cos \varphi' / 5(1 - \sin \varphi')]$,则该条件下当 $\sigma_v = 6.5$ MPa 时,对应的 F 值的临界值为 0.36,$\sigma_v = 8.0$ MPa 时,对应的 F 值的临界值为 0.32,而当 $\sigma_v = 12.0$ MPa 时,对应的 F 值的临界值大于 0.40,随着 σ_v 的继续增大,F 值的临界值将持续增大。图 7-54(b) 为 σ_v 和 φ' 的耦合作用对 C_m 的影响,整体上两者对 C_m 的影响与图 7-54(a) 中 σ_v 和 c_0 对 C_m 的影响相似,此处不再赘述。

图 7-54(c) 中,随着 σ_v 的增大,C_m 先降后升,随着 p_{f0} 的增大,C_m 逐渐升高,这与单因素分析结果一致。随着 σ_v 的降低,p_{f0} 对 C_m 的影响更加显著;随着 p_{f0} 的降低,σ_v 对 C_m 的影响更加显著。从 $C_m = 1$ 等值线上可以看出,随着 σ_v 的增大,煤体失稳对应的 p_{f0} 临界值先升后降,这说明煤与瓦斯突出对应的 p_{f0} 临界值并不是一个定值,而是随着煤体应力环境的变化而变化的。当 $\sigma_v = 6.0$ MPa 时,对应的 p_{f0} 临界值为 1.7 MPa;当 $\sigma_v = 8.0$ MPa 时,对应的 p_{f0} 临界值为 2.0 MPa;而当 $\sigma_v = 10.5$ MPa 时,对应的 p_{f0} 临界值降低到 0.5 MPa;且随着 σ_v 的继续增大,p_{f0} 临界值将持续降低。

图 7-54(d) 中,随着 c_0 和 φ' 的增大,C_m 均持续降低,这与单因素分析结果一致。图中响应面近似为平面,并且对于不同煤体,其 c_0 和 φ' 通常同时降低或同时升高,因此,此处不对二者的交互作用做进一步的讨论。

总之,煤与瓦斯突出的临界值不是一个常数,其具体取值需根据煤体所处的应力环境等具体条件而定,不能一概而论。本节的研究结果能够对煤炭开采工程实践中出现"低指标突出现象"给出合理解释。如当瓦斯压力小于 0.74 MPa,或煤体 F 值大于 0.5 时仍然发生突出。

7.5.3.4 多场耦合诱突机理及防治理论探讨

前人的研究指出:煤与瓦斯突出是地应力、瓦斯压力以及煤体强度综合作用的结果,当地应力和瓦斯压力的驱动力大于煤体的强度时煤体发生失稳抛出。但是,关于地应力、瓦斯压力以及煤体强度是如何相互作用,并引发煤与瓦斯突出的尚缺乏明确的阐述。本节从多场耦合的角度出发,探索采掘过程中煤层各物理场的互馈关系,揭示采动煤层多场耦合诱发煤与瓦斯突出机理,并提出煤与瓦斯突出的分类防治方法。

图 7-55(a) 为煤与瓦斯突出过程示意图。采掘过程中,在工作面前方原始煤体被揭露的瞬间,从煤壁到煤体内部的地应力、瓦斯压力以及煤体强度均保持初始值。随着时间的推移,工作面前方煤体物理场发生动态调整,这一过程中各物理场的相互作用关系如图 7-55(b) 所示。地应力的变化导致煤体损伤破坏,在工作面前方形成一定范围的裂隙带,导致煤体渗透率大幅提高,改变工作面前方煤体的瓦斯流场,并且煤体应力集中还会导致对应区域瓦斯压力升高,加剧了煤与瓦斯突出的动力;此外,煤体损伤破坏改变了煤体的强度,导致工作面前方煤体弱化,降低了煤体抵抗突出的能力;瓦斯流场的演化会进一步改变煤体的应力场,影响煤体破坏,并间接影响强度。当以上各物理场的分布满足煤与瓦斯突出的临界判据时,则煤体发生失稳,触发煤与瓦斯突出。

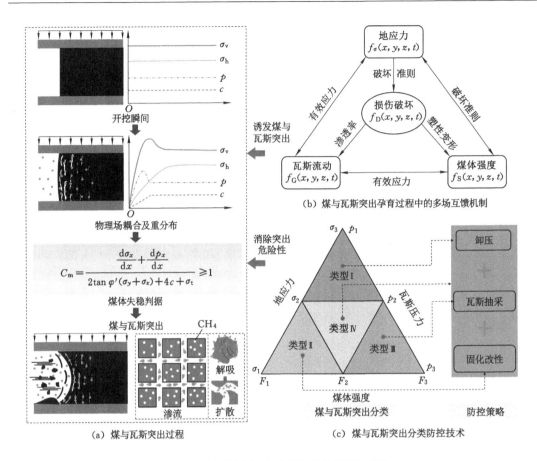

图 7-55　多场耦合诱突机理及其分类防治理论

结合多场耦合诱发煤与瓦斯突出机理的启示,本节将煤与瓦斯突出按其主控因素划分为 4 种类型[图 7-55(c)],并给出了对应类型突出的防控方法:

Ⅰ型突出:地应力主导型突出,这类煤层通常埋深大,地应力高,煤层发生失稳的主控因素是地应力梯度。针对这类煤层,通过采取保护层开采或孔内卸压等技术措施能够显著降低煤层的突出危险性。

Ⅱ型突出:煤体强度主导型突出,这类煤层通常处于构造影响区,煤质松软、力学强度极低,在采掘扰动作用下极容易发生失稳抛出。针对这类煤层,采取注浆等储层改性措施强化煤层力学性质可显著降低煤层突出危险性。

Ⅲ型突出:瓦斯压力主导型突出,这类煤层通常埋深不大,但顶底板较为致密,瓦斯圈存较好、逸散少,瓦斯压力高且煤层透气性差,煤层发生失稳的主控因素是瓦斯压力梯度。针对这类煤层,可通过人工强化瓦斯抽采消除瓦斯内能,从而显著降低煤层突出危险性。

Ⅳ型突出:多因素复合型突出,这类煤层通常埋较深大、瓦斯压力较高且煤层松软、力学强度低,即所谓的深部高瓦斯松软煤层,突出危险性极高。针对这类煤层,单一的防治措施很难起到理想的消突效果,需要采取卸压-瓦斯抽采-固化改性三位一体综合措施以消除煤层突出危险性。

7.6　本章小结

（1）引入动态扩散系数模型，构建了时间依赖的扩散动力学控制方程，同时建立了瓦斯渗流场、温度场以及煤体变形场方程，采用弹性变形渗透率模型耦合各物理场方程，建立了适用于弹性变形煤体的热-流-固多场耦合模型。基于该模型分析了实验室尺度非均质煤芯渗流过程中瓦斯流场演化规律。

（2）建立了卸压煤层瓦斯流动和地质力学的耦合模型。该模型采用塑性应变对煤体结构进行了定量分析，并对渗透率、裂隙瓦斯流动和基质瓦斯扩散的控制方程进行了相应的改进。结果表明，忽视煤体塑性破坏的影响会导致瓦斯压力的高估和瓦斯抽采量的低估。软煤的应力卸压区和应力集中区范围明显大于硬煤，且软煤中水力冲孔技术对渗透率的提高效果优于硬煤中的。随着钻孔直径的增大，应力峰值逐渐远离钻孔，但应力集中区域也随之增加。随着钻孔直径的增大，钻孔周围高渗透区逐渐扩大，但孔间渗透率降低的幅度也随之增大。

（3）提出了水力冲孔最优出煤量的判定准则，该判定准则由两部分构成：第一，瓦斯抽采达标；第二，巷道失稳风险和施工成本最小化。煤层水力冲孔最优出煤量随地应力的升高而降低，随内聚力、瓦斯压力和钻孔间距的增大而升高。对于给定煤层，水力冲孔出煤量存在最大值，预期抽采达标时间存在最小值。综合考虑煤层瓦斯压力、水力冲孔出煤量、钻孔间距及预期抽采达标时间之间的关联关系，绘制了水力冲孔关键工艺参数的优化图谱。提出了瓦斯非稳定赋存煤层梯级精准增透强化瓦斯抽采技术，根据煤层瓦斯赋存特征，结合水力冲孔关键工艺参数的优化图谱，可确定不同瓦斯赋存区域对应的水力冲孔施工参数，实现煤层的精准卸压增透。

（4）基于工作面前方煤体的受力分析，提出了煤与瓦斯突出风险判识指标 C_m 及突出临界判据。该指标指出：煤与瓦斯突出的驱动力主要包括沿巷道掘进方向上的地应力梯度和瓦斯压力梯度；而突出的阻力包括煤体的抗剪强度和抗拉强度。C_m 随着垂直应力的增加先略微降低后快速升高；而随着初始裂隙瓦斯压力单调上升，随着煤体强度的增大而降低。多场耦合改变了煤与瓦斯突出的临界指标，随着埋深的增加，煤体强度的临界值先降后升，而裂隙瓦斯压力的临界值呈相反的变化趋势。因此，煤与瓦斯突出的临界值并非常数，应当根据煤层的具体赋存环境进行确定。基于主控因素将煤与瓦斯突出划分为地应力主导型突出、煤体强度主导型突出、瓦斯压力主导型突出以及多因素复合型突出，并提出了煤与瓦斯突出分类防控技术。

参 考 文 献

[1] 谢和平,吴立新,郑德志.2025年中国能源消费及煤炭需求预测[J].煤炭学报,2019,44(7):1949-1960.

[2] 谢和平,王金华,王国法,等.煤炭革命新理念与煤炭科技发展构想[J].煤炭学报,2018,43(5):1187-1197.

[3] 国家统计局.中华人民共和国2020年国民经济和社会发展统计公报[J].中国统计,2021(3):8-22.

[4] 刘峰,郭林峰,赵路正.双碳背景下煤炭安全区间与绿色低碳技术路径[J].煤炭学报,2022,47(1):1-15.

[5] 王双明,申艳军,孙强,等."双碳"目标下煤炭开采扰动空间CO_2地下封存途径与技术难题探索[J].煤炭学报,2022,47(1):45-60.

[6] 王国法,任世华,庞义辉,等.煤炭工业"十三五"发展成效与"双碳"目标实施路径[J].煤炭科学技术,2021,49(9):1-8.

[7] 袁亮.深部采动响应与灾害防控研究进展[J].煤炭学报,2021,46(3):716-725.

[8] 崔涛.更清洁的煤炭兜底保障能源安全[J].煤炭经济研究,2021,41(3):1.

[9] Project Team on the Strategy and Pathway for Peaked Carbon Emissions and Carbon Neutrality. Analysis of a peaked carbon emission pathway in China toward carbon neutrality[J]. Engineering,2021,7(12):1673-1677.

[10] 蓝航,陈东科,毛德兵.我国煤矿深部开采现状及灾害防治分析[J].煤炭科学技术,2016,44(1):39-46.

[11] 黄旭超,孟贤正,何清,等.深部矿井开采煤与瓦斯突出导突因素探讨[J].矿业安全与环保,2009,36(3):72-74.

[12] 袁瑞甫.深部矿井冲击-突出复合动力灾害的特点及防治技术[J].煤炭科学技术,2013,41(8):6-10.

[13] 郝玉双.2003—2021年中国煤矿安全生产事故统计及研究热点分析[J].能源技术与管理,2023,48(1):192-196.

[14] 袁亮.煤炭精准开采科学构想[J].煤炭学报,2017,42(1):1-7.

[15] WANG G,WANG K,JIANG Y J,et al. Reservoir permeability evolution during the process of CO_2-enhanced coalbed methane recovery[J]. Energies,2018,11(11):2996.

[16] LIU T,LIN B Q,YANG W,et al. Dynamic diffusion-based multifield coupling model for gas drainage[J]. Journal of natural gas science and engineering,2017,44:233-249.

[17] 张丽萍.低渗透煤层气开采的热-流-固耦合作用机理及应用研究[D].徐州:中国矿业大学,2011.

[18] LIU Q Q,CHENG Y P,ZHOU H X,et al. A mathematical model of coupled gas flow and coal deformation with gas diffusion and klinkenberg effects[J]. Rock mechanics and rock engineering,2015,48(3):1163-1180.

[19] WU Y,LIU J S,ELSWORTH D,et al. Development of anisotropic permeability during coalbed methane production[J].Journal of natural gas science and engineering,2010,2(4):197-210.

[20] 尹光志,李铭辉,李生舟,等.基于含瓦斯煤岩固气耦合模型的钻孔抽采瓦斯三维数值模拟[J].煤炭学报,2013,38(4):535-541.

[21] CUI X J,BUSTIN R M. Volumetric strain associated with methane desorption and its impact on coalbed gas production from deep coal seams[J]. AAPG bulletin,2005,89(9):1181-1202.

[22] CONNELL L D. A new interpretation of the response of coal permeability to changes in pore pressure, stress and matrix shrinkage[J]. International journal of coal geology,2016,162:169-182.

[23] LIU J S,CHEN Z W,ELSWORTH D,et al. Interactions of multiple processes during CBM extraction:a critical review[J]. International journal of coal geology,2011,87(3/4):175-189.

[24] 梁冰,袁欣鹏,孙维吉.本煤层顺层瓦斯抽采渗流耦合模型及应用[J].中国矿业大学学报,2014,43(2):208-213.

[25] 吴宇.煤层中封存二氧化碳的双重孔隙力学效应研究[D].徐州:中国矿业大学,2010.

[26] 程远平,董骏,李伟,等.负压对瓦斯抽采的作用机制及在瓦斯资源化利用中的应用[J].煤炭学报,2017,42(6):1466-1474.

[27] 卢义玉,贾亚杰,葛兆龙,等.割缝后煤层瓦斯的流-固耦合模型及应用[J].中国矿业大学学报,2014,43(1):23-29.

[28] 秦跃平,刘鹏,刘伟,等.双重介质煤体钻孔瓦斯双渗流模型及数值解算[J].中国矿业大学学报,2016,45(6):1111-1117.

[29] LIU Q Q,CHENG Y P,DONG J,et al. Non-darcy flow in hydraulic flushing hole enlargement-enhanced gas drainage:does it really matter?[J]. Geofluids,2018,2018(1):6839819.

[30] LIU Q Q,CHENG Y P,WANG H F,et al. Numerical assessment of the effect of equilibration time on coal permeability evolution characteristics[J]. Fuel,2015,140:81-89.

[31] WEI M Y,LIU J S,FENG X T,et al. Quantitative study on coal permeability evolution with consideration of shear dilation[J]. Journal of natural gas science and engineering,2016,36:1199-1207.

[32] DANESH N N,CHEN Z W,AMINOSSADATI S M,et al. Impact of creep on the evolution of coal permeability and gas drainage performance[J]. Journal of natural gas

science and engineering,2016,33:469-482.

[33] ZHU W C,WEI C H,LIU J,et al. A model of coal-gas interaction under variable temperatures[J]. International journal of coal geology,2011,86(2/3):213-221.

[34] FAN D,ETTEHADTAVAKKOL A. Analytical model of gas transport in heterogeneous hydraulically-fractured organic-rich shale media[J]. Fuel,2017,207:625-640.

[35] ZHANG S W,LIU J S,WEI M Y,et al. Coal permeability maps under the influence of multiple coupled processes[J]. International journal of coal geology,2018,187:71-82.

[36] 范超军,李胜,罗明坤,等.基于流-固-热耦合的深部煤层气抽采数值模拟[J].煤炭学报,2016,41(12):3076-3085.

[37] LI S,FAN C J,HAN J,et al. A fully coupled thermal-hydraulic-mechanical model with two-phase flow for coalbed methane extraction[J]. Journal of natural gas science and engineering,2016,33:324-336.

[38] THARAROOP P,KARPYN Z T,ERTEKIN T. Development of a multi-mechanistic, dual-porosity,dual-permeability,numerical flow model for coalbed methane reservoirs [J]. Journal of natural gas science and engineering,2012,8:121-131.

[39] GODEC M,KOPERNA G,GALE J. CO_2-ECBM:a review of its status and global potential[J]. Energy procedia,2014,63:5858-5869.

[40] CHEN Z W,LIU J S,ELSWORTH D,et al. Impact of CO_2 injection and differential deformation on CO_2 injectivity under in-situ stress conditions [J]. International journal of coal geology,2010,81(2):97-108.

[41] QU H Y,LIU J S,CHEN Z W,et al. Complex evolution of coal permeability during CO_2 injection under variable temperatures[J]. International journal of greenhouse gas control,2012,9:281-293.

[42] 杨宏民,夏会辉,王兆丰.注气驱替煤层瓦斯时效特性影响因素分析[J].采矿与安全工程学报,2013,30(2):273-277,284.

[43] SUN X F,ZHANG Y Y,LI K,et al. A new mathematical simulation model for gas injection enhanced coalbed methane recovery[J]. Fuel,2016,183:478-488.

[44] PINI R,STORTI G,MAZZOTTI M. A model for enhanced coal bed methane recovery aimed at carbon dioxide storage[J]. Adsorption,2011,17(5):889-900.

[45] KUMAR H,ELSWORTH D,MATHEWS J P,et al. Effect of CO_2 injection on heterogeneously permeable coalbed reservoirs[J]. Fuel,2014,135:509-521.

[46] 周福宝,李金海,昃玺,等.煤层瓦斯抽放钻孔的二次封孔方法研究[J].中国矿业大学学报,2009,38(6):764-768.

[47] 郝富昌,孙丽娟,刘明举.考虑塑性软化和扩容特性的最短封孔深度研究[J].中国矿业大学学报,2014,43(5):789-793.

[48] 王振锋,周英,孙玉宁,等.新型瓦斯抽采钻孔注浆封孔方法及封堵机理[J].煤炭学报,2015,40(3):588-595.

[49] 周福宝,孙玉宁,李海鉴,等.煤层瓦斯抽采钻孔密封理论模型与工程技术研究[J].中

国矿业大学学报,2016,45(3):433-439.

[50] XIA T Q,ZHOU F B,LIU J S,et al. Evaluation of the pre-drained coal seam gas quality[J]. Fuel,2014,130:296-305.

[51] XIA T Q,ZHOU F B,LIU J S,et al. A fully coupled coal deformation and compositional flow model for the control of the pre-mining coal seam gas extraction [J]. International journal of rock mechanics and mining sciences,2014,72:138-148.

[52] ZHENG C S,CHEN Z W,KIZIL M,et al. Characterisation of mechanics and flow fields around in-seam methane gas drainage borehole for preventing ventilation air leakage:a case study[J]. International journal of coal geology,2016,162:123-138.

[53] 陶云奇. 含瓦斯煤 THM 耦合模型及煤与瓦斯突出模拟研究[D]. 重庆:重庆大学,2009.

[54] 张天军. 富含瓦斯煤岩体采掘失稳非线性力学机理研究[D]. 西安:西安科技大学,2009.

[55] 程卫民,张孝强,王刚,等. 综放采空区瓦斯与遗煤自燃耦合灾害危险区域重建技术[J]. 煤炭学报,2016,41(3):662-671.

[56] 褚廷湘. 顶板巷瓦斯抽采诱导遗煤自燃机制及扰动效应研究[D]. 重庆:重庆大学,2017.

[57] 褚廷湘,姜德义,余明高,等. 顶板巷瓦斯抽采诱导煤自燃机制及安全抽采量研究[J]. 煤炭学报,2016,41(7):1701-1710.

[58] 张慧杰,张浪,刘永茜,等. 基于渗流力学的掘进工作面瓦斯涌出量预测[J]. 煤炭科学技术,2015,43(8):82-86.

[59] 李东印,许灿荣,熊祖强. 采煤工作面瓦斯流动模型及 COMSOL 数值解算[J]. 煤炭学报,2012,37(6):967-971.

[60] BAI T H,CHEN Z W,AMINOSSADATI S M,et al. Characterization of coal fines generation:a micro-scale investigation [J]. Journal of natural gas science and engineering,2015,27:862-875.

[61] 梁冰,刘蓟南,孙维吉,等. 掘进工作面瓦斯流动规律数值模拟分析[J]. 中国地质灾害与防治学报,2011,22(4):46-51.

[62] 施峰,王宏图,舒才. 基于固气耦合模型的煤巷掘进煤壁瓦斯动态涌出规律[J]. 煤炭学报,2018,43(4):1024-1030.

[63] AN F H,CHENG Y P,WANG L,et al. A numerical model for outburst including the effect of adsorbed gas on coal deformation and mechanical properties[J]. Computers and geotechnics,2013,54:222-231.

[64] ZHI S,ELSWORTH D. The role of gas desorption on gas outbursts in underground mining of coal[J]. Geomechanics and geophysics for geo-energy and geo-resources,2016,2(3):151-171.

[65] FAN C J,LI S,LUO M K,et al. Coal and gas outburst dynamic system[J]. International journal of mining science and technology,2017,27(1):49-55.

[66] XIA T Q,WANG X X,ZHOU F B,et al. Evolution of coal self-heating processes in

longwall gob areas[J]. International journal of heat and mass transfer,2015,86:861-868.

[67] XIA T Q,ZHOU F B,GAO F,et al. Simulation of coal self-heating processes in underground methane-rich coal seams[J]. International journal of coal geology,2015,141/142:1-12.

[68] XIA T Q,ZHOU F B,WANG X X,et al. Controlling factors of symbiotic disaster between coal gas and spontaneous combustion in longwall mining gobs[J]. Fuel,2016,182:886-896.

[69] 傅雪海,秦勇,张万红,等.基于煤层气运移的煤孔隙分形分类及自然分类研究[J].科学通报,2005,50(增刊1):51-55.

[70] 赵阳升.多孔介质多场耦合作用及其工程响应[M].北京:科学出版社,2010.

[71] 徐芝纶.弹性力学简明教程[M].4版.北京:高等教育出版社,2013.

[72] SHI J Q,DURUCAN S. Drawdown induced changes in permeability of coalbeds:a new interpretation of the reservoir response to primary recovery[J]. Transport in porous media,2004,56(1):1-16.

[73] FAN L,LIU S M. Numerical prediction of in situ horizontal stress evolution in coalbed methane reservoirs by considering both poroelastic and sorption induced strain effects[J]. International journal of rock mechanics and mining sciences,2018,104:156-164.

[74] 尹光志,王振,张东明.有效围压为零条件下瓦斯对煤体力学性质影响的实验[J].重庆大学学报,2010,33(11):129-133.

[75] 徐佑林,康红普,张辉,等.卸荷条件下含瓦斯煤力学特性试验研究[J].岩石力学与工程学报,2014,33(增刊2):3476-3488.

[76] 李传亮.有效应力概念的误用[J].天然气工业,2008,28(10):130-132,152.

[77] 李传亮.关于双重有效应力:回应洪亮博士[J].新疆石油地质,2015,36(2):238-243.

[78] 陈勉,陈至达.多重孔隙介质的有效应力定律[J].应用数学和力学,1999,20(11):1121-1127.

[79] 吴世跃,赵文.含吸附煤层气煤的有效应力分析[J].岩石力学与工程学报,2005,24(10):1674-1678.

[80] 傅鹤林,史越,龙燕,等.中主应力系数对岩石强度准则的影响[J].中南大学学报(自然科学版),2018,49(1):158-166.

[81] 李杨鹏程.不同岩石破坏准则下水平井井壁失稳分析[J].西部探矿工程,2016,28(10):71-74.

[82] AL-AJMI A M,ZIMMERMAN R W. Relation between the Mogi and the Coulomb failure criteria[J]. International journal of rock mechanics and mining sciences,2005,42(3):431-439.

[83] 李地元,谢涛,李夕兵,等. Mogi-Coulomb 强度准则应用于岩石三轴卸荷破坏试验的研究[J].科技导报,2015,33(19):84-90.

[84] 卢守青.基于等效基质尺度的煤体力学失稳及渗透性演化机制与应用[D].徐州:中国

矿业大学,2016.

[85] 刘恺德.高应力下含瓦斯原煤三轴压缩力学特性研究[J].岩石力学与工程学报,2017,36(2):380-393.

[86] 宋良,刘卫群,靳翠军,等.含瓦斯煤单轴压缩的尺度效应实验研究[J].实验力学,2009,24(2):127-132.

[87] 卢平,沈兆武,朱贵旺,等.含瓦斯煤的有效应力与力学变形破坏特性[J].中国科学技术大学学报,2001,31(6):686-693.

[88] 尹光志,王登科,张东明,等.两种含瓦斯煤样变形特性与抗压强度的实验分析[J].岩石力学与工程学报,2009,28(2):410-417.

[89] WANG Y,LIU S M. Estimation of pressure-dependent diffusive permeability of coal using methane diffusion coefficient:laboratory measurements and modeling [J]. Energy & fuels,2016,30(11):8968-8976.

[90] 聂百胜,杨涛,李祥春,等.煤粒瓦斯解吸扩散规律实验[J].中国矿业大学学报,2013,42(6):975-981.

[91] 王飞.煤的吸附解吸动力学特性及其在瓦斯参数快速测定中的应用[D].徐州:中国矿业大学,2016.

[92] 杨其銮.关于煤屑瓦斯放散规律的试验研究[J].煤矿安全,1987,18(2):9-16,58.

[93] 刘彦伟,魏建平,何志刚,等.温度对煤粒瓦斯扩散动态过程的影响规律与机理[J].煤炭学报,2013,38(增刊1):100-105.

[94] 臧杰,徐辉.煤粒瓦斯扩散行为的气压依赖性研究[J].中国安全生产科学技术,2017,13(4):21-25.

[95] 刘彦伟.煤粒瓦斯放散规律、机理与动力学模型研究[D].焦作:河南理工大学,2011.

[96] 苏恒.基于球状模型颗粒煤瓦斯扩散规律实验研究[D].焦作:河南理工大学,2015.

[97] HO T A,CRISCENTI L J,WANG Y F. Nanostructural control of methane release in kerogen and its implications to wellbore production decline[J]. Scientific reports,2016,6:28053.

[98] 张时音,桑树勋.不同煤级煤层气吸附扩散系数分析[J].中国煤炭地质,2009,21(3):24-27.

[99] 陈向军,贾东旭,王林.煤解吸瓦斯的影响因素研究[J].煤炭科学技术,2013,41(6):50-53.

[100] 郜阳,孙晓艳.不同破坏程度下颗粒煤瓦斯扩散特性试验研究[J].安全与环境工程,2016,23(1):112-116.

[101] 聂百胜,柳先锋,郭建华,等.水分对煤体瓦斯解吸扩散的影响[J].中国矿业大学学报,2015,44(5):781-787.

[102] WU K L,LI X F,GUO C H,et al. A unified model for gas transfer in nanopores of shale-gas reservoirs:coupling pore diffusion and surface diffusion[J]. SPE journal,2016,21(5):1583-1611.

[103] 夏阳,金衍,陈勉,等.页岩气渗流数学模型[J].科学通报,2015,60(24):2259-2271.

[104] LI X C,NIE B S,ZHANG R M,et al. Experiment of gas diffusion and its diffusion

mechanism in coal[J]. International journal of mining science and technology,2012, 22(6):885-889.

[105] 聂百胜,何学秋,王恩元.瓦斯气体在煤层中的扩散机理及模式[J].中国安全科学学报,2000,10(6):24-28.

[106] 袁军伟.颗粒煤瓦斯扩散时效特性研究[D].北京:中国矿业大学(北京),2014.

[107] 聂百胜,何学秋,王恩元.瓦斯气体在煤孔隙中的扩散模式[J].矿业安全与环保, 2000,27(5):14-16.

[108] 聂百胜,王恩元,郭勇义,等.煤粒瓦斯扩散的数学物理模型[J].辽宁工程技术大学学报(自然科学版),1999,18(6):582-585.

[109] 杨其銮,王佑安.煤屑瓦斯扩散理论及其应用[J].煤炭学报,1986(3):87-94.

[110] 孟召平,刘金融,李国庆.高演化富有机质页岩和高煤阶煤中甲烷吸附-扩散性能的实验分析[J].天然气地球科学,2015,26(8):1499-1506.

[111] WANG Y C,XUE S,XIE J. A general solution and approximation for the diffusion of gas in a spherical coal sample[J]. International journal of mining science and technology,2014,24(3):345-348.

[112] LIU Y W,WANG D D,HAO F C,et al. Constitutive model for methane desorption and diffusion based on pore structure differences between soft and hard coal[J]. International journal of mining science and technology,2017,27(6):937-944.

[113] WANG G D,REN T,QI Q X,et al. Determining the diffusion coefficient of gas diffusion in coal:development of numerical solution[J]. Fuel,2017,196:47-58.

[114] RUCKENSTEIN E,VAIDYANATHAN A S,YOUNGQUIST G R. Sorption by solids with bidisperse pore structures[J]. Chemical engineering science,1971,26(9): 1305-1318.

[115] SMITH D M,WILLIAMS F L. Diffusion models for gas production from coal: determination of diffusion parameters[J]. Fuel,1984,63(2):256-261.

[116] CLARKSON C R,BUSTIN R M. The effect of pore structure and gas pressure upon the transport properties of coal:a laboratory and modeling study. 2. Adsorption rate modeling[J]. Fuel,1999,78(11):1345-1362.

[117] PAN Z J,CONNELL L D,CAMILLERI M,et al. Effects of matrix moisture on gas diffusion and flow in coal[J]. Fuel,2010,89(11):3207-3217.

[118] LI Z T,LIU D M,CAI Y D,et al. Investigation of methane diffusion in low-rank coals by a multiporous diffusion model[J]. Journal of natural gas science and engineering,2016,33:97-107.

[119] 王登科,王洪磊,魏建平.颗粒煤的多扩散系数瓦斯解吸模型及扩散参数反演研究[J].中国安全生产科学技术,2016,12(7):10-15.

[120] 李建功.不同煤屑形状对瓦斯解吸扩散规律影响的数学模拟[J].煤矿安全,2015,46 (1):1-4.

[121] NI G H,LIN B Q,ZHAI C,et al. Kinetic characteristics of coal gas desorption based on the pulsating injection[J]. International journal of mining science and

technology,2014,24(5):631-636.

[122] 姜海纳.突出煤粉孔隙损伤演化机制及其对瓦斯吸附解吸动力学特性的影响[D].徐州:中国矿业大学,2015.

[123] 陈义林,秦勇,田华,等.基于压汞法无烟煤孔隙结构的粒度效应[J].天然气地球科学,2015,26(9):1629-1639.

[124] 刘彦伟,刘明举.粒度对软硬煤粒瓦斯解吸扩散差异性的影响[J].煤炭学报,2015,40(3):579-587.

[125] 贾彦楠,温志辉,魏建平.不同粒度煤样的瓦斯解吸规律实验研究[J].煤矿安全,2013,44(7):1-3.

[126] 李亚鹏.无烟煤软硬煤屑瓦斯解吸规律的尺度效应[D].焦作:河南理工大学,2015.

[127] COSTANZA-ROBINSON M S,ESTABROOK B D,FOUHEY D F. Representative elementary volume estimation for porosity, moisture saturation, and air-water interfacial areas in unsaturated porous media:data quality implications[J]. Water resources research,2011,47(7):W07513.

[128] ZHANG D X,ZHANG R Y,CHEN S Y,et al. Pore scale study of flow in porous media:scale dependency,REV,and statistical REV[J]. Geophysical research letters, 2000,27(8):1195-1198.

[129] PONE J D N,HALLECK P M,MATHEWS J P. Sorption capacity and sorption kinetic measurements of CO_2 and CH_4 in confined and unconfined bituminous coal [J]. Energy & fuels,2009,23(9):4688-4695.

[130] 李志强,刘勇,许彦鹏,等.煤粒多尺度孔隙中瓦斯扩散机理及动扩散系数新模型[J].煤炭学报,2016,41(3):633-643.

[131] ZHAO H W,NING Z F,ZHAO T Y,et al. Effects of mineralogy on petrophysical properties and permeability estimation of the Upper Triassic Yanchang tight oil sandstones in Ordos Basin,Northern China[J]. Fuel,2016,186:328-338.

[132] ZHAO Y X,SUN Y F,LIU S M,et al. Pore structure characterization of coal by NMR cryoporometry[J]. Fuel,2017,190:359-369.

[133] ZHU J F,LIU J Z,YANG Y M,et al. Fractal characteristics of pore structures in 13 coal specimens:relationship among fractal dimension,pore structure parameter, and slurry ability of coal[J]. Fuel processing technology,2016,149:256-267.

[134] LI W,LIU H F,SONG X X. Multifractal analysis of Hg pore size distributions of tectonically deformed coals[J]. International journal of coal geology,2015,144/145: 138-152.

[135] YANG B,KANG Y L,YOU L J,et al. Measurement of the surface diffusion coefficient for adsorbed gas in the fine mesopores and micropores of shale organic matter[J]. Fuel,2016,181:793-804.

[136] 聂百胜,郭勇义,吴世跃,等.煤粒瓦斯扩散的理论模型及其解析解[J].中国矿业大学学报,2001,30(1):19-22.

[137] YUE G W,WANG Z F,XIE C,et al. Time-dependent methane diffusion behavior in

coal:measurement and modeling[J]. Transport in porous media,2017,116(1): 319-333.

[138] ZHAO W,CHENG Y P,JIANG H N,et al. Modeling and experiments for transient diffusion coefficients in the desorption of methane through coal powders[J]. International journal of heat and mass transfer,2017,110:845-854.

[139] KANG J H,ZHOU F B,XIA T Q,et al. Numerical modeling and experimental validation of anomalous time and space subdiffusion for gas transport in porous coal matrix[J]. International journal of heat and mass transfer,2016,100:747-757.

[140] KARACAN C Ö. Heterogeneous sorption and swelling in a confined and stressed coal during CO_2 injection[J]. Energy & fuels,2003,17(6):1595-1608.

[141] WU Y,LIU J S,ELSWORTH D,et al. Evolution of coal permeability:contribution of heterogeneous swelling processes[J]. International journal of coal geology,2011, 88(2/3):152-162.

[142] LIU T,LIN B Q,YANG W,et al. Coal permeability evolution and gas migration under non-equilibrium state[J]. Transport in porous media,2017,118(3):393-416.

[143] LIU J S,CHEN Z W,ELSWORTH D,et al. Evaluation of stress-controlled coal swelling processes[J]. International journal of coal geology,2010,83(4):446-455.

[144] ZHU W C,LIU J,ELSWORTH D,et al. Tracer transport in a fractured chalk:X-ray CT characterization and digital-image-based (DIB) simulation[J]. Transport in porous media,2007,70(1):25-42.

[145] 刘永茜,侯金玲,张浪,等.孔隙结构控制下的煤体渗透实验研究[J].煤炭学报,2016, 41(增刊2):434-440.

[146] DAVID C,WONG T F,ZHU W L,et al. Laboratory measurement of compaction-induced permeability change in porous rocks:implications for the generation and maintenance of pore pressure excess in the crust[J]. Pure and applied geophysics, 1994,143(1/2/3):425-456.

[147] XU H,TANG D Z,ZHAO J L,et al. A new laboratory method for accurate measurement of the methane diffusion coefficient and its influencing factors in the coal matrix[J]. Fuel,2015,158:239-247.

[148] LIU H H,RUTQVIST J. A new coal-permeability model:internal swelling stress and fracture-matrix interaction [J]. Transport in porous media, 2010, 82 (1): 157-171.

[149] LIU H H,RUTQVIST J,BERRYMAN J G. On the relationship between stress and elastic strain for porous and fractured rock[J]. International journal of rock mechanics and mining sciences,2009,46(2):289-296.

[150] 王公达.煤粒瓦斯扩散的数值解法[J].煤矿安全,2017,48(7):177-180.

[151] 申建,秦勇,傅雪海,等.深部煤层气成藏条件特殊性及其临界深度探讨[J].天然气地球科学,2014,25(9):1470-1476.

[152] 康红普,姜铁明,张晓,等.晋城矿区地应力场研究及应用[J].岩石力学与工程学报,

2009,28(1):1-8.

[153] 徐宏杰,桑树勋,易同生,等.黔西地区煤层埋深与地应力对其渗透性控制机制[J].地球科学(中国地质大学学报),2014,39(11):1607-1616.

[154] 杨延辉,孟召平,陈彦君,等.沁南—夏店区块煤储层地应力条件及其对渗透性的影响[J].石油学报,2015,36(增刊1):91-96.

[155] 康红普,林健,张晓.深部矿井地应力测量方法研究与应用[J].岩石力学与工程学报,2007,26(5):929-933.

[156] 张延新,宋常胜,蔡美峰,等.深孔水压致裂地应力测量及应力场反演分析[J].岩石力学与工程学报,2010,29(4):778-786.

[157] 徐玉胜.寺河矿地应力测试与分布规律[J].煤矿安全,2010,41(5):128-131.

[158] 张蕊,鞠远江,彭华,等.新集一矿地应力测试及应用分析[J].煤炭科学技术,2010,38(8):15-17.

[159] 王康.丁集矿地温分布规律及其异常带成因研究[D].淮南:安徽理工大学,2015.

[160] 叶建平,张守仁,凌标灿,等.煤层气物性参数随埋深变化规律研究[J].煤炭科学技术,2014,42(6):35-39.

[161] 任鹏飞,汤达祯,许浩,等.柳林地区煤储层埋深和地应力对其渗透率的控制机理[J].科技通报,2016,32(7):25-29.

[162] 秦勇,申建,王宝文,等.深部煤层气成藏效应及其耦合关系[J].石油学报,2012,33(1):48-54.

[163] BRACE W F,WALSH J B,FRANGOS W T. Permeability of granite under high pressure[J]. Journal of geophysical research,1968,73(6):2225-2236.

[164] FENG R M,LIU J,HARPALANI S. Optimized pressure pulse-decay method for laboratory estimation of gas permeability of sorptive reservoirs:part 1:background and numerical analysis[J]. Fuel,2017,191:555-564.

[165] FENG R M,HARPALANI S,PANDEY R. Evaluation of various pulse-decay laboratory permeability measurement techniques for highly stressed coals[J]. Rock mechanics and rock engineering,2017,50(2):297-308.

[166] LIU H H,LAI B T,CHEN J H,et al. Pressure pulse-decay tests in a dual-continuum medium:late-time behavior[J]. Journal of petroleum science and engineering,2016,147:292-301.

[167] 邓博知,康向涛,李星,等.不同层理方向对原煤变形及渗流特性的影响[J].煤炭学报,2015,40(4):888-894.

[168] 康向涛,尹光志,黄滚,等.低透气性原煤瓦斯渗流各向异性试验研究[J].工程科学学报,2015,37(8):971-975.

[169] 臧杰.煤渗透率改进模型及煤中气体流动三维数值模拟研究[D].北京:中国矿业大学(北京),2015.

[170] 冯增朝,郭红强,李桂波,等.煤中吸附气体的渗流规律研究[J].岩石力学与工程学报,2014,33(增刊2):3601-3605.

[171] 袁梅.含瓦斯煤渗透特性影响因素与煤层瓦斯抽采模拟研究[D].重庆:重庆大

学,2014.

[172] ZHU W C,WEI C H,LIU J,et al. Impact of gas adsorption induced coal matrix damage on the evolution of coal permeability[J]. Rock mechanics and rock engineering,2013,46(6):1353-1366.

[173] 许江,曹偈,李波波,等.煤岩渗透率对孔隙压力变化响应规律的试验研究[J].岩石力学与工程学报,2013,32(2):225-230.

[174] 魏建平,秦恒洁,王登科,等.含瓦斯煤渗透率动态演化模型[J].煤炭学报,2015,40(7):1555-1561.

[175] CONNELL L D,MAZUMDER S,SANDER R,et al. Laboratory characterisation of coal matrix shrinkage, cleat compressibility and the geomechanical properties determining reservoir permeability[J]. Fuel,2016,165:499-512.

[176] 张凤婕,吴宇,茅献彪,等.煤层气注热开采的热-流-固耦合作用分析[J].采矿与安全工程学报,2012,29(4):505-510.

[177] ZHANG J Y,FENG Q H,ZHANG X M,et al. Relative permeability of coal:a review[J]. Transport in porous media,2015,106(3):563-594.

[178] 魏建平,位乐,王登科.含水率对含瓦斯煤的渗流特性影响试验研究[J].煤炭学报,2014,39(1):97-103.

[179] 周世宁,孙辑正.煤层瓦斯流动理论及其应用[J].煤炭学报,1965,2(1):24-37.

[180] 周世宁.瓦斯在煤层中流动的机理[J].煤炭学报,1990,15(1):15-24.

[181] 孙可明.低渗透煤层气开采与注气增产流固耦合理论及其应用[D].阜新:辽宁工程技术大学,2004.

[182] 郭勇义,周世宁.煤层瓦斯一维流场流动规律的完全解[J].中国矿业学院学报,1984(2):19-28.

[183] 孙培德.煤层瓦斯流场流动规律的研究[J].煤炭学报,1987(4):74-82.

[184] 余楚新,鲜学福,谭学术.煤层瓦斯流动理论及渗流控制方程的研究[J].重庆大学学报(自然科学版),1989,12(5):1-10.

[185] 周军平,鲜学福,姜永东,等.考虑有效应力和煤基质收缩效应的渗透率模型[J].西南石油大学学报(自然科学版),2009,31(1):4-8.

[186] 林柏泉,周世宁.煤样瓦斯渗透率的实验研究[J].中国矿业学院学报,1987(1):21-28.

[187] 胡耀青,赵阳升,魏锦平.三维应力作用下煤体瓦斯渗透规律实验研究[J].西安矿业学院学报,1996,16(4):308-311.

[188] 赵阳升,胡耀青,杨栋,等.三维应力下吸附作用对煤岩体气体渗流规律影响的实验研究[J].岩石力学与工程学报,1999,18(6):651-653.

[189] 傅雪海,秦勇,姜波,等.山西沁水盆地中南部煤储层渗透率物理模拟与数值模拟[J].地质科学,2003,38(2):221-229.

[190] SAWYER W K,PAUL G W,SCHRAUFNAGEL R A. Development and application of a 3-D coalbed simulator[C]//Proceedings of PSC Annual Technical Meeting,June 9-12,1990,Calgary,Alberta.[S. l.:s. n.],1990.

[191] PALMER I,MANSOORI J. How permeability depends on stress and pore pressure in coalbeds:a new model[C]//Proceedings of SPE Annual Technical Conference and Exhibition,October 6-9,1996,Denver,Colorado. [S. l. :s. n.],1996.

[192] PAN Z J,CONNELL L D. Modelling permeability for coal reservoirs:a review of analytical models and testing data[J]. International journal of coal geology,2012, 92:1-44.

[193] ROBERTSON E P. Measurement and modeling of sorption-induced strain and permeability changes in coal[R]. [S. l. :s. n.],2005.

[194] LIU J S,CHEN Z W,ELSWORTH D,et al. Evolution of coal permeability from stress-controlled to displacement-controlled swelling conditions[J]. Fuel,2011,90 (10):2987-2997.

[195] PALMER I,MANSOORI J. How permeability depends on stress and pore pressure in coalbeds:a new model[J]. SPE reservoir evaluation & engineering,1998,1(6): 539-544.

[196] LEVINE J R. Model study of the influence of matrix shrinkage on absolute permeability of coal bed reservoirs [J]. Geological society of London special publications,1996,109(1):197-212.

[197] ZIMMERMAN R W,SOMERTON W H,KING M S. Compressibility of porous rocks[J]. Journal of geophysical research:solid earth,1986,91(B12):12765-12777.

[198] ZHANG H B,LIU J S,ELSWORTH D. How sorption-induced matrix deformation affects gas flow in coal seams:a new FE model[J]. International journal of rock mechanics and mining sciences,2008,45(8):1226-1236.

[199] LIU J S,CHEN Z W,ELSWORTH D,et al. Linking gas-sorption induced changes in coal permeability to directional strains through a modulus reduction ratio[J]. International journal of coal geology,2010,83(1):21-30.

[200] LIU J S,WANG J G,CHEN Z W,et al. Impact of transition from local swelling to macro swelling on the evolution of coal permeability[J]. International journal of coal geology,2011,88(1):31-40.

[201] CHEN Z W,LIU J S,PAN Z J,et al. Influence of the effective stress coefficient and sorption-induced strain on the evolution of coal permeability:model development and analysis[J]. International journal of greenhouse gas control,2012,8:101-110.

[202] CONNELL L D,LU M,PAN Z J. An analytical coal permeability model for tri-axial strain and stress conditions[J]. International journal of coal geology,2010,84(2): 103-114.

[203] ANGGARA F,SASAKI K,SUGAI Y. The correlation between coal swelling and permeability during CO_2 sequestration:a case study using Kushiro low rank coals [J]. International journal of coal geology,2016,166:62-70.

[204] PALMER I. Permeability changes in coal:analytical modeling[J]. International journal of coal geology,2009,77(1/2):119-126.

[205] LIU S M, HARPALANI S. Permeability prediction of coalbed methane reservoirs during primary depletion[J]. International journal of coal geology, 2013, 113: 1-10.

[206] CHEN D, PAN Z J, SHI J Q, et al. A novel approach for modelling coal permeability during transition from elastic to post-failure state using a modified logistic growth function[J]. International journal of coal geology, 2016, 163: 132-139.

[207] 薛熠, 高峰, 高亚楠, 等. 采动影响下损伤煤岩体峰后渗透率演化模型研究[J]. 中国矿业大学学报, 2017, 46(3): 521-527.

[208] ZHENG Y N, LI Q Z, YUAN C C, et al. Thermodynamic analysis of high-pressure methane adsorption on coal-based activated carbon[J]. Fuel, 2018, 230: 172-184.

[209] LU M, CONNELL L. Coal failure during primary and enhanced coalbed methane production: theory and approximate analyses[J]. International journal of coal geology, 2016, 154/155: 275-285.

[210] LIU S M, HARPALANI S, PILLALAMARRY M. Laboratory measurement and modeling of coal permeability with continued methane production: part 2: modeling results[J]. Fuel, 2012, 94: 117-124.

[211] SHI J Q, DURUCAN S. A model for changes in coalbed permeability during primary and enhanced methane recovery[J]. SPE reservoir evaluation & engineering, 2005, 8(4): 291-299.

[212] ESPINOZA D N, PEREIRA J M, VANDAMME M, et al. Desorption-induced shear failure of coal bed seams during gas depletion[J]. International journal of coal geology, 2015, 137: 142-151.

[213] SAURABH S, HARPALANI S. Stress path with depletion in coalbed methane reservoirs and stress based permeability modeling[J]. International journal of coal geology, 2018, 185: 12-22.

[214] PALMER I, MOSCHOVIDIS Z, CAMERON J. Coal failure and consequences for coalbed methane wells[C]//Proceedings of SPE Annual Technical Conference and Exhibition, October 9-12, 2005, Dallas, Texas. [S. l. : s. n.], 2005.

[215] OKOTIE V U, MOORE R L. Well-production challenges and solutions in a mature, very-low-pressure coalbed-methane reservoir[J]. SPE production & operations, 2011, 26(2): 149-161.

[216] HEIDBACH O, RAJABI M, CUI X F, et al. The World Stress Map database release 2016: crustal stress pattern across scales[J]. Tectonophysics, 2018, 744: 484-498.

[217] LU S Q, LI L, CHENG Y P, et al. Mechanical failure mechanisms and forms of normal and deformed coal combination containing gas: model development and analysis[J]. Engineering failure analysis, 2017, 80: 241-252.

[218] LIU S M, HARPALANI S. Evaluation of in situ stress changes with gas depletion of coalbed methane reservoirs[J]. Journal of geophysical research: solid earth, 2014, 119(8): 6263-6276.

[219] SAURABH S, HARPALANI S, SINGH V K. Implications of stress re-distribution

and rock failure with continued gas depletion in coalbed methane reservoirs[J]. International journal of coal geology,2016,162:183-192.

[220] HOU X W,LIU S M,LI G F,et al. Quantifying and modeling of in situ stress evolutions of coal reservoirs for helium,methane,nitrogen and CO_2 depletions[J]. Rock mechanics and rock engineering,2021,54(8):3701-3719.

[221] LIU T,LIU S M,LIN B Q,et al. Stress response during in situ gas depletion and its impact on permeability and stability of CBM reservoir[J]. Fuel,2020,266:117083.

[222] MITRA A,HARPALANI S,LIU S M. Laboratory measurement and modeling of coal permeability with continued methane production:part 1:laboratory results[J]. Fuel,2012,94:110-116.

[223] 张培源,张晓敏,汪天庚.岩石弹性模量与弹性波速的关系[J].岩石力学与工程学报, 2001,20(6):785-788.

[224] LIU T,LIN B Q,FU X H,et al. Mechanical criterion for coal and gas outburst:a perspective from multiphysics coupling[J]. International journal of coal science & technology,2021,8:1423-1435.

[225] PINI R,OTTIGER S,BURLINI L,et al. Role of adsorption and swelling on the dynamics of gas injection in coal[J]. Journal of geophysical research:solid earth, 2009,114(B4):B04203.

[226] ROBERTSON E P,CHRISTIANSEN R L. Modeling laboratory permeability in coal using sorption-induced-strain data[J]. SPE reservoir evaluation & engineering, 2007,10(3):260-269.

[227] SHI J Q,DURUCAN S,SHIMADA S. How gas adsorption and swelling affects permeability of coal:a new modelling approach for analysing laboratory test data [J]. International journal of coal geology,2014,128/129:134-142.

[228] WANG K,ZANG J,WANG G D,et al. Anisotropic permeability evolution of coal with effective stress variation and gas sorption:model development and analysis[J]. International journal of coal geology,2014,130:53-65.

[229] PERERA M S A,RANJITH P G,CHOI S K. Coal cleat permeability for gas movement under triaxial, non-zero lateral strain condition:a theoretical and experimental study[J]. Fuel,2013,109:389-399.

[230] PAN Z J,CONNELL L D,CAMILLERI M. Laboratory characterisation of coal reservoir permeability for primary and enhanced coalbed methane recovery[J]. International journal of coal geology,2010,82(3/4):252-261.

[231] XUE Y,GAO F,LIU X G,et al. Permeability and pressure distribution characteristics of the roadway surrounding rock in the damaged zone of an excavation[J]. International journal of mining science and technology,2017,27(2): 211-219.

[232] ZHENG C S,KIZIL M,CHEN Z W,et al. Effects of coal damage on permeability and gas drainage performance[J]. International journal of mining science and

technology,2017,27(5):783-786.

[233] 周宏伟,荣腾龙,牟瑞勇,等.采动应力下煤体渗透率模型构建及研究进展[J].煤炭学报,2019,44(1):221-235.

[234] AN F H,YUAN Y,CHEN X J,et al.Expansion energy of coal gas for the initiation of coal and gas outbursts[J].Fuel,2019,235:551-557.

[235] WANG S G,ELSWORTH D,LIU J S.Permeability evolution during progressive deformation of intact coal and implications for instability in underground coal seams [J].International journal of rock mechanics and mining sciences,2013,58:34-45.

[236] 张军伟.含热源的开口多孔介质方腔内混合对流换热特性研究[D].兰州:兰州理工大学,2021.

[237] 刘广正.含梯度多孔骨架相变材料的传热特性研究[D].济南:山东建筑大学,2021.

[238] 欧阳小龙.多孔介质传热局部非热平衡效应的基础问题研究[D].北京:清华大学,2014.

[239] 吕品.辐射-对流耦合作用下含内热源煤岩多孔介质温度分布规律[D].大连:大连理工大学,2021.

[240] ALISHAEV M G,ABDULAGATOV I M,ABDULAGATOVA Z Z.Effective thermal conductivity of fluid-saturated rocks[J].Engineering geology,2012,135/136:24-39.

[241] 林娜.瞬态热线法导热系数测量的数值模拟及实验验证[D].杭州:中国计量学院,2015.

[242] 唐明云,张国枢,张朝举,等.平行热线法测定松散煤体导热系数试验[J].矿业安全与环保,2006,33(5):13-15.

[243] 张振威,蒋锐,赵洁,等.基于激光闪射法测量某内燃机铝合金活塞的热物性参数[J].理化检验-物理分册,2022,58(3):26-28.

[244] 马砺,张朔,邹立,等.不同变质程度煤导热系数试验分析[J].煤炭科学技术,2019,47(6):146-150.

[245] 冯小凯.高温矿井降温技术研究及其经济性分析[D].西安:西安科技大学,2009.

[246] 易欣.矿井季节性热害预测与降温方法研究[D].西安:西安建筑科技大学,2016.

[247] 刘纪坤.煤体瓦斯吸附解吸过程热效应实验研究[D].北京:中国矿业大学(北京),2012.

[248] 林妍.粗糙裂隙岩体的渗流传热数值模拟[D].南昌:南昌大学,2021.

[249] 郝建峰.基于解吸热效应的煤与瓦斯热流固耦合模型及其应用研究[D].阜新:辽宁工程技术大学,2021.

[250] JING Y,ARMSTRONG R T,RAMANDI H L,et al.Coal cleat reconstruction using micro-computed tomography imaging[J].Fuel,2016,181:286-299.

[251] GERAMI A,MOSTAGHIMI P,ARMSTRONG R T,et al.A microfluidic framework for studying relative permeability in coal[J].International journal of coal geology,2016,159:183-193.

[252] TANG C A,THAM L G,LEE P K K,et al.Coupled analysis of flow,stress and

damage (FSD) in rock failure[J]. International journal of rock mechanics and mining sciences,2002,39(4):477-489.

[253] LIU L Y,ZHU W C,WEI C H,et al. Microcrack-based geomechanical modeling of rock-gas interaction during supercritical CO_2 fracturing[J]. Journal of petroleum science and engineering,2018,164:91-102.

[254] 刘玉龙,汤达祯,许浩,等. 基于 X-CT 技术不同煤岩类型煤储层非均质性表征[J]. 煤炭科学技术,2017,45(3):141-146.

[255] LIU T,LIN B Q,FU X H,et al. Modeling coupled gas flow and geomechanics process in stimulated coal seam by hydraulic flushing[J]. International journal of rock mechanics and mining sciences,2021,142:104769.

[256] LIU T,LIN B Q,FU X H,et al. Modeling air leakage around gas extraction boreholes in mining-disturbed coal seams[J]. Process safety and environmental protection,2020,141:202-214.